高等数学

（上）

张发秦　傅金波　柳文清　编著

中国科学技术出版社

·北　京·

图书在版编目（CIP）数据

高等数学. 上/张发秦，傅金波，柳文清编著. —北京：中国科学技术出版社，2013.6

（高等数学教材丛书）

ISBN 978-7-5046-6371-9

Ⅰ.①高… Ⅱ.①张… ②傅… ③柳… Ⅲ.①高等数学-高等学校-教材 Ⅳ.①O13

中国版本图书馆 CIP 数据核字（2013）第 124095 号

责任编辑 王晓义
封面设计 孙雪骊
责任校对 孟华英
责任印制 张建农

出　　版 中国科学技术出版社
发　　行 科学普及出版社发行部
地　　址 北京市海淀区中关村南大街 16 号
邮　　编 100081
发行电话 010-62173865
传　　真 010-62179148
投稿电话 010-62103347
网　　址 http://www.cspbooks.com.cn

开　　本 787mm×1092mm 1/16
字　　数 290 千字
印　　张 15.25
版　　次 2013 年 7 月第 1 版
印　　次 2013 年 7 月第 1 次印刷
印　　刷 北京长宁印刷有限公司

书　　号 ISBN 978-7-5046-6371-9/O·167
定　　价 35.00 元

前 言

为了适应21世纪我国高等教育的发展，特别是理工科独立学院的发展，在中国科学院数学研究所研究员、生物数学家、福建师范大学闽南科技学院名誉院长陈兰荪教授的主持下，由张发秦、傅金波等人执笔，根据在闽南科技学院十多年的教学实践，编写了这套《高等数学教材丛书》.

这套教材主要特点是采用分层教学理念编写.一方面，简明直接地阐述最基本内容，让大多数非数学专业的学生掌握最基础的数学知识；另一方面，为保证大学教育的公正性，书中带*号内容，提供给学有余力，愿意深入学习的学生.我们希望通过精讲精练的方式，把高等数学更明白地展现给普通人，展现给未来需要数学工具和方法的人，而不只是数学工作者.

这套书每章的最后一节《综合训练》都应该在全书学完后，再做进一步学习.另外，它还可以作为非数学专业学生报考研究生的复习资料.

作者水平有限，不妥之处，欢迎读者批评指正.

希望我们的这项工作能为理工科独立学院的发展作出有益的贡献.

目　录

第一章　极限与连续

第一节　数列极限

数列:指无穷多个按自然顺序排列的一列数

$$a_1, a_2, \cdots, a_n, \cdots$$

简记为$\{a_n\}$.

数列极限:如果这个数列最终趋势为一个确定的数 A,称这个数为数列的极限,记作$\lim\limits_{n\to\infty} a_n = A$.

例如:

$$1, \frac{1}{2}, \frac{1}{3}, \cdots, \frac{1}{n}, \cdots \xrightarrow[n\to\infty]{} 0$$

记作$\lim\limits_{n\to\infty}\frac{1}{n}=0$.

数列不一定存在极限,例如数列$\{-1,1,-1,1,\cdots,(-1)^n,\cdots\}$不存在极限,又称此数列为不收敛.或称此数列发散.

若数列极限存在,则必定是唯一的.

只要 n 充分大,a_n 与 A 的差别就足够小,这才能称 A 为“最终趋势”.

例 1　$\lim\limits_{n\to\infty}\frac{n+(-1)^n}{n}=1$.

例 2　数列

$$1, \frac{2}{3}, \frac{4}{9}, \frac{8}{27}, \cdots, \left(\frac{2}{3}\right)^n, \cdots$$

当 $n\to\infty$时数列趋于 0,记为$\lim\limits_{n\to\infty}\left(\frac{2}{3}\right)^n=0$.

第二节 函数极限

我们根据自变量 x 不同的变化趋势,给出函数极限.

1. $x\to\infty$时的函数极限

例如 $f(x)=\dfrac{1}{x}$. 当 $x\to\infty$时,由图 1-1 看到 $f(x)=\dfrac{1}{x}$无限逼近常数 0,称 0 为 $\dfrac{1}{x}$当 $x\to\infty$时的极限,记为$\lim\limits_{x\to\infty}\dfrac{1}{x}=0$.

2. $x\to x_0$ 时的函数极限

例如 $f(x)=\dfrac{x^2-1}{x-1}$. 当 $x\to 1$ 时,函数值 $f(x)$无限逼近常数 2(图 1-2),记为$\lim\limits_{x\to 1}\dfrac{x^2-1}{x-1}=\lim\limits_{x\to 1}(x+1)=2$.

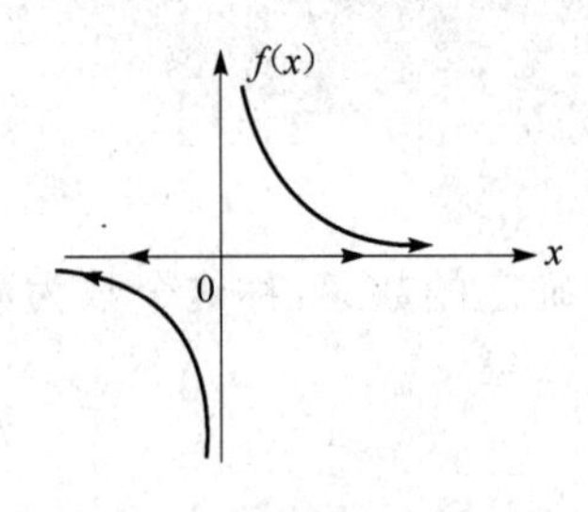

图 1-1

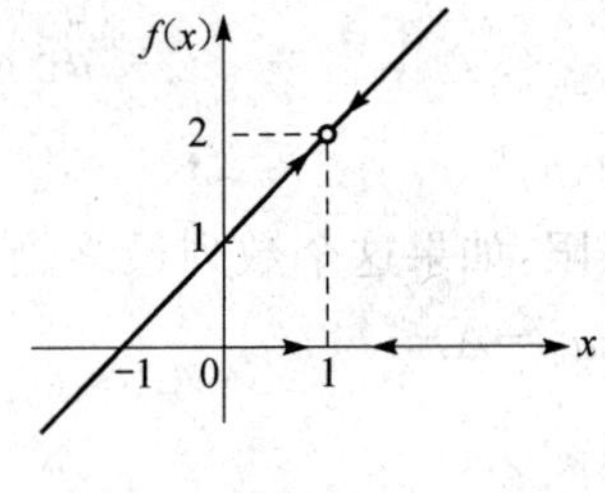

图 1-2

3. $x\to+\infty$与 $x\to-\infty$时 $f(x)$的极限(图 1-3,图 1-4)

$\lim\limits_{x\to+\infty}\mathrm{e}^x=+\infty$;

$\lim\limits_{x\to-\infty}\mathrm{e}^x\xlongequal{x=-t}\lim\limits_{t\to+\infty}\mathrm{e}^{-t}=\lim\limits_{t\to+\infty}\dfrac{1}{\mathrm{e}^t}=0$;

$\lim\limits_{x\to+\infty}\arctan x=\dfrac{\pi}{2}$;

$\lim\limits_{x\to-\infty}\arctan x=-\dfrac{\pi}{2}$.

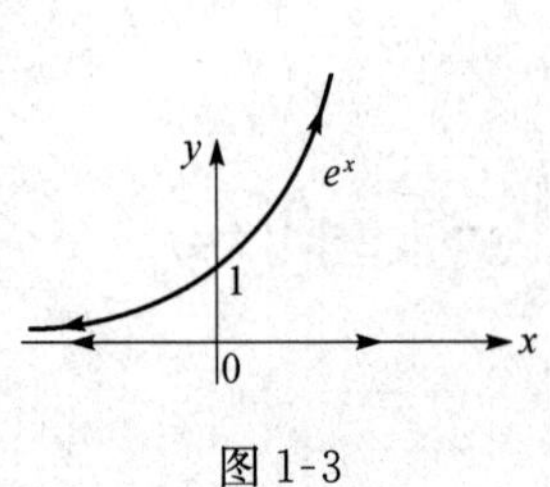

图 1-3

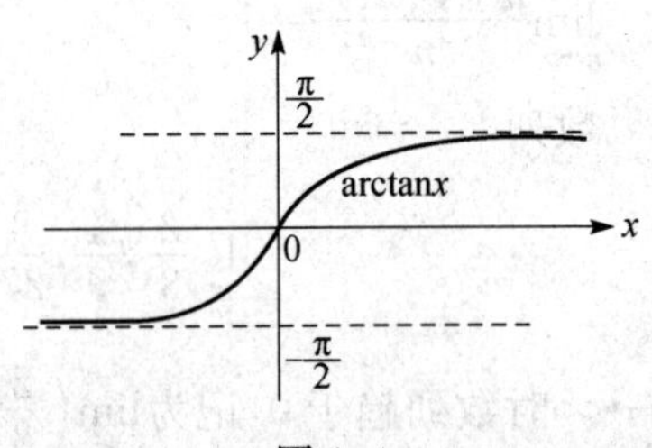

图 1-4

4. 邻域

数 $\delta>0$，以 x_0 为心，δ 为半径的空心邻域，记作 $\bar{U}^0(x_0,\delta)=\{x\,|\,0<|x-x_0|<\delta\}$，如下图 $x\to x_0$ 又可看作 $\delta\to 0$ 时，x 落入 $\bar{U}^0(x_0,\delta)$

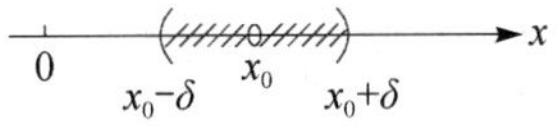

0　$x_0-\delta$　x_0　$x_0+\delta$　x

图 1-5

5. 单侧极限

从右侧趋于 x_0，即 $0<x-x_0<\delta$，记作 $\lim\limits_{x\to x_0^+}f(x)=f_+(x_0^+)$.

从左侧趋于 x_0，即 $-\delta<x-x_0<0$，记作 $\lim\limits_{x\to x_0^-}=f_-(x_0^-)$.

例如 $f(x)=\begin{cases}e^x & x>0\\ x+a & x\leqslant 0\end{cases}$，求 $f(0)$，$f_+(0)$，$f_-(0)$.

$$f_+(0)=\lim_{x\to 0^+}e^x=e^0=1,\quad f_-(0)=\lim_{x\to 0^-}(x+a)=a,$$

$$f(0)=a.$$

第三节　极限运算法则

一、设 $\lim\limits_{x\to x_0}f(x)=A$，$\lim\limits_{x\to x_0}g(x)=B$ 则有

(1) $\lim\limits_{x\to x_0}[f(x)\pm g(x)]=A\pm B$；

(2) $\lim\limits_{x\to x_0}[f(x)g(x)]=A\cdot B$；

(3) $\lim\limits_{x\to x_0}\dfrac{f(x)}{g(x)}=\dfrac{A}{B}$　$(B\neq 0)$.

注：i 可推广到有限个.

　ii 对 $x\to\infty$ 也成立. 必须为同一过程.

二、设 $\lim\limits_{x\to x_0}f(x)=0$，$|g(x)|\leqslant M$　$x\in\bar{U}(x_0,\delta)$，则有

$$\lim_{x\to x_0}f(x)g(x)=0.$$

例　求 $\lim\limits_{x\to 0}\sqrt{x}\cos\dfrac{1}{x}$.

解：∵ $\lim\limits_{x\to 0}\sqrt{x}=0$，$\left|\cos\dfrac{1}{x}\right|\leqslant 1$.

$\therefore \lim\limits_{x\to 0}\sqrt{x}\cos\dfrac{1}{x}=0.$

例 2 求$\lim\limits_{x\to\infty}\dfrac{3x^2-2x}{x^2+1}$.

解:$\lim\limits_{x\to\infty}\dfrac{3x^2-2x}{x^2+1}=\lim\limits_{x\to\infty}\dfrac{3-\dfrac{2}{x}}{1+\dfrac{1}{x^2}}=3.$

第四节　两个重要极限

1. 两个极限存在的准则

准则一(夹逼准则)

设 $f(x)$,$g(x)$,$h(x)$在某邻域$\overline{U}(x_0,\delta)$内(或$|x|>M$)满足

$$g(x)\leqslant f(x)\leqslant h(x).$$

且 $\lim\limits_{\substack{x\to x_0\\(x\to\infty)}}g(x)=\lim\limits_{\substack{x\to x_0\\(x\to\infty)}}h(x)=A$,

则 $\lim\limits_{\substack{x\to x_0\\(x\to\infty)}}f(x)=A$.

准则二　单调$\begin{pmatrix}增\\减\end{pmatrix}$有界$\begin{pmatrix}上界\\下界\end{pmatrix}$变量必有极限.

例 1 求$\lim\limits_{x\to 0}\cos x$.

解:$0\leqslant 1-\cos x=2\sin^2\dfrac{x}{2}\leqslant\dfrac{x^2}{2}$

而$\lim\limits_{x\to 0}0=0$,$\lim\limits_{x\to 0}\dfrac{x^2}{2}=0$

$\therefore \lim\limits_{x\to 0}(1-\cos x)=0=1-\lim\limits_{x\to 0}\cos x$,

即$\lim\limits_{x\to 0}\cos x=1$.

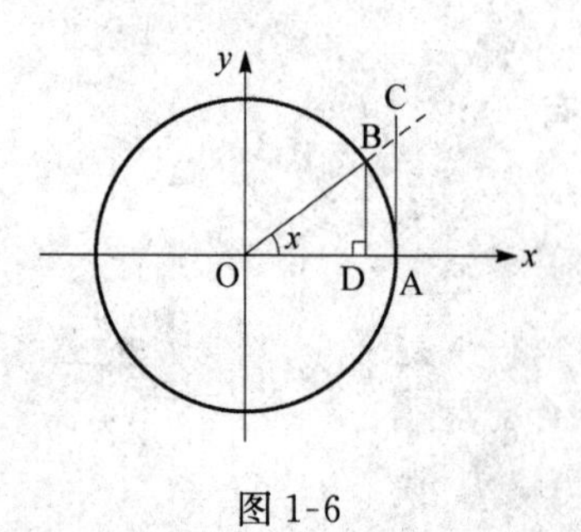

图 1-6

2. 两个重要极限

$$\boxed{\lim_{x\to 0}\frac{\sin x}{x}=1}$$

(1) 考虑 $0<x<\dfrac{\pi}{2}$,如图 1-6,$OA=1$,

$\triangle AOB$ 面积 $<$ 扇形 AOB 面积 $<$ $\triangle AOC$ 面积

$$\frac{1}{2}\sin x<\frac{x}{2}<\frac{1}{2}\tan x$$

$$\sin x>0,\quad x>0,\quad \cos x>0$$

$$1<\frac{x}{\sin x}<\frac{1}{\cos x}$$

$$\cos x<\frac{\sin x}{x}<1$$

$$\lim_{x\to 0}\cos x=1,\quad \lim_{x\to 0}1=1$$

$$\therefore \lim_{x\to 0}\frac{\sin x}{x}=1.$$

(2) 若 $x<0$,则 $-x>0$ 代入上式,

$$1=\lim_{x\to 0}\frac{\sin(-x)}{-x}=\lim_{x\to 0}\frac{-\sin x}{-x}=\lim_{x\to 0}\frac{\sin x}{x}.$$

$\boxed{\lim_{x\to 0}(1+x)^{\frac{1}{x}}=\mathrm{e}}$

(1) 先考查 $\left(1+\frac{1}{n}\right)^n$,列表可知随 $n\to\infty$,$\left(1+\frac{1}{n}\right)^n$ 单调增,记 $x_n=\left(1+\frac{1}{n}\right)^n$,由二项式公式

$$x_n<1+1+\frac{1}{2!}+\frac{1}{3!}+\cdots+\frac{1}{n!}<1+1+\frac{1}{2}+\frac{1}{4}+\cdots+\frac{1}{2^{n-1}}+\cdots$$

$$=1+\frac{1}{1-\frac{1}{2}}=3$$

有界,故有极限,记为 $\mathrm{e}=\lim_{n\to\infty}\left(1+\frac{1}{n}\right)^n$.

当然,也有 $\lim_{n\to\infty}\left(1+\frac{1}{n+1}\right)^{n+1}=\mathrm{e}$.

对 $x\to 0$ 总会有 $\frac{1}{n+1}<x<\frac{1}{n}$

$$\left(1+\frac{1}{n}\right)^n<(1+x)^{\frac{1}{x}}<\left(1+\frac{1}{n+1}\right)^{n+1}$$

$$\therefore \lim_{x\to 0}(1+x)^{\frac{1}{x}}=\mathrm{e}.$$

例 2 求 $\lim_{x\to\infty}\left(1-\frac{1}{x}\right)^{-x}$.

解: $\lim_{x\to\infty}\left(1-\frac{1}{x}\right)^{-x}$

$$=\lim_{x\to\infty}\left(\frac{x-1}{x}\right)^{-x}$$

$$=\lim_{x\to\infty}\left(\frac{x}{x-1}\right)^{x}$$

$$=\lim_{x\to\infty}\left(1+\frac{1}{x-1}\right)^{x-1}\cdot\left(1+\frac{1}{x-1}\right)$$

$$=\lim_{t\to\infty}\left(1+\frac{1}{t}\right)^{t}\lim_{t\to\infty}\left(1+\frac{1}{t}\right)$$

$$=\mathrm{e}.$$

例 3 求极限$\lim\limits_{x\to0}\frac{\sin x}{x}$，$\lim\limits_{x\to\infty}\frac{\sin x}{x}$，$\lim\limits_{x\to0}x\sin\frac{1}{x}$，$\lim\limits_{x\to\infty}x\sin\frac{1}{x}$.

解:$\lim\limits_{x\to0}\frac{\sin x}{x}=1$(重要极限).

$\lim\limits_{x\to\infty}\frac{\sin x}{x}=0\left(|\sin x|\leqslant1,\lim\limits_{x\to\infty}\frac{1}{x}=0\right)$.

$\lim\limits_{x\to0}x\sin\frac{1}{x}=0\left(\left|\sin\frac{1}{x}\right|\leqslant1,\lim\limits_{x\to0}x=0\right)$.

$\lim\limits_{x\to\infty}x\sin\frac{1}{x}=1\left(\lim\limits_{x\to\infty}x\sin\frac{1}{x}\xlongequal{令\frac{1}{x}=t}\lim\limits_{t\to0}\frac{\sin t}{t}=1\right)$.

例 4 求极限$\lim\limits_{x\to1}\frac{\sin(x^2-1)}{x-1}$.

解:
$$\lim_{x\to1}\frac{\sin(x^2-1)}{x-1}=\lim_{x\to1}\frac{(x+1)\sin(x^2-1)}{(x-1)(x+1)}$$
$$=\lim_{x\to1}\frac{(x+1)\sin(x^2-1)}{x^2-1}$$
$$=\lim_{x\to1}(x+1)\cdot\lim_{x^2-1\to0}\frac{\sin(x^2-1)}{x^2-1}$$
$$=2.$$

例 5 $\lim\limits_{x\to0^+}\frac{\sin\sqrt{x-\sin x}}{\sqrt{x-\sin x}}=1$

$\lim\limits_{x\to0^+}(1+\sqrt{\sin x+x})^{\frac{1}{\sqrt{x+\sin x}}}=\mathrm{e}$

$\lim\limits_{x\to\infty}\left(1+\frac{\sin x}{x}\right)^{\frac{x}{\sin x}}=\mathrm{e}$

$\lim\limits_{x\to\infty}\frac{\sin x}{x}=0$

第五节 无穷小量

无穷小量:以 0 为极限的变量(它是对某个变化过程而言的).

若$\lim\limits_{x\to x_0}\alpha(x)=0$ 则$\lim\limits_{x\to x_0}f(x)=A\Leftrightarrow f(x)=A+\alpha(x)$，

有限个无穷小量的代数和仍为无空小量，

有界变量与无穷小量的乘积仍为无穷小量.

例 1　求极限$\lim\limits_{x\to0}x\sin\dfrac{1}{x}$.

解:$\because$ $\left|\sin\dfrac{1}{x}\right|\leqslant1,\lim\limits_{x\to0}x=0$

$\therefore$ $\lim\limits_{x\to0}x\sin\dfrac{1}{x}=0.$

无穷小量的阶

当$\lim\limits_{x\to x_0}f(x)=0,\lim\limits_{x\to x_0}g(x)=0$

$$\lim_{x\to x_0}\frac{f(x)}{g(x)}=\begin{cases}0 & f(x)=0(g(x)) & f(x)\text{是 }g(x)\text{的高阶无穷小;}\\ C\neq0 & & f(x)\text{与 }g(x)\text{同阶无穷小;}\\ (\text{特别 }C=1, & f(x)\sim g(x), & f(x)\text{与 }g(x)\text{等价无穷小;}\\ \infty & & f(x)\text{是 }g(x)\text{的低价无穷小.}\end{cases}$$

等价无穷小

当$x\to0$时,$\lim\limits_{x\to0}\dfrac{\sin x}{x}=1$. 称$\boxed{\sin x\sim x}$(等价)

$$\lim_{x\to0}\frac{\sqrt[n]{1+x}-1}{\dfrac{x}{n}}=\lim_{x\to0}\frac{(\sqrt[n]{1+x})^n-1}{\dfrac{1}{n}\cdot x[(1+x)^{\frac{n-1}{n}}+\cdots+(1+x)^{\frac{1}{n}}+1]}$$

$$=\lim_{x\to0}\frac{1+x-1}{x}\cdot\lim_{x\to0}\frac{n}{(1+x)^{\frac{n-1}{n}}+\cdots+(1+x)^{\frac{1}{n}}+1}=1$$

$\therefore$ $\boxed{\sqrt[n]{1+x}-1\sim\dfrac{x}{n}}$

还有$\boxed{\tan x\sim x}$,$\boxed{\arcsin x\sim x}$,$\boxed{1-\cos x\sim\dfrac{x^2}{2}}$.

证明:$\lim\limits_{x\to0}\dfrac{1-\cos x}{\dfrac{x^2}{2}}=\lim\limits_{x\to0}\dfrac{2\sin^2\dfrac{x}{2}}{\dfrac{x^2}{2}}=\lim\limits_{x\to0}\dfrac{\left(\sin\dfrac{x}{2}\right)^2}{\left(\dfrac{x}{2}\right)^2}=1.$

还有$\boxed{\ln(1+x)\sim x}$,$\boxed{e^x-1\sim x}$,$\boxed{a^x-1\sim x\ln a}$.

证明:$\lim\limits_{x\to0}\dfrac{a^x-1}{x\cdot\ln a}=\dfrac{1}{\ln a}\lim\limits_{x\to0}\dfrac{a^x-1}{x}\xlongequal[x=\log_a(1+t)=\frac{\ln(1+t)}{\ln a}]{\text{令 }a^x-1=t}\dfrac{1}{\ln a}\lim\limits_{t\to0}\dfrac{t}{\ln(1+t)/\ln a}$

$$=\lim_{t\to0}\frac{1}{\ln(1+t)^{\frac{1}{t}}}=\frac{1}{\ln e}=1.$$

例 2 求$\lim\limits_{x\to 0}\dfrac{(1+x^2)^{\frac{1}{3}}-1}{\cos x-1}$.

解:$\lim\limits_{x\to 0}\dfrac{(1+x^2)^{\frac{1}{3}}-1}{\cos x-1}=\lim\limits_{x\to 0}\dfrac{\frac{x^2}{3}}{-\frac{x^2}{2}}=-\dfrac{2}{3}$.

例 3 $\lim\limits_{x\to 0}(\cos x)^{\frac{1}{\ln(1+x^2)}}$.

解:$\lim\limits_{x\to 0}(\cos x)^{\frac{1}{\ln(1+x^2)}}=e^{\lim\limits_{x\to 0}\frac{\ln[1+\cos x-1]}{\ln(1+x^2)}}=e^{\lim\limits_{x\to 0}\frac{\cos x-1}{x^2}}=e^{\lim\limits_{x\to 0}\frac{\frac{-x^2}{2}}{x^2}}=e^{-\frac{1}{2}}$.

例 4 当 $x\to 1$ 时 $\sqrt{3x^2-2x-1}\cdot\ln x$ 是 $x-1$ 的多少阶无穷小?

解:$\sqrt{3x^2-2x-1}\cdot\ln x=\sqrt{(3x+1)(x-1)}\ln(1+x-1)$

$=\sqrt{(3x+1)}(x-1)^{\frac{1}{2}}\ln[1+(x-1)]$.

$$\lim_{x\to 1}\frac{\sqrt{(3x+1)}(x-1)^{\frac{1}{2}}\ln[1+(x-1)]}{(x-1)^{\frac{3}{2}}}=\lim_{x\to 1}\sqrt{3x+1}=2.$$

$\sqrt{3x^2-2x-1}\cdot\ln x$ 是$(x-1)$当 $x\to 1$ 时的$\dfrac{3}{2}$阶无穷小.

第六节　函数的连续与间断

函数连续与否可从函数图像上直观地看到. 例如 $y=x$ 的图像是一条直线,没有断点,它是每一点都连续的函数. 但分段函数 $y=f(x)=\begin{cases}x+1 & (x\geqslant 0)\\ -x & (x<0)\end{cases}$图像(图 1-7)为

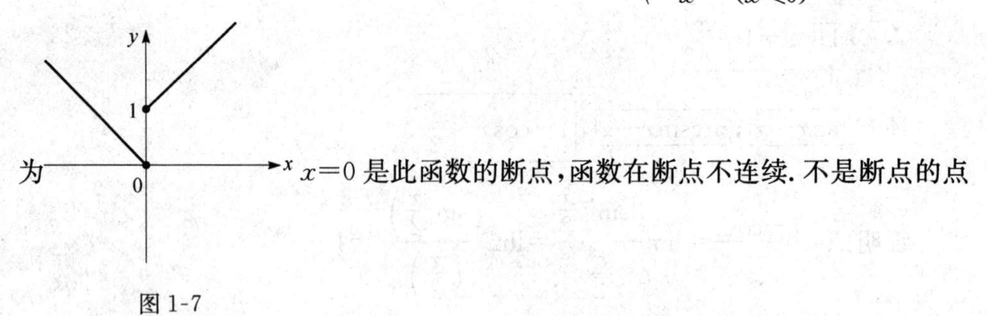

图 1-7

$x=0$ 是此函数的断点,函数在断点不连续. 不是断点的点是连续点,函数在连续点邻近点的函数值与这点的函数值无限接近.

自变量从 x_0 变化到 x,记 $\Delta x=x-x_0$,于是 $x=x_0+\Delta x$. 称 Δx 为自变量的改变量或增量(注:Δx 可以小于 0).

$y=f(x)$的增量 $\Delta y\xlongequal{\text{规定}}f(x_0+\Delta x)-f(x_0)$(在 x_0 处)(在 x 处的增量可以定义为 $\Delta y=f(x+\Delta x)-f(x)$.

连续从数学角度定义为：

若 $y=f(x)$ 在点 x_0 的某一邻域内有定义，且 $\lim\limits_{\Delta x\to 0}\Delta y=0$，称 $y=f(x)$ 在 x_0 处连续. 还可以等价地写作 $\lim\limits_{\Delta x\to 0}f(x_0+\Delta x)=f(x_0)$

或写作 $\lim\limits_{x\to x_0}f(x)=f(x_0)$.

左端是先对 x 作用函数法则，而后取极限；

右端可看作 $f(\lim\limits_{x\to x_0}x)$，先取极限，后作用函数数法则，故连续可看作：允许交换运算次序.

连续是一点邻域内的局部性概念. 在区间 $[a,b]$ 内每一点都连续，称函数在区间上连续.

若 $\lim\limits_{x\to x_0^-}f(x)=f(x_0)$，称 $f(x)$ 在 x_0 左连续.

$\lim\limits_{x\to x_0^+}f(x)=f(x_0)$，称 $f(x)$ 在 x_0 右连续.

$f(x)$ 在闭区间 $[a,b]$ 上连续. 除 $f(x)$ 在 (a,b) 内连续，还有 $f(x)$ 在 $x=a$ 右连续. $\lim\limits_{x\to a^+}f(x)=f(a)$ 及 $f(x)$ 在 $x=b$ 左连续，$\lim\limits_{x\to b^-}f(x)=f(b)$.

例 1　证明 $y=\cos x$ 在 $(-\infty,+\infty)$ 上连续.

证明： 设 x 是 $(-\infty,+\infty)$ 上任意取定的一点. 自变量有增量 Δx 时，对应的函数增量

$$\begin{aligned}\Delta y&=\cos(x+\Delta x)-\cos x\\&=-2\sin\frac{\Delta x}{2}\sin\frac{2x+\Delta x}{2}\end{aligned}$$

$\lim\limits_{\Delta x\to 0}\sin\dfrac{\Delta x}{2}=0$，$\left|-2\sin\dfrac{2x+\Delta x}{2}\right|\leqslant 2$ 有界.

$\therefore\ \lim\limits_{\Delta x\to 0}\Delta y=\lim\limits_{\Delta x\to 0}\left(-2\sin\dfrac{\Delta x}{2}\sin\dfrac{2x+\Delta x}{2}\right)=0$

$y=\cos x$ 在 x 处连续.

由 x 的任意性，$y=\cos x$ 在 $(-\infty,+\infty)$ 上都连续.

由极限的四则运算法则及连续的极限定义知连续函数的和、差、积、商（分母不为 0）都是连续的.

再由反函数与复合函数的连续性，我们可以证明（类似例 1）基本初等函数在其定义域上都是连续的，进一步得到一切初等函数在其定义域上也都是连续的.

例 2　设 $f(x)=\begin{cases}e^x & x<0\\ x+a & x\geqslant 0\end{cases}$ 在 $(-\infty,+\infty)$ 上连续，求 a.

解： $f(x)$ 特别 $x=0$ 处连续. 必有

$$f(0)=a=f_+(0)=f_-(0)=\lim_{x\to 0^-}e^x=e^0=1.$$

$\therefore a=1$.

函数的间断点

下列三种情形之一：

(1) 在 $x=x_0$，$f(x)$无定义；

(2) $\lim\limits_{x\to x_0}f(x)$不存在；

(3) $\lim\limits_{x\to x_0}f(x)$存在，但$\lim\limits_{x\to x_0}f(x)\neq f(x_0)$.

都称 $x=x_0$ 为函数间断点.

在 $x=\dfrac{\pi}{2}$处，$y=\tan x\xrightarrow[x\to\frac{\pi}{2}]{}\infty$，称为无穷间断点(图 1-8).

在 $x=0$ 处，$y=\sin\dfrac{1}{x}\xrightarrow[x\to 0]{}$在$-1$与$1$之间变动无限多次，称 $x=0$ 为函数 $y=\sin\dfrac{1}{x}$的振荡间断点(图 1-9).

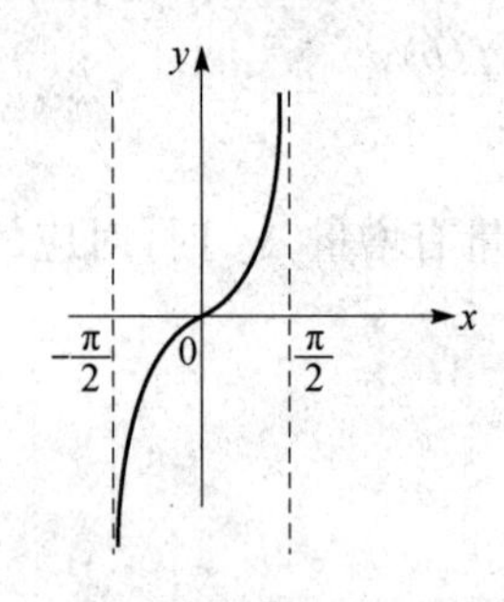

图 1-8

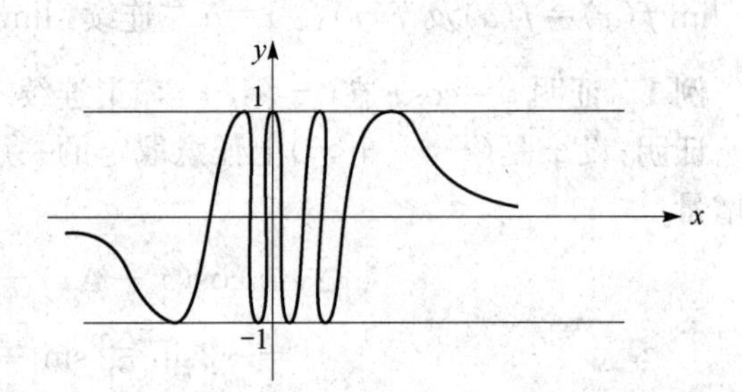

图 1-9

在 $x=1$ 处，$y=\dfrac{x^2-1}{x-1}$无定义，但$\lim\limits_{x\to 1}\dfrac{x^2-1}{x-1}=2$.

称 $x=1$ 为可去间断点(图 1-10). $y=\begin{cases}\dfrac{x^2-1}{x-1} & x\neq 1\\ 2 & x=1\end{cases}$连续.

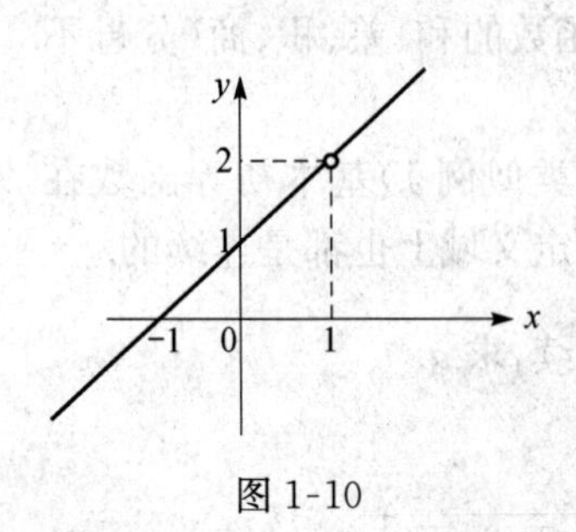

图 1-10

在 $x=0$ 处，$f(x)=\begin{cases}1-x & x\leqslant 0\\ x-1 & x>0\end{cases}$左右极限存在.

$f_-(0)=1\neq -1=f_+(0)$但不相等. 称 $x=0$ 为 $f(x)$的跳跃间断点(图 1-11).

间断点
- 第一类间断点
  - 跳跃间断点
  - 可去间断点
- 第二类间断点
  - 无穷间断点
  - 振荡间断点.

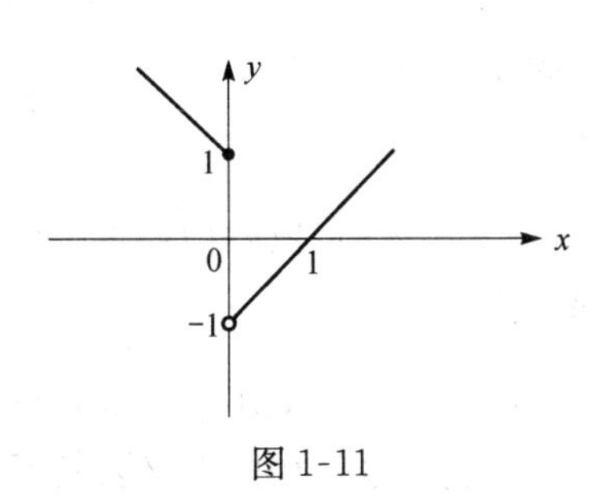

图 1-11

第七节　闭区间上连续函数的性质

设 $y=f(x)$ 在闭区间 $[a,b]$ 上连续，则有

定理 1　$f(x)$ 有界.

定理 2　$m\leqslant f(x)\leqslant m$，其中 m 是 $f(x)$ 在 $[a,b]$ 上最小值.

M 是 $f(x)$ 在 $[a,b]$ 上最大值.

定理 3　对于任意 $m\leqslant c\leqslant M$，至少存在一定 $\xi\in[a,b]$ 使 $f(\xi)=c$.

推论　若 $f(a)f(b)<0$，则至少存在一点 $\xi\in(a,b)$ 使 $f(\xi)=0$.

例　证明方程 $x^3-3x=1$ 至少有一根介于 1 和 2 之间.

证明: 令 $f(x)=x^3-3x-1$，它在 $[1,2]$ 上连续，

$$f(1)=-3,\quad f(2)=1,\quad f(1)f(2)<0$$

存在 $\xi\in(1,2)$ 使 $f(\xi)=0$

$1<\xi<2$ 是方程 $x^3-3x=1$ 的根.

第八节　极限的定义与性质

本节给出极限的数学定义，虽然难理解，却是精确的，严密的.

定义 1　数列极限 $\lim\limits_{n\to\infty}x_n=A$　(ε—N)

对任意给定的正数 ε，总存在正整数 N，当 $n>N$ 时，恒有 $|x_n-A|<\varepsilon$，则称数列 $\{x_n\}$ 以 A 为极限，记作 $\lim\limits_{n\to\infty}x_n=A$.

定义 2　函数极限 $\lim\limits_{x\to x_0}f(x)=A$　(ε—δ)

对任意给定的正数 ε，总存在正数 δ，当 $0<|x-x_0|<\delta$ 时，恒有 $|f(x)-A|<\varepsilon$ 称函数 $f(x)$ 当 $x\to x_0$ 时，以 A 为极限.

定义 3　函数极限 $\lim\limits_{x\to\infty}f(x)=A$　(ε—X)

对任意给定的正数 ε，总存在 $X>0$，当 $|x|>X$ 时，恒有 $|f(x)-A|<\varepsilon$，称函数 $f(x)$ 当 $x\to\infty$ 时以 A 为极限.

"∀"表示“任意”,“∃”表示“存在”.

定义 4 $\lim\limits_{x \to x_0^+} f(x) = A$ 右极限

$\forall \varepsilon > 0, \exists \delta > 0$,当 $0 < x - x_0 < \delta$ 时,恒有 $|f(x) - A| < \varepsilon$.

定义 5 $\lim\limits_{x \to x_0^-} f(x) = A$ 左极限

$\forall \varepsilon > 0, \exists \delta > 0$,当 $-\delta < x - x_0 < 0$ 时,恒有 $|f(x) - A| < \varepsilon$.

正数 ε 的任意性与给定性,它是理解极限定义要特别注意的.

以下给出函数极限的性质定理:

定理 1 (唯一性)若 $\lim\limits_{x \to x_0} f(x)$ 存在,它唯一.

定理 2 (局部有界性)若 $\lim\limits_{x \to x_0} f(x)$ 存在,$x \in \overline{U}^0(x_0, \delta)$,则 $|f(x)| \leqslant M$.

证明:由已知 $\lim\limits_{x \to x_0} f(x) = A$,取 $\varepsilon = 1, \exists \delta > 0$,当 $0 < |x - x_0| < \delta$(即 $x \in \overline{U}^0(x_0, \delta)$)$|f(x) - A| < \varepsilon = 1$

$$|f(x)| = |f(x) - A + A| \leqslant |f(x) - A| + |A| \leqslant 1 + |A|$$

记 $1 + |A| = M$. $f(x)$ 在邻域内有界.

定理 3 (局部保号性)

若 $\lim\limits_{x \to x_0} f(x) = A > 0$(或 $A < 0$),则存在 $\delta > 0$,当 $0 < |x - x_0| < \delta$ 时,有 $f(x) > 0$(或 $f(x) < 0$).

证明:若 $A > 0$ 取 $\varepsilon = \dfrac{A}{2}$

今就 $A < 0$ 给以证明. 取 $\varepsilon = \dfrac{-A}{2}(>0)$ 由极限存在等于 A 知:存在 $\delta > 0$,当 $0 < |x - x_0| < \delta$ 时,恒有 $|f(x) - A| < \dfrac{-A}{2}$.

$$\frac{A}{2} < f(x) - A < \frac{-A}{2}$$

$$\frac{3A}{2} < f(x) < \frac{A}{2} \quad \text{由 } A < 0, \frac{A}{2} < 0$$

$$\therefore f(x) < \frac{A}{2} < 0.$$

$f(x)$ 在邻域内与极限符号一致.

*第九节 综合训练

例 1 已知 $\lim\limits_{x \to 0} \dfrac{\sqrt{1 + f(x)\sin 2x} - 1}{e^{3x} - 1} = 2$,求 $\lim\limits_{x \to 0} f(x)$.

解: $\because \lim\limits_{x\to 0}(e^{3x}-1)=0$. 知 $\lim\limits_{x\to 0}(\sqrt{1+f(x)\sin 2x}-1)=0$.

$\therefore \lim\limits_{x\to 0}f(x)\sin 2x=0$.

$$2=\lim_{x\to 0}\frac{\sqrt{1+f(x)\sin 2x}-1}{e^{3x}-1}=\lim_{x\to 0}\frac{\frac{1}{2}f(x)\sin 2x}{3x}$$

$$=\frac{1}{3}\lim_{x\to 0}f(x)\lim_{x\to 0}\frac{\sin 2x}{2x}=\frac{1}{3}\lim_{x\to 0}f(x).$$

$\therefore \lim\limits_{x\to 0}f(x)=6$.

例 2　求数列极限 $\lim\limits_{n\to\infty}\left(\frac{a-1+\sqrt[n]{b}}{a}\right)^n(a>0,b>0)$.

解: $\lim\limits_{x\to+\infty}\left(\frac{a-1+b^{\frac{1}{x}}}{a}\right)^x=e^{\lim\limits_{x\to+\infty}x\ln\left(1+\frac{b^{\frac{1}{x}}-1}{a}\right)}$,

而 $\lim\limits_{x\to+\infty}x\ln\left(1+\frac{b^{\frac{1}{x}}-1}{a}\right)=\lim\limits_{t\to 0^+}\frac{\ln\left(1+\frac{b^t-1}{a}\right)}{t}=\lim\limits_{t\to 0^+}\frac{\frac{b^t-1}{a}}{t}$

$$=\frac{1}{a}\lim_{t\to 0^+}\frac{e^{t\ln b}-1}{t}=\frac{1}{a}\lim_{t\to 0^+}\frac{t\ln b}{t}=\frac{\ln b}{a}.$$

$\therefore \lim\limits_{n\to\infty}\left(\frac{a-1+\sqrt[n]{b}}{a}\right)^n=e^{\frac{\ln b}{a}}=(e^{\ln b})^{\frac{1}{a}}=\sqrt[a]{b}$.

例 3　设 $f(x)=\frac{e^{\frac{1}{x}}-1}{e^{\frac{1}{x}}+1}$,则 $x=0$ 是 $f(x)$ 的(　　).

A. 可去间断点　　B. 连续点　　C. 跳跃间断间　　D. 第二类间断点

解: $\lim\limits_{x\to 0^-}f(x)=\lim\limits_{x\to 0^-}\frac{e^{\frac{1}{x}}-1}{e^{\frac{1}{x}}+1}=\frac{0-1}{0+1}=-1$

$$\lim_{x\to 0^+}f(x)=\lim_{x\to 0^+}\frac{e^{\frac{1}{x}}-1}{e^{\frac{1}{x}}+1}=\lim_{x\to 0^+}\frac{1-e^{\frac{-1}{x}}}{1+e^{\frac{-1}{x}}}=\frac{1-0}{1+0}=1.$$

$f(0^-)\neq f(0^+)$,$x=0$ 是跳跃间断点.

选(C)

例 4　设 $f(x)$ 在 $\{a,b\}$ 上连续,$a<x_1<x_2<\cdots<x_n<b,c_i>0(i=1,\cdots,n)$ 证明存在一个 ξ 使 $f(\xi)=\frac{c_1f(x_1)+\cdots+c_nf(x_n)}{c_1+\cdots+c_n}$.

证: $f(x)$ 在 $[a,b]$ 上连续. $m\leqslant f(x)\leqslant M$(最值定理).

$$m\leqslant f(x_1)\leqslant M\quad c_1m\leqslant c_1f(x_1)\leqslant c_1M$$

$$\vdots$$

$$c_nm\leqslant c_nf(x_n)\leqslant c_nM$$

$$(c_1+\cdots+c_n)m\leqslant c_1f(x_1)+\cdots+c_nf(x_n)\leqslant(c_1+\cdots+c_n)M$$

$$m\leqslant\frac{c_1f(x_1)+\cdots+c_nf(x_n)}{c_1+\cdots+c_n}\leqslant M.$$

这是一个介于最小值 m 与最大值 M 之间的值，由闭区间上连续函数的介值定理：

至少存在一个 ξ，使 $f(\xi)=\dfrac{c_1f(x_1)+\cdots+c_nf(x_n)}{c_1+\cdots+c_n}$.

例 5 求 $\lim\limits_{n\to+\infty}\dfrac{1\cdot3\cdot5\cdots(2n-1)}{2\cdot4\cdot6\cdots(2n)}=\lim\limits_{n\to+\infty}\dfrac{(2n-1)!!}{(2n)!!}$.

解: $1\cdot3<2^2,3\cdot5<4^2,\cdots,(2n-1)(2n+1)<(2n)^2$

$$1\cdot3^2\cdot5^2\cdots(2n-1)^2\cdot(2n+1)<2^2\cdot4^2\cdots(2n)^2$$

$$1\cdot3\cdot5\cdots(2n-1)\sqrt{2n+1}<2\cdot4\cdots(2n)$$

$$0<\frac{1\cdot3\cdot5\cdots(2n-1)}{2\cdot4\cdot6\cdots(2n)}<\frac{1}{\sqrt{2n+1}}$$

$$\lim_{x\to+\infty}\frac{1}{\sqrt{2n+1}}=0.$$

$$\therefore\ \lim_{n\to+\infty}\frac{(2n-1)!!}{(2n)!!}=0.$$

例 6 当 $|x|<1$ 时求 $\lim\limits_{n\to\infty}(1+x)(1+x^2)\cdots(1+x^{2n})$.

解: $\lim\limits_{n\to\infty}(1+x)(1+x^2)(1+x^4)\cdots(1+x^{2n})$

$$=\frac{1}{1-x}\lim_{n\to\infty}(1-x^2)(1+x^2)\cdots(1+x^{2n})$$

$$=\frac{1}{1-x}\lim_{n\to\infty}(1-x^{4n})$$

$$=\frac{1}{1-x}.$$

例 7 求 $\lim\limits_{n\to\infty}\left(1-\dfrac{1}{2^2}\right)\left(1-\dfrac{1}{3^2}\right)\cdots\left(1-\dfrac{1}{n^2}\right)$.

解: 由 $1-\dfrac{1}{K^2}=\dfrac{K-1}{K}\cdot\dfrac{K+1}{K}$

知 $\left(1-\dfrac{1}{2^2}\right)\left(1-\dfrac{1}{3^2}\right)\cdots\left(1-\dfrac{1}{n^2}\right)$

$$=\frac{1}{2}\cdot\frac{3}{2}\cdot\frac{2}{3}\cdot\frac{4}{3}\cdot\frac{3}{4}\cdot\frac{5}{4}\cdots\frac{n-1}{n}\cdot\frac{n+1}{n}$$

$$=\frac{1}{2}\cdot\frac{n+1}{n}$$

$\therefore\ \lim\limits_{n\to\infty}\left(1-\dfrac{1}{2^2}\right)\left(1-\dfrac{1}{3^2}\right)\cdots\left(1-\dfrac{1}{n^2}\right)$

$$=\lim_{n\to\infty}\frac{1}{2}\cdot\frac{n+1}{n}$$

$$=\frac{1}{2}.$$

例 8 求$\lim_{n\to\infty}\left[\frac{1}{n+1}+\frac{1}{(n^2+1)^{\frac{1}{2}}}+\cdots+\frac{1}{(n^n+1)^{\frac{1}{n}}}\right]$.

解: $(n^{k+1}+1)^{\frac{k}{k+1}}=(n^{k+1}+1)^{1-\frac{1}{k+1}}=\frac{n^{k+1}+1}{(n^{k+1}+1)^{\frac{1}{k+1}}}<\frac{n^{k+1}+1}{n}$

$$=n^k+\frac{1}{n}<n^k+1.$$

即 $(n^{k+1}+1)^{\frac{1}{k+1}}<(n^k+1)^{\frac{1}{k}}$,

$$\frac{1}{n+1}<\cdots<\frac{1}{(n^k+1)^{\frac{1}{k}}}<\frac{1}{(n^{k+1}+1)^{\frac{1}{k+1}}}<\cdots<\frac{1}{(n^n+1)^{\frac{1}{n}}}$$

$$(1<k<k+1<\cdots<n)$$

$$\frac{n}{n+1}<\left[\frac{1}{n+1}+\frac{1}{(n^2+1)^{\frac{1}{2}}}+\cdots+\frac{1}{(n^n+1)^{\frac{1}{n}}}\right]<\frac{n}{(n^n+1)^{\frac{1}{n}}}$$

$\lim_{n\to\infty}\frac{n}{n+1}=1$, $\quad\lim_{n\to\infty}\frac{n}{(n^n+1)^{\frac{1}{n}}}=\lim_{n\to\infty}\frac{(n^n)^{\frac{1}{n}}}{(n^n+1)^{\frac{1}{n}}}=\lim_{n\to\infty}\left(\frac{n^n}{n^n+1}\right)^{\frac{1}{n}}=1.$

由夹逼准则知$\lim_{n\to\infty}\left[\frac{1}{n+1}+\frac{1}{(n^2+1)^{\frac{1}{2}}}+\cdots+\frac{1}{(n^n+1)^{\frac{1}{n}}}\right]=1$.

例 9 设 $x_n=(1+a)(1+a^2)(1+a^4)\cdots(1+a^{2^n})$,其中$|a|<1$,求$\lim_{n\to\infty}x_n$.

解: $\because$ $x_n=\frac{1}{1-a}(1-a)(1+a)(1+a^2)\cdots(1+a^{2^n})$

$$=\frac{1}{1-a}(1-a^2)(1+a^2)(1+a^4)\cdots(1+a^{2^n})$$

$$=\frac{1}{1-a}(1-a^4)(1+a^4)\cdots(1+a^{2^n})$$

$$=\frac{(1-a^{2^{n+1}})}{1-a}.$$

由$|a|<1$,$\lim_{n\to\infty}a^{2^{n+1}}=0$,$\therefore$ $\lim_{n\to+\infty}x_n=\frac{1}{1-a}$.

例 10 求$\lim_{x\to\infty}e^{-x}\left(1+\frac{1}{x}\right)^{x^2}$.

解: $\lim_{x\to\infty}e^{-x}\left(1+\frac{1}{x}\right)^{x^2}=\lim_{x\to\infty}\left[\left(1+\frac{1}{x}\right)^x e^{-1}\right]^x=e^{\lim_{x\to\infty}x\left[\ln\left(1+\frac{1}{x}\right)^x-1\right]}$

$$=e^{\lim_{x\to\infty}x\left[x\ln\left(1+\frac{1}{x}\right)-1\right]}=e^{\lim_{x\to\infty}x\left[x\left(\frac{1}{x}-\frac{1}{2x^2}\right)-1\right]}$$

$$=e^{-\frac{1}{2}}.$$

注:$x\to\infty$时,$\ln\left(1+\frac{1}{x}\right)=\frac{1}{x}-\frac{1}{2x^2}+0\left(\frac{1}{x^2}\right)$,也就是当 $t\to0$ 时,$\ln(1+t)-t\sim\frac{-t^2}{2}$.

例 11 证明:方程 $x\cdot 2^x=1$ 至少有一个小于 1 的正根.

记:令 $f(x)=x\cdot 2^x-1$,它在$[0,1]$上连续.

$$f(0)=-1<0,\quad f(1)=1>0,\quad f(0)\cdot f(1)=-1<0$$

由连续函数的介值定理,在$(0,1)$内至少存在一点 x_0,使 $f(x_0)=x_0\cdot 2^{x_0}-1=0$,其中 $0<x_0<1$,即 $x\cdot 2^x-1=0$ 至少有一个小于 1 的正根.

例 12 $\lim\limits_{x\to0}\frac{\sin2x}{x(x+2)}=($　　$)$.

A. 1　　B. 0　　C. ∞　　D. 2

解: $\lim\limits_{x\to0}\frac{\sin2x}{x(x+2)}$

$=\lim\limits_{x\to0}\frac{\sin2x}{2x}\lim\limits_{x\to0}\frac{2}{x+2}$

$=1\times\frac{2}{0+2}$

$=1$

选(A).

例 13 设$\lim\limits_{x\to0}(1-mx)^{\frac{1}{x}}=e^2$ 则 $m=($　　$)$.

A. $\frac{1}{2}$　　B. 2　　C. -2　　D. $-\frac{1}{2}$

解:$\lim\limits_{x\to0}(1-mx)^{\frac{1}{x}}=\lim\limits_{x\to0}[(1-mx)^{\frac{1}{-mx}}]^{-m}=e^{-m}=e^2$

$\therefore m=-2$.

选(C).

例 14 求极限$\lim\limits_{x\to0}\frac{\sqrt{4-2x}-\sqrt{4+x}}{\sqrt{x+1}-\sqrt{1-x}}$.

解: $\lim\limits_{x\to0}\frac{\sqrt{4-2x}-\sqrt{4+x}}{\sqrt{x+1}-\sqrt{1-x}}$

$=\lim\limits_{x\to0}\frac{(\sqrt{x+1}+\sqrt{1-x})[4-2x-(4+x)]}{[x+1-(1-x)](\sqrt{4-2x}+\sqrt{4+x})}$

$=\lim\limits_{x\to0}\frac{(\sqrt{x+1}+\sqrt{1-x})(-3x)}{2x(\sqrt{4-2x}+\sqrt{4+x})}$

$=\lim\limits_{x\to0}\frac{2(-3)}{2(2+2)}$

$=-\frac{3}{4}$

例 15　$\lim\limits_{x\to2}\frac{\sin(x^2-4)}{x-2}$.

解:$\lim\limits_{x\to2}\frac{\sin(x^2-4)}{x-2}=\lim\limits_{x\to2}\frac{(x+2)\sin(x^2-4)}{x^2-4}$

$=\lim\limits_{x\to2}(x+2)\cdot\lim\limits_{x\to2}\frac{\sin(x^2-4)}{x^2-4}$

$=2+2$

$=4$

例 16　$\lim\limits_{x\to0}\left(\frac{2-x}{2}\right)^{\frac{1}{x}}$.

解:$\lim\limits_{x\to0}\left(\frac{2-x}{2}\right)^{\frac{1}{x}}=\lim\limits_{x\to0}\left[\left(1-\frac{x}{2}\right)^{-\frac{2}{x}}\right]^{-\frac{1}{2}}$

$=\mathrm{e}^{-\frac{1}{2}}$

例 17　设 $f(x)$在$[0,+\infty)$上有 $0\leqslant f(x)\leqslant \mathrm{e}^{-x}$,当 $x\to+\infty$时,(　　).

A. $f(x)$是无穷大量　　B. $f(x)$是无穷小量

C. $\mathrm{e}^{2x}f(x)$是无穷大量　　D. $\mathrm{e}^{2x}f(x)$是无穷小量

解:由 $\mathrm{e}^{-x}=\left(\frac{1}{\mathrm{e}}\right)^x$ 在$[0,+\infty)$上单调递减,且

$\lim\limits_{x\to+\infty}\mathrm{e}^{-x}=0$　已知　$0\leqslant f(x)\leqslant \mathrm{e}^{-x}$

$0\leqslant\lim\limits_{x\to+\infty}f(x)\leqslant\lim\limits_{x\to+\infty}\mathrm{e}^{-x}=0$　只有 $\lim\limits_{x\to+\infty}f(x)=0$

∴ $f(x)$当 $x\to+\infty$时是无穷小量.

选(B).

例 18　求极限$\lim\limits_{x\to0}\left(\frac{1-2x}{1+x}\right)^{\frac{1}{\sin x}}$.

解:　$\lim\limits_{x\to0}\left(\frac{1-2x}{1+x}\right)^{\frac{1}{\sin x}}$

$=\lim\limits_{x\to0}\left(1+\frac{-3x}{1+x}\right)^{\frac{1}{\sin x}}$

$=\lim\limits_{x\to0}\left[\left(1-\frac{3x}{1+x}\right)^{\frac{1+x}{-3x}}\right]^{\frac{-3x}{\sin x(1+x)}}$

$=\mathrm{e}^{-3}$

例 19　设 $a>0,b>0$ 求$\lim\limits_{n\to\infty}\left(\frac{\sqrt[n]{a}+\sqrt[n]{b}}{2}\right)^n$.

解:先求 $\lim\limits_{x\to+\infty}\left(\frac{a^{\frac{1}{x}}+b^{\frac{1}{x}}}{2}\right)^x$

$$=\lim_{x\to+\infty}\left(1+\frac{a^{\frac{1}{x}}+b^{\frac{1}{x}}-2}{2}\right)^{x}$$

$$=\lim_{x\to+\infty}\left(1+\frac{a^{\frac{1}{x}}+b^{\frac{1}{x}}-2}{2}\right)^{\frac{2}{a^{\frac{1}{x}}+b^{\frac{1}{x}}-2}\cdot\frac{x(a^{\frac{1}{x}}+b^{\frac{1}{x}}-2)}{2}}$$

$$=e^{\frac{1}{2}\lim\limits_{x\to+\infty}\frac{a^{\frac{1}{x}}+b^{\frac{1}{x}}-2}{\frac{1}{x}}}$$

$$=e^{\frac{1}{2}\lim\limits_{t\to0}\frac{a^t+b^t-2}{t}}$$

$$=e^{\frac{1}{2}\lim\limits_{t\to0}(a^t\ln a+b^t\ln b)}$$

$$=e^{\frac{1}{2}\ln ab}$$

$$=e^{\ln\sqrt{ab}}$$

$$=\sqrt{ab}.$$

$\therefore \lim\limits_{n\to\infty}\left(\frac{\sqrt[n]{a}+\sqrt[n]{b}}{2}\right)^n=\sqrt{ab}.$

例 20 设 $x_1=10$,$x_{n+1}=\sqrt{6+x_n}$求$\lim\limits_{n\to\infty}x_n$.

解:$x_1=10$,$x_2=\sqrt{10+6}=4$,$x_2<x_1$

设 $x_K<x_{K-1}$

$$\sqrt{x_K+6}<\sqrt{6+x_{K-1}}$$

即 $$x_{K+1}<x_K \quad (1)$$

另一方面, $$x_n>0 \quad (2)$$

由(1)与(2),x_n 单调下降,有下界,故极限必存在.

设$\lim\limits_{n\to\infty}x_n=l(\geqslant0)$

于是有 $$l=\sqrt{6+l}\quad l^2=6+l$$

$$l^2-l-6=0\quad (l-3)(l+2)=0$$

$$l_1=-2\text{ 舍去},\quad l=3$$

$\therefore \lim\limits_{n\to\infty}x_n=3.$

例 21 设$\lim\limits_{x\to\infty}[(x^3+2x^2+3)^c-x]$存在且不为零,确定常数 c 并求极限.

解:设$\lim\limits_{x\to\infty}[(x^3+2x^2+3)^c-x]=l$

由$\lim\limits_{x\to\infty}\frac{l}{x}=0$ 即$\lim\limits_{x\to\infty}\frac{(x^3+2x^2+3)^c-x}{x}=0$

$\Rightarrow 3c=1$ 即 $c=\frac{1}{3}$.

$$l=\lim_{x\to\infty}[(x^3+2x^2+3)^{\frac{1}{3}}-x]$$

$$=\lim_{x\to\infty}x\left[\sqrt[3]{1+\frac{2}{x}+\frac{3}{x^3}}-1\right]\quad(\sqrt[n]{1+t}-1\underset{t\to0}{\sim}\frac{t}{n})$$

$$=\lim_{x\to\infty}x\cdot\frac{\left(\frac{2}{x}+\frac{3}{x^3}\right)}{3}$$

$$=\frac{2}{3}$$

例 22　求$\lim\limits_{x\to0}\left(\frac{x+1}{1-e^{-x}}-\frac{1}{x}\right)$.

解：　$\lim\limits_{x\to0}\left(\frac{x+1}{1-e^{-x}}-\frac{1}{x}\right)$

$$=\lim_{x\to0}\frac{x^2+x-1+e^{-x}}{x(1-e^{-x})}$$

$$=\lim_{x\to0}\frac{2x+1-e^{-x}}{1-e^{-x}+xe^{-x}}$$

$$=\lim_{x\to0}\frac{2+e^{-x}}{2e^{-x}-xe^{-x}}$$

$$=\frac{3}{2}.$$

例 23　求$\lim\limits_{x\to0}\left(\frac{1}{\sin^2x}-\frac{\cos^2x}{x^2}\right)$.

解：　$\lim\limits_{x\to0}\left(\frac{1}{\sin^2x}-\frac{\cos^2x}{x^2}\right)$

$$=\lim_{x\to0}\frac{x^2-\cos^2x\sin^2x}{x^2\sin^2x}$$

$$=\lim_{x\to0}\frac{(x-\cos x\sin x)(x+\cos x\sin x)}{x^4}$$

$$=\lim_{x\to0}\frac{x+\cos x\sin x}{x}\lim_{x\to0}\frac{x-\cos x\sin x}{x^3}$$

$$=2\lim_{x\to0}\frac{1-\cos^2x+\sin^2x}{3x^2}$$

$$=2\lim_{x\to0}\frac{2\sin^2x}{3x^2}$$

$$=\frac{4}{3}.$$

例 24　求$\lim\limits_{x\to\infty}\left(\frac{1}{x^2}-\frac{1}{x\tan x}\right)$.

解：　$\lim\limits_{x\to0}\left(\frac{1}{x^2}-\frac{1}{x\tan x}\right)$

$$=\lim_{x\to0}\frac{\sin x-x\cos x}{x^2\sin x}$$

$$=\lim_{x\to0}\frac{\sin x-x\cos x}{x^3}$$

$$=\lim_{x\to0}\frac{\cos x-\cos x+x\sin x}{3x^2}$$

$$=\frac{1}{3}.$$

例 25 求极限$\lim\limits_{x\to0}[\ln(1+x^2)]^{e^x-1}$.

解: $\lim\limits_{x\to0}[\ln(1+x^2)]^{e^x-1}$

$$=e^{\lim\limits_{x\to0}(e^x-1)\cdot\ln[\ln(1+x^2)]}$$

$$=e^{\lim\limits_{x\to0}x\cdot\ln x^2}$$

$$=e^{\lim\limits_{x\to0}\frac{2\ln x}{x^{-1}}}\qquad\left(\begin{matrix}x\to0\text{ 时},e^x-1\sim x\\ \ln(1+x^2)\sim x^2\end{matrix}\right)$$

$$=e^{\lim\limits_{x\to0}\frac{2x^{-1}}{-x^{-2}}}$$

$$=e^0$$

$$=1.$$

例 26 求极限$\lim\limits_{x\to\infty}\frac{(x+a)^{x+b}(x+b)^{x+a}}{(x+a+b)^{2x+a+b}}$.

解: $\lim\limits_{x\to\infty}\frac{(x+a)^{x+b}(x+b)^{x+a}}{(x+a+b)^{2x+a+b}}$

$$=\lim_{x\to\infty}\left(\frac{x+a}{x+a+b}\right)^{x+b}\cdot\left(\frac{x+b}{x+a+b}\right)^{x+a}$$

$$=\lim_{x\to\infty}\frac{1}{\left(1+\frac{b}{x+a}\right)^{x+b}}\frac{1}{\left(1+\frac{a}{x+b}\right)^{x+a}}$$

$$=\lim_{x\to\infty}\frac{1}{\left(1+\frac{b}{x+a}\right)^{\frac{x+a}{b}\cdot\left(\frac{x+b}{x+a}\right)\cdot b}}\cdot\frac{1}{\left(1+\frac{a}{x+b}\right)^{\frac{x+b}{a}\left(\frac{x+a}{x+b}\right)\cdot a}}$$

$$=\frac{1}{e^b\cdot e^a}$$

$$=e^{-b-a}.$$

例 27 求 $f(x)=\lim\limits_{t\to x}\left(\frac{\tan x}{\tan t}\right)^{\frac{t}{\tan x-\tan t}}$的间断点,并判断类型.

解: $f(x)=\lim\limits_{t\to x}\left(\frac{\tan x}{\tan t}\right)^{\frac{t}{\tan x-\tan t}}$

$$=e^{\lim\limits_{t\to x}\frac{t}{\tan x-\tan t}\ln\left(1+\frac{\tan x-\tan t}{\tan t}\right)}$$

$$=e^{\lim\limits_{t\to x}\frac{t}{\tan x-\tan t}\cdot\frac{\tan x-\tan t}{\tan t}}\qquad(\lim_{t\to x}(\tan x-\tan t)=0)$$

$$=e^{\lim\limits_{t\to x}\frac{t}{\tan t}}$$

当 $x=n\pi$ 时　$e^{\lim\limits_{t\to n\pi}\frac{t}{\tan t}}=e^{\infty}$　　[$x=n\pi(n\neq0)$，为无穷间断点，第Ⅱ类]
$(n\neq0)$

$x=0$ 时　$e^{\lim\limits_{t\to 0}\frac{t}{\tan t}}=e$

$x=n\pi+\frac{\pi}{2}$　$e^{\lim\limits_{t\to n\pi+\frac{\pi}{2}}\frac{t}{\tan t}}=e^0=1$　　$\left(x=0\text{ 或 }n\pi+\frac{\pi}{2}\text{，为可去间断点，第Ⅰ类}\right)$

例 28　当 $x\to0$ 时，$f(x)=1-\cos(e^{x^2}-1)$ 与 $g(x)=2^mx^n$ 等价，则 $m=$ ________，$n=$ ________.

解：$f(x)=1-\cos(e^{x^2}-1)$

$$\sim\frac{1}{2}(e^{x^2}-1)^2$$

$$\sim\frac{1}{2}(x^2)^2$$

$$=2^mx^n$$

∴ $m=-1$，$n=4$.

例 29　若 $\lim\limits_{x\to\infty}f(x)=a$，$g(x)=\begin{cases}f\left(\frac{1}{x}\right) & x\neq0\\ 0 & x=0\end{cases}$，则 $x=0$ 是 $g(x)$ 的（　　）.

A. 第一类间断点　　B. 第二类间断点

C. 连续点　　D. $g(x)$的连续性与 a 有关

解：$\lim\limits_{x\to0}g(x)=\lim\limits_{x\to0}f\left(\frac{1}{x}\right)=\lim\limits_{t\to\infty}f(t)=a$

若 $a=0=g(0)$　$g(x)$在 $x=0$ 处连续

若 $a\neq0$　$\lim\limits_{x\to0}g(x)=a\neq g(0)=0$，$g(x)$在 $x=0$ 处不连续.

选(D).

例 30　求 $\lim\limits_{n\to\infty}\left(\frac{1}{n^2+n+1}+\frac{2}{n^2+n+2}+\cdots+\frac{n}{n^2+n+n}\right)$.

解：$\frac{1+2+\cdots+n}{n^2+n+n}=\frac{\frac{n(n+1)}{2}}{n^2+2n}=\frac{1}{2}\cdot\frac{n^2+n}{n^2+2n}$

$$\lim_{n\to\infty}\frac{1}{2}\left(\frac{n^2+n}{n^2+2n}\right)=\frac{1}{2}$$

$$\frac{1+2+\cdots+n}{n^2+n+1}=\frac{\frac{n(n+1)}{2}}{n^2+n+1}=\frac{1}{2}\cdot\frac{n^2+n}{n^2+n+1}$$

$$\lim_{n\to\infty}\frac{1}{2}\left(\frac{n^2+n}{n^2+n+1}\right)=\frac{1}{2}$$

而 $$\frac{1+2+\cdots+n}{n^2+n+n}\leqslant\left(\frac{1}{n^2+n+1}+\frac{2}{n^2+n+2}+\cdots+\frac{n}{n^2+n+n}\right)$$

$$\leqslant\frac{1+2+\cdots+n}{n^2+n+1}$$

$\therefore \lim\limits_{n\to\infty}\left(\frac{1}{n^2+n+1}+\frac{2}{n^2+n+1}+\cdots+\frac{n}{n^2+n+n}\right)=\frac{1}{2}$.

例 31 求(1) $\lim\limits_{n\to+\infty}\sin\sqrt{n^2+1}\pi$ 与(2) $\lim\limits_{n\to+\infty}\sin\sqrt{n^2+n}\pi$.

解:(1) $\lim\limits_{n\to+\infty}\sin\sqrt{n^2+1}\pi$

$$=\lim_{n\to+\infty}\sin(\sqrt{n^2+1}\pi-n\pi+n\pi)$$

$$=\lim_{n\to+\infty}(-1)^n\sin(\sqrt{n^2+1}-n)\pi$$

$$=\lim_{n\to+\infty}(-1)^n\sin\frac{1}{\sqrt{n^2+1}+n}\cdot\pi$$

$$=0\quad\left(\lim_{n\to+\infty}\frac{\pi}{\sqrt{n^2+1}+n}=0\right)$$

(2) $\lim\limits_{n\to+\infty}\sin\sqrt{n^2+n}\pi$ (以下分析可知不存在).

$\because$ $\sin\sqrt{n^2+n}\pi$

$$=\sin[(\sqrt{n^2+n}-n)\pi+n\pi]$$

$$=(-1)^n\sin(\sqrt{n^2+n}-n)\pi$$

$$=(-1)^n\sin\frac{n\pi}{\sqrt{n^2+n}+n}$$

注意 $\lim\limits_{n\to+\infty}\frac{n}{\sqrt{n^2+n}+n}=\frac{1}{2}$

$\sin\frac{\pi}{2}=1$

$\lim\limits_{n\to+\infty}(-1)^n$ 不存在.

$\therefore$ $\lim\limits_{n\to+\infty}\sin\sqrt{n^2+n}\pi$ 不存在.

例 32 求 $f(x)=\lim\limits_{n\to\infty}\sqrt[n]{1+x^n+\left(\frac{x^2}{2}\right)^n}$ $(x\geqslant0)$.

解:i 当 $0\leqslant x<1$ 时

$$1 \leqslant \sqrt[n]{1+x^n+\left(\frac{x^2}{2}\right)^n} \leqslant \sqrt[n]{3}$$

$$\lim_{n\to\infty} 3^{\frac{1}{n}} = 3^0 = 1$$

ii 当 $1 \leqslant x < 2$ 时，欲使 $x^n > \left(\frac{x^2}{2}\right)^n$.

即 $x > \frac{x^2}{2}$ 即 $2x > x^2$ 即 $2 > x$.

$$x = \sqrt[n]{x^n} \leqslant \sqrt{1+x^n+\left(\frac{x^2}{2}\right)^n} < \sqrt[n]{3}x$$

$\therefore \lim_{n\to\infty}\sqrt{1+x^n+\left(\frac{x^2}{2}\right)^n} \xlongequal[1\leqslant x<2]{} x$

iii 当 $2 \leqslant x < +\infty$

$$\frac{x^2}{2} = \sqrt[n]{\left(\frac{x^2}{2}\right)^n} < \sqrt{1+x^n+\left(\frac{x^2}{2}\right)^n} < \sqrt[n]{3}\left(\frac{x^2}{2}\right)$$

$\because \lim_{n\to\infty}\sqrt[n]{3} = 1$

$\therefore \lim_{n\to\infty}\sqrt{1+x^n+\left(\frac{x^2}{2}\right)^n} = \frac{x^2}{2}$

综上 $f(x) = \begin{cases} 1 & 0 \leqslant x < 1 \\ x & 1 \leqslant x < 2 \\ \frac{x^2}{2} & 2 \leqslant x \end{cases}$

例 33 设 $f(x)$ 为多项式，且 $\lim_{x\to\infty}\frac{f(x)-8x^8}{2x^2+3x+1} = 4$，$\lim_{x\to 0}\frac{f(x)}{x} = 8$，求 $f(x)$.

解: 由已知条件设 $f(x) = 8x^8 + 8x^2 + ax + b$

由 $\lim_{x\to 0}\frac{f(x)}{x} = 8 \Rightarrow b = 0$ 再代入

$$\lim_{x\to 0}\frac{8x^8+8x^2+ax}{x} = a = 8$$

验证 $f(x) - 8x^8 = 8x^2 + 8x$.

$$\lim_{x\to\infty}\frac{f(x)-8x^8}{2x^2+3x+1} = \lim_{x\to\infty}\frac{8x^2+8x}{2x^2+3x+1} = \lim_{x\to\infty}\frac{8+\frac{8}{x}}{2+\frac{3}{x}+\frac{1}{x^2}} = 4$$

$\therefore f(x) = 8x^8 + 8x^2 + 8x$.

例 34 求 $\lim_{x\to 0}\left(\frac{2+e^{\frac{1}{x}}}{1+e^{\frac{4}{x}}} + \frac{\sin x}{|x|}\right)$.

解: $\lim\limits_{x\to 0^-}\left(\dfrac{2+e^{\frac{1}{x}}}{1+e^{\frac{4}{x}}}+\dfrac{\sin x}{|x|}\right)$

$=\dfrac{2+0}{1+0}+\lim\limits_{x\to 0^-}\dfrac{\sin x}{-x}$

$=2-1$

$=1$

$\lim\limits_{x\to 0^+}\left(\dfrac{2+e^{\frac{1}{x}}}{1+e^{\frac{4}{x}}}+\dfrac{\sin x}{|x|}\right)$

$=\lim\limits_{x\to 0^+}\left(\dfrac{2\cdot e^{-\frac{1}{x}}+1}{e^{-\frac{1}{x}}+e^{\frac{3}{x}}}+\dfrac{\sin x}{x}\right)$

$=\lim\limits_{x\to 0^+}\left(\dfrac{2\cdot e^{\frac{-4}{x}}+e^{\frac{-3}{x}}}{e^{\frac{-4}{x}}+1}+\dfrac{\sin x}{x}\right)$

$=\dfrac{0+0}{0+1}+1$

$=1.$

$\therefore$ 原极限$\lim\limits_{x\to 0}\left(\dfrac{2+e^{\frac{1}{x}}}{1+e^{\frac{4}{x}}}+\dfrac{\sin x}{|x|}\right)=1.$

例 35 求极限$\lim\limits_{x\to 0^+}\dfrac{1-\sqrt{\cos x}}{x(1-\cos\sqrt{x})}$.

解: $\lim\limits_{x\to 0^+}\dfrac{1-\sqrt{\cos x}}{x(1-\cos\sqrt{x})}$

$=\lim\limits_{x\to 0^+}\dfrac{1-\cos x}{x(1-\cos\sqrt{x})(1+\sqrt{\cos x})}$

$=\lim\limits_{x\to 0^+}\dfrac{1}{1+\sqrt{\cos x}}\lim\limits_{x\to 0^+}\dfrac{1-\cos x}{x(1-\cos\sqrt{x})}$

$=\dfrac{1}{2}\lim\limits_{x\to 0^+}\dfrac{\frac{x^2}{2}}{x\,\frac{(\sqrt{x})^2}{2}}$

$=\dfrac{1}{2}.$

例 36 求极限$\lim\limits_{x\to 0}\dfrac{\sqrt{1+\tan x}-\sqrt{1+\sin x}}{x\ln(1+x)-x^2}$.

解: $\lim\limits_{x\to 0}\dfrac{\sqrt{1+\tan x}-\sqrt{1+\sin x}}{x\ln(1+x)-x^2}$

$=\lim\limits_{x\to 0}\dfrac{1}{\sqrt{1+\tan x}+\sqrt{1+\sin x}}\lim\limits_{x\to 0}\dfrac{1+\tan x-(1+\sin x)}{x[\ln(1+x)-x]}$

$$=\frac{1}{2}\lim_{x\to 0}\frac{\sin x\left(\frac{1}{\cos x}-1\right)}{x[\ln(1+x)-x]}$$

$$=\frac{1}{2}\lim_{x\to 0}\frac{1}{\cos x}\lim_{x\to 0}\frac{1-\cos x}{\ln(1+x)-x}$$

$$=\frac{1}{2}\lim_{x\to 0}\frac{\sin x}{\frac{1}{1+x}-1}$$

$$=\frac{1}{2}\lim_{x\to 0}\frac{\sin x(1+x)}{-x}=-\frac{1}{2}.$$

例 37 求$\lim\limits_{x\to 0}\left(\frac{1}{x^2}-\cot^2 x\right)$.

解： $\lim\limits_{x\to 0}\left(\frac{1}{x^2}-\cot^2 x\right)$

$$=\lim_{x\to 0}\frac{\sin^2 x-x^2\cos^2 x}{x^2\sin^2 x}$$

$$=\lim_{x\to 0}\frac{(\sin x+x\cos x)(\sin x-x\cos x)}{x^4}$$

$$=\lim_{x\to 0}\frac{\sin x+x\cos x}{x}\lim_{x\to 0}\frac{\sin x-x\cos x}{x^3}$$

$$=2\lim_{x\to 0}\frac{\sin x-x\cos x}{x^3}$$

$$=2\lim_{x\to 0}\frac{\cos x-\cos x+x\sin x}{3x^2}$$

$$=2\lim_{x\to 0}\frac{x\sin x}{3x^2}$$

$$=\frac{2}{3}.$$

例 38 求$\lim\limits_{n\to+\infty}(\sqrt{n+3\sqrt{n}}-\sqrt{n-\sqrt{n}})$.

解： $\lim\limits_{n\to+\infty}(\sqrt{n+3\sqrt{n}}-\sqrt{n-\sqrt{n}})$

$$=\lim_{n\to+\infty}\frac{n+3\sqrt{n}-(n-\sqrt{n})}{\sqrt{n+3\sqrt{n}}+\sqrt{n-\sqrt{n}}}$$

$$=\lim_{n\to+\infty}\frac{4\sqrt{n}}{\sqrt{n+3\sqrt{n}}+\sqrt{n-\sqrt{n}}}$$

$$=\lim_{n\to+\infty}\frac{4}{\sqrt{1+\frac{3}{\sqrt{n}}}+\sqrt{1-\frac{1}{\sqrt{n}}}}$$

$=2.$

例 39 求$\lim\limits_{n\to\infty}\left(1+\frac{1}{1+1}+\frac{1}{1+2}+\cdots+\frac{1}{1+2+\cdots+n}\right)$.

解: $\lim\limits_{n\to\infty}\left(1+\frac{1}{1+1}+\frac{1}{1+2}+\frac{1}{1+2+3}+\cdots+\frac{1}{1+2+\cdots+n}\right)$

$=1+\frac{1}{2}+2\lim\limits_{n\to\infty}\left[\left(\frac{1}{2}-\frac{1}{3}\right)+\left(\frac{1}{3}-\frac{1}{4}\right)+\cdots+\left(\frac{1}{n}-\frac{1}{n+1}\right)\right]$

$=\frac{3}{2}+2\lim\limits_{n\to\infty}\left(\frac{1}{2}-\frac{1}{n+1}\right)$

$=\frac{5}{2}$.

例 40 $\lim\limits_{x\to0}\cos x^{\frac{1}{\ln(1-x^2)}}$.

解: $\lim\limits_{x\to0}\cos x^{\frac{1}{\ln(1-x^2)}}=e^{\lim\limits_{x\to0}\frac{\ln\cos x}{\ln(1-x^2)}}$

$=e^{\lim\limits_{x\to0}\frac{\ln(1+\cos x-1)}{\ln(1-x^2)}}$

$=e^{\lim\limits_{x\to0}\frac{-\frac{x^2}{2}}{-x^2}}$

$=e^{\frac{1}{2}}$.

$\left(\text{等价无穷小}\quad \begin{matrix} x\to0\text{ 时} \\ \ln(1-x^2)\sim -x^2 \\ \ln(1+\cos x-1) \\ \sim\cos x-1\sim\frac{-x^2}{2}\end{matrix}\right)$.

例 41 极限$\lim\limits_{x\to0^-}\frac{3x+|x|}{5x-3|x|}=(\quad)$.

A. 2　　B. $\frac{1}{4}$　　C. 1　　D. $\frac{1}{2}$

解: $\lim\limits_{x\to0^-}\frac{3x+|x|}{5x-3|x|}$

$=\lim\limits_{x\to0^-}\frac{3x-x}{5x+3x}$

$=\frac{2}{8}$

$=\frac{1}{4}$.

选(B).

解 42 极限$\lim\limits_{n\to\infty}\left(\frac{1}{n}-\frac{2}{n}+\frac{3}{n}-\frac{4}{n}+\cdots+\frac{2n-1}{n}-\frac{2n}{n}\right)=(\quad)$.

A. -1　　B. 1　　C. 0　　D. ∞

解: $\lim\limits_{n\to\infty}\left(\frac{1}{n}-\frac{2}{n}+\cdots+\frac{2n-1}{n}-\frac{2n}{n}\right)$

$=\lim\limits_{n\to\infty}\left[\left(\frac{1}{n}+\frac{3}{n}+\cdots+\frac{2n-1}{n}\right)-\left(\frac{2}{n}+\frac{4}{n}+\cdots+\frac{2n}{n}\right)\right]$

$=\lim\limits_{n\to\infty}\frac{1}{n}\left[\frac{n}{2}(2n-1+1)-\frac{n}{2}(2n+2)\right]$

$=\lim\limits_{n\to\infty}\frac{1}{n}(-n)$

$=-1.$

选(A).

例 43　函数 $f(x)=\begin{cases}x^2-1 & 0\leqslant x<1\\ x+3 & x\geqslant 1\end{cases}$，在 $x=1$ 处间断是因为(　　).

A. $f(x)$在 $x=1$ 处无定义　　B. $\lim\limits_{x\to 1^-}f(x)$不存在

C. $\lim\limits_{x\to 1^+}f(x)$不存在　　D. $\lim\limits_{x\to 1}f(x)$不存在

解: $f(1^-)=\lim\limits_{x\to 1^-}f(x)=\lim\limits_{x\to 1^-}(x^2-1)=0$　　B 不正确

$f(1^+)=\lim\limits_{x\to 1^+}f(x)=\lim\limits_{x\to 1^+}(x+3)=4$　　C 不正确

$f(1)=4.$　　A 不正确

而 $\lim\limits_{x\to 1^-}f(x)=0\neq 4=\lim\limits_{x\to 1^+}f(x)$

$\therefore$ $\lim\limits_{x\to 1}f(x)$不存在.

选(D).

例 44　求 $\lim\limits_{x\to 16}\frac{\sqrt[4]{x}-2}{\sqrt{x}-4}$.

解:　$\lim\limits_{x\to 16}\frac{\sqrt[4]{x}-2}{\sqrt{x}-4}$

$=\lim\limits_{x\to 16}\frac{\sqrt[4]{x}-2}{(\sqrt[4]{x}-2)(\sqrt[4]{x}+2)}$

$=\lim\limits_{x\to 16}\frac{1}{\sqrt[4]{x}+2}$

$=\frac{1}{2+2}$

$=\frac{1}{4}.$

例 45　$f(x)$在闭区间$[a,b]$上连续是指(　　).

A. 在$(a-\Delta,b+\Delta)$内连续，$\Delta>0$

B. 在(a,b)内连续，且 $\lim\limits_{x\to a^-}f(x)=f(a)$，$\lim\limits_{x\to b^+}f(x)=f(b)$

C. 在(a,b)内连续

D. 在(a,b)内连续，且 $\lim\limits_{x\to a^+}f(x)=f(a)$，$\lim\limits_{x\to b^-}f(x)=f(b)$

解: 注意到 $\lim\limits_{x\to a^-}f(x)$ 及 $\lim\limits_{x\to b^+}f(x)$ 是无意义的.

由 $f(x)$ 在闭区间 $[a,b]$ 上连续的定义为 $f(x)$ 在 (a,b) 内连续，且 $\lim\limits_{x\to a^+}f(x)=f(a)$，$\lim\limits_{x\to b^-}f(x)=f(b)$，应选(D).

例 46 若 $\lim\limits_{n\to\infty}x_n=A$，$\lim\limits_{n\to\infty}y_n$ 不存在. 则 $\lim\limits_{n\to\infty}x_ny_n$ 是(　　).

A. 一定存在　　　　B. 等于 A

C. 不一定存在　　　　D. 一定不存在

解: 若 $x_n=\dfrac{1}{n}$，$\lim\limits_{n\to\infty}x_n=0$，

$y_n=n$，$\lim\limits_{n\to\infty}y_n$ 不存在.

但 $\lim\limits_{n\to\infty}x_ny_n=1$ 存在.

若 $x_n=\dfrac{1}{n}$，$\lim\limits_{n\to\infty}x_n=0$

$y_n=n^2+1$　$\lim\limits_{n\to\infty}y_n$ 不存在

$\lim\limits_{n\to\infty}x_ny_n=\lim\limits_{n\to\infty}\dfrac{n^2+1}{n}$ 不存在

选(C).

例 47 求极限 $\lim\limits_{x\to+\infty}x(\sqrt{x^2+3}-x)$.

解:

$$\begin{aligned}&\lim_{x\to+\infty}x(\sqrt{x^2+3}-x)\\&=\lim_{x\to+\infty}\frac{x(x^2+3-x^2)}{\sqrt{x^2+3}+x}\\&=\lim_{x\to+\infty}\frac{3x}{\sqrt{x^2+3}+x}\\&=\lim_{x\to+\infty}\frac{3}{\sqrt{1+\frac{3}{x^2}}+1}\\&=\frac{3}{2}.\end{aligned}$$

例 48 已知 $\lim\limits_{x\to\infty}\left(\dfrac{x-a}{x+a}\right)^x=4$，求常数 a.

解: $4=\lim\limits_{x\to\infty}\left(\dfrac{x-a}{x+a}\right)^x=\dfrac{\lim\limits_{x\to\infty}\left(1-\dfrac{a}{x}\right)^{\left(-\frac{x}{a}\right)(-a)}}{\lim\limits_{x\to\infty}\left(1+\dfrac{a}{x}\right)^{\frac{x}{a}\cdot a}}=\dfrac{e^{-a}}{e^{a}}=e^{-2a}$

$-2a=\ln4=2\ln2$　　$\therefore a=-\ln2$

例 49　$\lim\limits_{n\to\infty} n\sin\dfrac{x+1}{n}=($　　$)$.

A. ∞　　B. 0　　C. $\dfrac{1}{x+1}$　　D. $x+1$

解:　$\lim\limits_{n\to\infty} n\sin\dfrac{x+1}{n}$

$=\lim\limits_{n\to\infty}\dfrac{(x+1)\sin\dfrac{x+1}{n}}{\dfrac{x+1}{n}}$

$=x+1$

选(D).

例 50　$\lim\limits_{n\to\infty} n(\sqrt{n^2+1}-n)=($　　$)$.

A. ∞　　B. 0　　C. $\dfrac{1}{2}$　　D. 1

解:　$\lim\limits_{n\to\infty} n(\sqrt{n^2+1}-n)$

$=\lim\limits_{n\to\infty}\dfrac{n(n^2+1-n^2)}{\sqrt{n^2+1}+n}$

$=\lim\limits_{n\to\infty}\dfrac{1}{\sqrt{1+\dfrac{1}{n^2}}+1}$

$=\dfrac{1}{2}$

选(C).

例 51　$\lim\limits_{x\to\infty}\dfrac{1}{1+e^x}=($　　$)$.

A. 0　　B. 1　　C. 不存在但不是∞　　D. ∞

解: $\lim\limits_{x\to-\infty}\dfrac{1}{1+e^x}=\dfrac{1}{1+0}=1$

$\lim\limits_{x\to\infty}\dfrac{1}{1+e^x}=0$

$\therefore\ \lim\limits_{x\to\infty}\dfrac{1}{1+e^x}$不存在,但不是$\infty$

选(C).

例 52　下列函数中,在 $x=0$ 处不连续的是(　　).

A. $f(x)=\begin{cases}\dfrac{\sin x}{|x|} & x\neq 0\\ 1 & x=0\end{cases}$　　B. $f(x)=\begin{cases}x^2\sin\dfrac{1}{x} & x\neq 0\\ 0 & x=0\end{cases}$

C. $f(x)=\begin{cases} e^x & x\leqslant 0 \\ \dfrac{\sin x}{x} & x>0 \end{cases}$　　　D. $f(x)=\begin{cases} e^{-\frac{1}{x^2}} & x\neq 0 \\ 0 & x=0 \end{cases}$

解: A 中, $\lim\limits_{x\to 0^-}f(x)=\lim\limits_{x\to 0^-}\dfrac{\sin x}{|x|}=\lim\limits_{x\to 0^-}\dfrac{\sin x}{-x}=-1$

$\lim\limits_{x\to 0^+}f(x)=\lim\limits_{x\to 0^+}\dfrac{\sin x}{|x|}=\lim\limits_{x\to 0^+}\dfrac{\sin x}{x}=1$

$f(0)=1$, $\lim\limits_{x\to 0}f(x)$不存在

在 $x=0$ 处不连续.

选(A).

例 53 $f(x)=\begin{cases} \dfrac{1}{x}\sin x & x<0 \\ a & x=0 \\ x\sin\dfrac{1}{x}+1 & x>0 \end{cases}$ 在$(-\infty,+\infty)$上连续,求 a.

解: $f(0)=a$.

$f(x)$在$(-\infty,+\infty)$上连续,特别在 $x=0$ 处连续

$$\lim_{x\to 0^-}f(x) = \lim_{x\to 0^-}\frac{1}{x}\sin x = 1$$

$$\lim_{x\to 0^+}f(x) = \lim_{x\to 0^+}\left(x\sin\frac{1}{x}+1\right)= \lim_{x\to 0^+}x\sin\frac{1}{x}+1 = 0+1 = 1$$

连续: $\lim\limits_{x\to 0}f(x)=1=f(0)=a$　∴ $a=1$.

例 54 $\lim\limits_{x\to 3}\dfrac{\sin(x^2-9)}{x-3}$.

解: $\lim\limits_{x\to 3}\dfrac{\sin(x^2-9)}{x-3}=\lim\limits_{x\to 3}\dfrac{(x+3)\sin(x^2-9)}{x^2-9}$

$=\lim\limits_{x\to 3}(x+3)\lim\limits_{x^2-9\to 0}\dfrac{\sin(x^2-9)}{x^2-9}$

$=\lim\limits_{x\to 3}(x+3)$

$=6$.

例 55 $\lim\limits_{x\to 0}\left(\dfrac{2-x}{2}\right)^{\frac{1}{x}}$.

解: $\lim\limits_{x\to 0}\left(\dfrac{2-x}{2}\right)^{\frac{1}{x}}=\lim\limits_{x\to 0}\left[\left(1-\dfrac{x}{2}\right)^{\frac{-2}{x}}\right]^{-\frac{1}{2}}$

$=e^{-\frac{1}{2}}$.

例 56 设 $f(x)=\begin{cases} x\sin\dfrac{1}{x} & x>0 \\ a+x^2 & x\leqslant 0 \end{cases}$ 在$(-\infty,+\infty)$上连续,求 a.

解:$f(x)$在$(-\infty,+\infty)$上连续,特别在 $x=0$ 处连续

$f(0)=a$, $\lim\limits_{x\to 0^+}f(x)=\lim\limits_{x\to 0}x\sin\dfrac{1}{x}=0$

$\lim\limits_{x\to 0^-}f(x)=\lim\limits_{x\to 0^-}(a+x^2)=a$, $f(x)$在 $x=0$ 处连续,

$\therefore\ a=f(0)=\lim\limits_{x\to 0}f(x)=\lim\limits_{x\to 0^+}f(x)=0$

$\therefore\ a=0.$

例 57 求极限 $\lim\limits_{x\to+\infty}(\sqrt{x^2+x}-\sqrt{x^2-x})$.

解: $\lim\limits_{x\to+\infty}(\sqrt{x^2+x}-\sqrt{x^2-x})$

$$=\lim_{x\to+\infty}\frac{x^2+x-(x^2-x)}{\sqrt{x^2+x}+\sqrt{x^2-x}}$$

$$=\lim_{x\to+\infty}\frac{2x}{\sqrt{x^2+x}+\sqrt{x^2-x}}$$

$$=\lim_{x\to+\infty}\frac{2}{\sqrt{1+\dfrac{1}{x}}+\sqrt{1-\dfrac{1}{x}}}$$

$=1.$

例 58 求极限$\lim\limits_{x\to 0}\dfrac{e^x-\sin x-1}{1-\sqrt{1-x^2}}$.

解法一:利用罗必达法则

$$\lim_{x\to 0}\frac{e^x-\sin x-1}{1-\sqrt{1-x^2}}$$

$$=\lim_{x\to 0}\frac{e^x-\cos x}{\dfrac{x}{\sqrt{1-x^2}}}$$

$$=\lim_{x\to 0}(\sqrt{1-x^2})\lim_{x\to 0}\frac{e^x-\cos x}{x}$$

$$=\lim_{x\to 0}(e^x+\sin x)$$

$$=1.$$

解法二:利用根式有理化

$$\lim_{x\to 0}\frac{e^x-\sin x-1}{1-\sqrt{1-x^2}}$$

$$=\lim_{x\to 0}\frac{(1+\sqrt{1-x^2})(e^x-\sin x-1)}{1-(1-x^2)}$$

$$=\lim_{x\to 0}(1+\sqrt{1-x^2})\lim_{x\to 0}\frac{e^x-\sin x-1}{x^2}$$

$$=2\lim_{x\to 0}\frac{e^x-\cos x}{2x}$$

$$=\lim_{x\to 0}(e^x+\sin x)$$

$$=1.$$

例 59 求 $\lim\limits_{x\to+\infty}x[\ln(x+2)-\ln x]$.

解： $\lim\limits_{x\to+\infty}x[\ln(x+2)-\ln x]$

$$=\lim_{x\to+\infty}\ln\left(\frac{x+2}{x}\right)^x$$

$$=\lim_{x\to+\infty}\ln\left[\left(1+\frac{2}{x}\right)^{\frac{x}{2}}\right]^2$$

$$=\ln e^2$$

$$=2.$$

习 题 一

1. 函数 $y=\log_{x-1}(16-x^2)$ 的定义域是________.

2. 设 $p(x)$ 是多项式，且 $\lim\limits_{x\to\infty}\frac{p(x)-x^3}{x^2}=2$，$\lim\limits_{x\to 0}\frac{p(x)}{x}=1$. 则 $p(x)=$________.

3. $\lim\limits_{x\to 0}\frac{x}{|x|}=$(　　).

A. 1　　B. -1　　C. 0　　D. 不存在

4. 设 $a_0,b_0\neq 0$，则当________时，有 $\lim\limits_{x\to\infty}\frac{a_0x^m+a_1x^{m-1}+\cdots+a_m}{b_0x^n+b_1x^{n-1}+\cdots+b_n}=\frac{a_0}{b_0}$.

5. 给定 x 的变化趋势，下列函数为无穷小量的是(　　).

A. $\frac{x^2}{\sqrt{x^2-x+1}}$　$(x\to+\infty)$　　B. $\left(1+\frac{1}{x}\right)^x-1$　$(x\to\infty)$

C. $1-2^{-x}$　$(x\to 0)$　　D. $\frac{x}{\sin x}$　$(x\to 0)$

6. 求极限.

(1) $\lim\limits_{n\to\infty}\frac{2n^2+n+1}{(1-n)^2}$　　(2) $\lim\limits_{x\to 1}\frac{x^2-2x+1}{x^2-1}$

(3) $\lim\limits_{x\to 3}\frac{\sqrt{x+1}-2}{x-3}$　　(4) $\lim\limits_{x\to 0}x\cdot\sin\frac{1}{x}$

(5) $\lim\limits_{x\to 1}\left(\frac{1}{1-x}-\frac{3}{1-x^3}\right)$　　(6) $\lim\limits_{x\to 1}\frac{x^n-1}{x^m-1}$

(7) $\lim\limits_{x\to 0}\frac{\tan x-\sin x}{x^3}$ (8) $\lim\limits_{x\to 0}\frac{x^2\cdot\arctan\frac{1}{x}}{\sin 2x}$

7. 设函数

$$f(x)=\begin{cases}x+2, & -\infty<x<0\\ x, & 0\leqslant x<1\\ (x-1)^2+1, & 1\leqslant x<+\infty\end{cases}$$

试讨论 $x\to 0$ 和 $x\to 1$ 时的极限.

8. 当 $x\neq 0$ 时,求$\lim\limits_{n\to\infty}\cos\frac{x}{2}\cos\frac{x}{4}\cdots\cos\frac{x}{2^n}$.

9. 求下列极限.

(1) $\lim\limits_{x\to 0}\frac{1-\cos x}{x^2}$ (2) $\lim\limits_{x\to a}\frac{\sin^2 x-\sin^2 a}{x-a}$

(3) $\lim\limits_{x\to 0}(1+x)^{\frac{2}{x}}$ (4) $\lim\limits_{x\to\infty}\left(1-\frac{1}{x}\right)^{kx}$

10. 设函数 $f(x)=\begin{cases}\sin ax, & x<1\\ a(x-1)-1, & x\geqslant 1\end{cases}$,试确定 a 的值,使 $f(x)$ 在 $x=1$ 连续.

11. 讨论 $f(x)=\begin{cases}|x-1|, & |x|>1\\ \cos\frac{\pi}{2}x, & |x|\leqslant 1\end{cases}$ 的连续性.

12. 讨论下列函数间断点的类型.

(1) $f(x)=\frac{x^2-1}{x^2-3x+2}$ (2) $f(x)=\frac{2^{\frac{1}{x}-1}}{2^{\frac{1}{x}+1}}$

13. 设函数 $f(x)=\begin{cases}\frac{a(1-\cos x)}{x^2}, & x<0\\ 1, & x=0\\ \ln(b+x^2), & x>0\end{cases}$ 在 $x=0$ 连续,则 a、b 分别取何值.

14. 验证方程 $x\cdot 2^x=1$ 至少有小于 1 的根.

15. 设 $f(x)$ 在$[a,b]$上连续,且 $a<c<d<b$,证明:至少存在一点 $\xi\in[a,b]$,使 $mf(c)+nf(d)=(m+n)f(\xi)$.

第二章　导数与微分

第一节　导　　数

1. 引例

瞬时速度(导数的运动学意义).

设一质点在时刻 t 的位移函数 $S=f(t)$,时间从 $t=t_0$ 产生增量 Δt,到 $t_0+\Delta t$,质点走过的位移 $\Delta S=f(t_0+\Delta t)-f(t_0)$.

在 Δt 很小时,质点的瞬时速度近似地用 Δt 时间内的平均速度表示

$$v(t_0)\approx \bar{v}(t_0)=\frac{f(t_0+\Delta t)-f(t_0)}{\Delta t}=\frac{\Delta s}{\Delta t}$$

当 $\Delta t\to 0$ 时,$\bar{v}(t_0)$以 $v(t_0)$为极限.

$$v(t_0)=\lim_{\Delta t\to 0}\frac{\Delta s}{\Delta t}=\lim_{\Delta t\to 0}\frac{f(t_0+\Delta t)-f(t_0)}{\Delta t}$$

称 $v(t_0)$为位移对时间的导数 $S'(t_0)$.

切线斜率(导数几何意义).

设 $y=f(x)$是平面上一条光滑的连续曲线 C,点 $M(x_0,f(x_0))$是曲线上的一点,取曲线上异于 M 的点 $N(x,f(x))$,直线 MN 称为曲线 C 在 M 点的割线,当点 N 沿曲线 C 趋于点 M 时,割线 MN 趋于极限位置成为 MT 直线,称 MT 是曲线 C 在点 M 的切线(图 2-1).

设 MT 的倾斜角 α,斜率为 $\tan\alpha$. 割线 MN 的斜率为 $\frac{\Delta y}{\Delta x}=\frac{f(x)-f(x_0)}{x-x_0}=\frac{f(x_0+\Delta x)-f(x_1)}{\Delta x}$. 切线的斜率:

$$\tan\alpha=\lim_{\Delta x\to 0}\frac{\Delta y}{\Delta x}=y'(x_0)$$

它是曲线 $y=f(x)$ 在 x_0 处对自变量的导数 $y'(x_0)$.

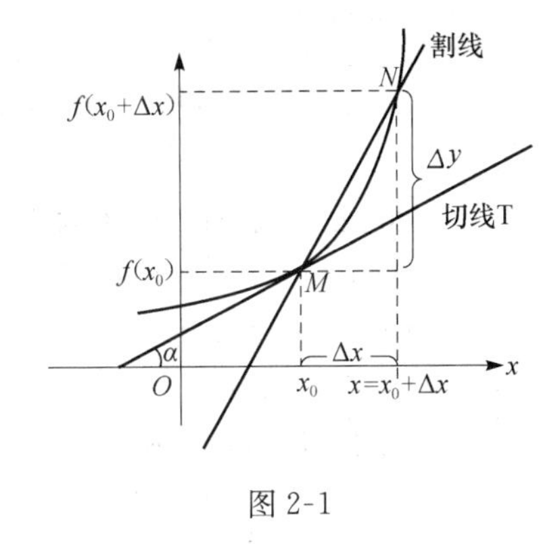

图 2-1

2. 导数的定义

设函数 $y=f(x)$ 在 $x=x_0$ 处，存在极限

$$\lim_{\Delta x\to 0}\frac{\Delta y}{\Delta x}=\lim_{\Delta x\to 0}\frac{f(x_0+\Delta x)-f(x_0)}{\Delta x}(=\text{数 }A)$$

则称 $f(x)$ 在点 x_0 处可导，把这个极限 A 称在 x_0 处的导数，记为 $f'(x_0)$ 或 $\frac{\mathrm{d}y}{\mathrm{d}x}\big|_{x=x_0}$ 或 $y'(x_0)$，反映函数对自变量变化时的变化率.

3. 单侧导数

左导数 $f'_-(x_0)=\lim\limits_{\Delta x\to 0^-}\frac{f(x_0+\Delta x)-f(x_0)}{\Delta x}$

右导数 $f'_+(x_0)=\lim\limits_{\Delta x\to 0^+}\frac{f(x_0+\Delta x)-f(x_0)}{\Delta x}$

可导⇔左、右导数分别存在并且相等.

若函数 $y=f(x)$ 在 (a,b) 内可导，且 $f'_+(a)$ 及 $f'_-(b)$ 都存在，称 $f(x)$ 在 $[a,b]$ 上可导.

4. 可导⇄连续

设 $y=f(x)$ 在 x_0 处可导，即 $\lim\limits_{\Delta x\to 0}\frac{\Delta y}{\Delta x}=f'(x_0)$（数）

$\Delta y=f'(x_0)\Delta x+\alpha(x)\Delta x$　　（其中 $\lim\limits_{\Delta x\to 0}\alpha(x)=0$）

$\therefore \lim\limits_{\Delta x\to 0}\Delta y=\lim\limits_{\Delta x\to 0}f'(x_0)\Delta x+\lim\limits_{\Delta x\to 0}\alpha(x)\Delta x=0$.

可导必连续.

反之不真. 考查 $y=|x|$ 在 $x=0$ 处，$y(0)=0$ $\lim\limits_{x\to 0}|x|=0$. 连续.

但 $y'_-(0)=\lim\limits_{x\to 0^-}\frac{|x|-0}{x}=\lim\limits_{x\to 0^-}\frac{-x}{x}=-1$

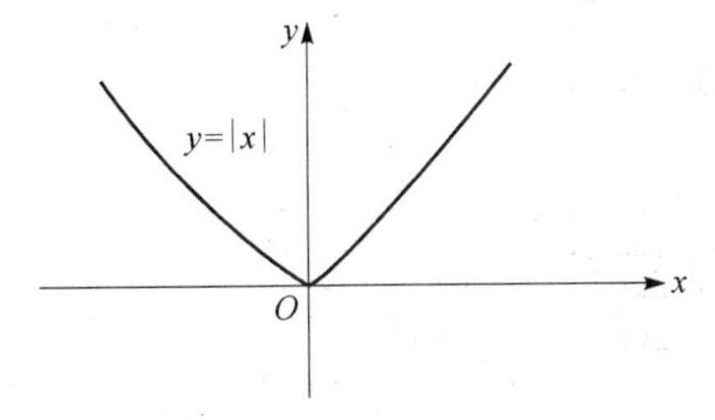

图 2-2

$y'_+(0)=\lim\limits_{x\to 0^+}\frac{|x|-0}{x}=\lim\limits_{x\to 0^+}\frac{x}{x}=1$

$y'_-(0)=\neq y'_+(0)$

$y=|x|$ 在 $x=0$ 处，$\lim\limits_{x\to 0}\frac{\Delta y}{\Delta x}$ 不存在，不可导，是尖点，如图 2-2.

第二节 求导法则与导数公式

1. 和、差、积、商的求导法则

设 $u=u(x)$，$v=v(x)$ 在点 x 有导数，则有

(1) $(u\pm v)'=u'\pm v'$

(2) $(uv)'=u'v=+uv'$

(3) $\left(\dfrac{u}{v}\right)'=\dfrac{u'v-uv'}{v^2}$

仅就(3)给以证明.

$$\left(\frac{u}{v}\right)'=\lim_{\Delta x\to 0}\frac{\dfrac{u(x+\Delta x)}{v(x+\Delta x)}-\dfrac{u(x)}{v(x)}}{\Delta x}$$

$$=\lim_{\Delta x\to 0}\frac{\dfrac{u(x+\Delta x)v(x)-u(x)v(x)}{\Delta x}-\dfrac{v(x+\Delta x)u(x)-u(x)v(x)}{\Delta x}}{v(x+\Delta x)v(x)}$$

$$=\frac{u'(x)v(x)-v'(x)u(x)}{v^2(x)}$$

2. 反函数的求导法测 $\left(\dfrac{\mathrm{d}y}{\mathrm{d}x}=\dfrac{1}{\dfrac{\mathrm{d}x}{\mathrm{d}y}}\right)$

若函数 $x=f(y)$ 在区间 I_y 内单调，可导且 $f'(y)\neq 0$，则它的反函数 $y=f^{-1}(x)$ 在区间 I_x 内也可导. 且 $[f^{-1}(x)]'_x=\dfrac{1}{f'(y)}$，其中 $I_x=\{x|x=f(y),y\in I_y\}$ 即 $\dfrac{\mathrm{d}y}{\mathrm{d}x}=\dfrac{1}{\dfrac{\mathrm{d}x}{\mathrm{d}y}}$.

证明：由 $x=f(y)$ 在 I_y 内单调，可导(当然连续)，反函数 $y=f^{-1}(x)$ 存在，在 I_x 内单调连续.

对 $x\in I_x$，有增量 $\Delta x(\neq 0, x+\Delta x\in I_x)$，由单调 $\Delta y\neq 0$

$$\frac{\Delta y}{\Delta x}=\frac{1}{\dfrac{\Delta x}{\Delta y}}\qquad \text{由连续性}\lim_{\Delta x\to 0}\Delta y=0$$

$$[f^{-1}(x)]'=\lim_{\Delta x\to 0}\frac{\Delta y}{\Delta x}=\lim_{\Delta y\to 0}\frac{1}{\dfrac{\Delta x}{\Delta y}}=\frac{1}{f'(y)}.$$

3. 基本初等函数求导公式

$y=f(x)$ 在一点的导数为 $f'(x)$，若对定义域内的任何一点 x 都可导，求出的

$f'(x)$成为导函数.

(1) $y=c$(常数),$(c)'=0$.

证明: $y'=\lim\limits_{\Delta x\to 0}\dfrac{c-c}{\Delta x}=0$

(2) $y=x^n$,$(x^n)'=nx^{n-1}$

证明:
$$\begin{aligned}y'&=\lim_{\Delta x\to 0}\frac{(x+\Delta x)^n-x^n}{x+\Delta x-x}\\&=\lim_{\Delta x\to 0}[(x+\Delta x)^{n-1}\\&\quad+(x+\Delta x)^{n-2}x+\cdots+x^{n-1}]\\&=nx^{n-1}\end{aligned}$$

$$\left[\begin{aligned}&(a-b)(a^{n-1}+a^{n-2}b+\cdots+b^{n-1})\\=&a^n+ba^{n-1}+\cdots+b^{n-1}a\\&-ba^{n-1}-\cdots b^{n-1}a-b^n\\=&a^n-b^n\end{aligned}\right]$$

以后利用对数,可证明对任意实数μ,$(x^\mu)'=\mu x^{\mu-1}$.

(3) $y=\sin x$, $(\sin x)'=\cos x$.

证明:
$$\begin{aligned}y'&=\lim_{\Delta x\to 0}\frac{\sin(x+\Delta x)-\sin x}{\Delta x}\\&=\lim_{\Delta x\to 0}\frac{2\sin\frac{\Delta x}{2}\cos\left(x+\frac{\Delta x}{2}\right)}{\Delta x}\\&=\cos x\end{aligned}$$

(4) $y=\cos x$,$(\cos x)'=-\sin x$.

证明:
$$\begin{aligned}y&=\lim_{h\to 0}\frac{\cos(x+h)-\cos x}{h}\\&=\lim_{h\to 0}\frac{-2\sin\frac{h}{2}\sin\left(x+\frac{h}{2}\right)}{h}\\&=-\sin x\end{aligned}$$

(5) $y=\log_a x$, $(\log_a x)'=\dfrac{1}{x\ln a}$.

证明:
$$\begin{aligned}y'&=\lim_{h\to 0}\frac{\log_a(x+h)-\log_a x}{h}\\&=\lim_{h\to 0}\log_a\left(1+\frac{h}{x}\right)^{\frac{1}{h}}\\&=\lim_{h\to 0}\frac{1}{x}\log_a\left(1+\frac{h}{x}\right)^{\frac{x}{h}}\\&=\frac{1}{x}\log_a \mathrm{e}\\&=\frac{1}{x\ln a}\end{aligned}$$

特别 $a=\mathrm{e}$ 时,

$$(\ln x)'=\frac{1}{x}.$$

(6) $y=\tan x$, $(\tan x)'=\sec^2 x$.

证明:$y'=\left(\frac{\sin x}{\cos x}\right)'=\frac{\cos^2 x-(-\sin x)\sin x}{\cos^2 x}$

$$=\frac{1}{\cos^2 x}=\sec^2 x$$

(7) $y=\cot x$, $(\cot x)=-\csc^2 x$.

证明:$y'=\left(\frac{\cos x}{\sin x}\right)'=\frac{-\sin^2 x-\cos^2 x}{\sin^2 x}$

$$=-\csc^2 x$$

(8) $y=\sec x$, $(\sec x)'=\sec x\tan x$.

证明:$y'=\left(\frac{1}{\cos x}\right)'=-\frac{-\sin x}{\cos^2 x}=\sec x\cdot\tan x$

(9) $y=\csc x$, $(\csc x)'=-\csc x\cot x$.

证明:$y'=\left(\frac{1}{\sin x}\right)'=\frac{\cos x}{-\sin^2 x}=-\csc x\cot x$

(10) $y=a^x$, $(a^x)'=a^x\ln a$.

证明:$y=a^x\Leftrightarrow\ln y=x\ln a$

$$\frac{y'_x}{y}=\ln a$$

$y'_x=y\ln a$ 即$(a^x)'_x=a^x\ln a$

特别$(\mathrm{e}^x)'=\mathrm{e}^x$.

(11) $y=\arcsin x$, $(\arcsin x)'=\frac{1}{\sqrt{1-x^2}}$.

证明:$y=\arcsin x\Leftrightarrow x=\sin y$……第一步

$x'_y=\cos y=\sqrt{1-\sin^2 y}$……第二步

$y'_x=\frac{1}{x'_y}=\frac{1}{\sqrt{1-\sin^2 y}}=\frac{1}{\sqrt{1-x^2}}$…第三步

(12) $y=\arccos x$, $(\arccos x)'=\frac{-1}{\sqrt{1-x^2}}$.

证明:$y=\arccos x\Leftrightarrow x=\cos y$

$x'_y=-\sin y=-\sqrt{1-\cos^2 y}$

$y'_x=\frac{1}{x'_y}=\frac{1}{-\sqrt{1-x^2}}$

(13) $y=\arctan x$，　$(\arctan x)'=\dfrac{1}{1+x^2}$.

证明: $y=\arctan x \Leftrightarrow x=\tan y$

$x'_y=\sec^2 y=\tan^2 y+1$

$y'_x=\dfrac{1}{x'_y}=\dfrac{1}{1+\tan^2 y}=\dfrac{1}{1+x^2}$

(14) $y=\operatorname{arccot} x$　　$(\operatorname{arccot} x)'=\dfrac{-1}{1+x^2}$

证明: $y=\operatorname{arccot} x \Leftrightarrow x=\cot y$

$x'_y=-\csc^2 y=-(\cot^2 y+1)$

$y'_x=\dfrac{1}{x'_y}=\dfrac{1}{-(\cot^2 y+1)}=\dfrac{-1}{x^2+1}$

我们集中列出导数公式:

$(c)'=0$

$(x^\mu)'=\mu x^{\mu-1}$

$(\sin x)'=\cos x$

$(\cos x)'=-\sin x$

$(\log_a x)'=\dfrac{1}{x\ln a}$

$(\ln x)'=\dfrac{1}{x}$

$(\tan x)'=\sec^2 x$

$(\cot x)'=-\csc^2 x$

$(\sec x)'=\sec x\tan x$

$(\csc x)'=-\csc x\cot x$

$(a^x)'=a^x\ln a$

$(e^x)'=e^x$

$(\arcsin x)'=\dfrac{1}{\sqrt{1-x^2}}$

$(\arccos x)'=\dfrac{-1}{\sqrt{1-x^2}}$

$(\arctan x)'=\dfrac{1}{1+x^2}$

$(\operatorname{arccot} x)'=\dfrac{-1}{1+x^2}$

4. 复合函数求导法则$\left(\dfrac{dy}{dx}=\dfrac{dy}{du}\dfrac{du}{dx}\right)$

若 $u(x)$在点 x 处可导，$y=f(u)$在 u 处可导 $u=u(x)$. 则 $y=f(u(x))$在 x 处可导. $\dfrac{dy}{dx}=f'_u(u(x))u'(x)$即$\dfrac{dy}{dx}=\dfrac{dy}{du}\dfrac{du}{dx}$

证明:　$\dfrac{dy}{dx}=\lim\limits_{\Delta x\to 0}\dfrac{\Delta y}{\Delta x}=\lim\limits_{\Delta x\to 0}\dfrac{\Delta y}{\Delta u}\dfrac{\Delta u}{\Delta x}$

$=\lim\limits_{\Delta x\to 0}\dfrac{\Delta y}{\Delta u}\cdot\lim\limits_{\Delta x\to 0}\dfrac{\Delta y}{\Delta x}$　($u(x)$可导。$\lim\limits_{\Delta x\to 0}\Delta u=0$)

$=\lim\limits_{\Delta u\to 0}\dfrac{\Delta y}{\Delta u}\lim\limits_{\Delta x\to 0}\dfrac{\Delta y}{\Delta x}$

$=f'_u(u(x))u'(x)$

例 1　$y=\ln\cos(e^x)$，求 y'_x.

解:解法一

$$y=\ln u, u=\cos v, v=e^x$$

$$\frac{dy}{du}=\frac{1}{u}, \frac{du}{dv}=-\sin v \quad \frac{dv}{dx}=e^x$$

$$y'_x=\frac{1}{u}(-\sin v)\cdot e^x$$

$$=\frac{1}{\cos(e^x)}\cdot(-\sin e^x)\cdot e^x$$

$$=-e^x\tan(e^x)$$

解法二

$$y'_x=[\ln\cos(e)^x]'$$

$$=\frac{[\cos(e^x)]'}{\cos(e^x)}$$

$$=\frac{-\sin(e^x)}{\cos(e^x)}\cdot(e^x)'$$

$$=-e^x\tan(e^x)$$

例 2 设 $x>0$,求证对任意实数 μ,$(x^\mu)'=\mu x^{\mu-1}$.

证:$(x^\mu)'=(e^{\mu\ln x})'$

$$=e^{\mu\ln x}(\mu\ln x)'$$

$$=x^\mu\cdot\mu\cdot\frac{1}{x}$$

$$=\mu x^{\mu-1}$$

例 3 $y=\ln(x+\sqrt{x^2-1})$,求 y'_x.

解法一

解:$y=\ln u, u=x+v, v=\sqrt{w}, w=x^2-1$

$$(\ln u)'_u=\frac{1}{u} \quad u'_x=1+v'_x \quad v'_x=\frac{w'_x}{2\sqrt{w}} \quad w'_x=2x$$

$$y'_x=\frac{u'_x}{u}=\frac{1+v'_x}{u}=\frac{1+\frac{w'_x}{2\sqrt{w}}}{u}=\frac{1+\frac{2x}{2\sqrt{w}}}{u}$$

$$=\frac{1+\frac{x}{\sqrt{w}}}{x+\sqrt{w}}=\frac{1}{\sqrt{w}}=\frac{1}{\sqrt{x^2-1}}$$

解法二

$$y'=[\ln(x+\sqrt{x^2-1})]'=\frac{(x+\sqrt{x^2-1})'}{x+\sqrt{x^2-1}}=\frac{1+(\sqrt{x^2-1})'}{x+\sqrt{x^2-1}}$$

$$=\frac{1+\frac{(x^2-1)'}{2\sqrt{x^2-1}}}{x+\sqrt{x^2-1}}$$

$$=\frac{1+\frac{2x}{2\sqrt{x^2-1}}}{x+\sqrt{x^2-1}}$$

$$=\frac{\frac{\sqrt{x^2-1}+x}{\sqrt{x^2-1}}}{x+\sqrt{x^2-1}}$$

$$=\frac{1}{\sqrt{x^2-1}}$$

5. 隐函数求导法则

对方程 $F(x,y(x))=0$ 两端关于 x 求导，解出$\frac{\mathrm{d}y}{\mathrm{d}x}$(此时不一定可以得到显式，不是只含 x，可以有 y).

例 4　求由方程 $x-y+\sin y=0$ 所确定 $y=y(x)$ 的二阶导数(注：对一阶导数$\frac{\mathrm{d}y}{\mathrm{d}x}$关于 x 再求一次导数，称为二阶导数，记为$\frac{\mathrm{d}^2y}{\mathrm{d}x^2}$或 $y''(x)$).

解：左边求导：$(x-y+\sin y)'=1-y'+\cos y\cdot y'$

右边求导：$(0)'=0$

$$1-y'+\cos y\cdot y'=0$$

解出 $y'=\frac{1}{1-\cos y}$.

对 x 再求一次导数，并将 $y'=\frac{1}{1-\cos y}$代入二阶导数表示式

$$y''_x=(y')'_x=\left(\frac{1}{1-\cos y}\right)'_x=\frac{-(1-\cos y)'}{(1-\cos y)^2}$$

$$=\frac{-\sin y\cdot y'}{(1-\cos y)^2}=\frac{-\sin y}{(1-\cos y)^3}$$

6. 参数方程导数

$$\begin{cases}x=\varphi(t)\\y=\psi(t)\end{cases}\qquad \varphi''(t),\psi''(t)\text{ 存在且 }\varphi'(t)\neq 0$$

$$\frac{\mathrm{d}y}{\mathrm{d}x}=\frac{\psi'(t)\mathrm{d}t}{\varphi'(t)\mathrm{d}t}=\frac{\psi'(t)}{\varphi'(t)}$$

$$\frac{\mathrm{d}^2y}{\mathrm{d}x^2}=\frac{\mathrm{d}}{\mathrm{d}x}\left(\frac{\mathrm{d}y}{\mathrm{d}x}\right)=\frac{\mathrm{d}}{\mathrm{d}t}\left(\frac{\psi'(t)}{\varphi'(t)}\right)\frac{\mathrm{d}t}{\mathrm{d}x}$$

$$=\frac{\psi''(t)\varphi'(t)-\psi'(t)\varphi''(t)}{[\varphi'(t)]^2}\cdot\frac{1}{\varphi'(t)}$$

$$=\frac{\psi''(t)\varphi'(t)-\psi'(t)\varphi''(t)}{[\varphi'(t)]^3}.$$

7. 分段函数的导数

相邻两分界点之间的部分按一般函数求导方法求导数. 而在分界点 x_0 处求导数分两种情况:

(1)若 x_0 两侧表达式相同,则 $f'(x_0)=\lim\limits_{x\to x_0}\dfrac{f(x)-f(x_0)}{x-x_0}$.

(2)若 x_0 两侧表达式不同,则用定义分别求出左导数 $f'_-(x_0)$ 及右导数 $f'_+(x_0)$,再判断 $f'(x_0)$是否存在.

例 5 设 $\varphi(x)=\begin{cases}x^2\cos\dfrac{1}{x} & x\neq 0\\ 0, & x=0\end{cases}$,$f(x)$在 $x=0$ 处可导,$F(x)=f(\varphi(x))$,求 $F'(0)$.

解: $F(x)=\begin{cases}f\left(x^2\cos\dfrac{1}{x}\right) & x\neq 0\\ f(0) & x=0\end{cases}$

$$F'(0)=\lim_{x\to 0}\frac{f\left(x^2\cos\frac{1}{x}\right)-f(0)}{x}\qquad \left(x\to 0 \text{ 时},x^2\cos\frac{1}{x}\to 0\right)$$

$$=\lim_{x\to 0}\frac{f\left(x^2\cos\frac{1}{x}\right)-f(0)}{x^2\cos\frac{1}{x}-0}\lim_{x\to 0}\frac{x^2\cos\frac{1}{x}}{x}$$

$$=f'(0)\lim_{x\to 0}x\cos\frac{1}{x}$$

$$=f'(0)\cdot 0$$

$$=0.$$

例 6 设 $f(x)=\lim\limits_{n\to\infty}\dfrac{x^2\mathrm{e}^{n(x-1)}+ax+b}{1+\mathrm{e}^{n(x-1)}}$处处可导,求 a,b.

解: $f(x)=\begin{cases}ax+b & x<1\\ \dfrac{1+a+b}{2} & x=1\\ x^2 & x>1\end{cases}$

$f(x)$应连续,$f_-(1)=f_+(1)=f(1)$

$a+b=\dfrac{1+a+b}{2}=1 \qquad f(1)=1$

$f'_-(1)=\lim\limits_{x\to1^-}\dfrac{f(x)-f(1)}{x-1}=\lim\limits_{x\to1^-}\dfrac{ax+b-(a+b)}{x-1}=a$

$f'_+(1)=\lim\limits_{x\to1^+}\dfrac{x^2-1}{x-1}\lim\limits_{x\to1^+}(x+1)=2$

$f'(1)$存在$\Leftrightarrow f'_-(1)=f'_+(1)$即 $a=2$

$\begin{cases}a=2\\a+b=1\end{cases}\quad\therefore\quad\begin{matrix}a=2\\b=-1.\end{matrix}$

第三节　高阶导数

一阶导函数的导数称为二阶导数:即 $y''=(y')'$.

$n-1$ 阶导数的导数称 n 阶导数:$y^{(n)}=(y^{(n-1)})'$.

例 1　(1)$y=x^n$　　$y^{(n)}=n!,y^{(n+1)}=0$

(2)$y=\mathrm{e}^x$　　$y^{(n)}=\mathrm{e}^x$

(3)$y=a^x$　　$y^{(n)}=a^x(\ln a)^n$

(4)$y=\mathrm{e}^{ax}$　　$y^{(n)}=a^n\mathrm{e}^{ax}$

(5)$y=\sin x$　　$y'=\cos x=\sin\left(x+\dfrac{\pi}{2}\right)$　$y''=-\sin x$

$=\sin\left(x+\dfrac{2\pi}{2}\right)$

$y'''=-\cos x=\sin\left(x+\dfrac{3\pi}{2}\right)$　　$y^{(4)}=\sin x=\sin\left(x+\dfrac{4\pi}{2}\right)$

$\cdots$　$y^{(n)}=\sin\left(x+\dfrac{n\pi}{2}\right)$

(6)$y=\cos x$　　$y^{(n)}=\cos\left(x+\dfrac{n\pi}{2}\right)$

(7)$y=\ln(1+x)$　　$y'=(1+x)^{-1},y''=-(1+x)^{-2}$,

$y'''=2(1+x)^{-3},\cdots,$　　$y^{(n)}=(-1)^{n-1}\dfrac{(n-1)!}{(1+x)^n}(n\geqslant1)$

例 2　求$(uv)^n$.

解:$(uv)'=u'v+uv'$

$(uv)''=(u'v+uv')'=u''v+u'v'+u'v'+uv'$

$u''v+2u'v'+uv''$

$(uv)'''=u'''v+u''v'+2u''v'+2u'v''+u'v''+uv'''$

$=u'''v+3u''v'+3u'v''+uv'''$

$\cdots$

用归纳法证明$(uv)^{(n)}=\sum\limits_{k=0}^{n}C_n^k u^{(n-k)}v^{(k)}$.

(注意$C_n^k+C_n^{k+1}=C_{n+1}^{k+1}$).

例3 $y=x^2e^x$,求$y^{(20)}$.

解:$u=e^x,v=x^2,u^{(k)}=e^x$

$v'=2x,v''=2,v^{(k)}=0(k=3,4,\cdots,20)$

$$y^{(20)}=(x^2e^x)^{(20)}$$

$$=e^x x^2+20e^x\cdot 2x+\frac{20\times 19}{2}e^x\cdot 2$$

$$=e^x(x^2+40x+380).$$

高阶导数的重要公式

$$(a^x)^{(n)}=a^x(\ln a)^n$$

$$(\sin\omega x)^{(n)}=\omega^n\sin\left(\omega x+\frac{n\pi}{2}\right)$$

$$(x^m)^{(n)}=m(n-1)\cdots(m-n+1)x^{m-n}$$

$$(\ln x)^{(n)}=(-1)^{n-1}\frac{(n-1)!}{x^n}\qquad(n\geqslant 1)$$

$$[u_{(x)}v_{(x)}]^{(n)}=\sum_{i=0}^{n}C_n^i u_{(x)}^{(i)}v_{(x)}^{(n-i)}\qquad u_{(x)}^{(0)}=u(x)\quad v_{(x)}^{(0)}=v(x).$$

高阶导数的求法

(1) 直接法:先求出1阶、2阶、3阶导数,分析特点,即符号,系数,x的幂次数,$f(x)$的幂次数,归纳总结出n阶导数.

(2) 间接法:利用上述5个公式,结合四则运算,变量替换,复合运算等手段得出n阶导数.

对有理函数要化假分式为整式及真分式

例4 设$f(x)$任意阶可导,且$f'(x)=[f(x)]^2$,则$f^{(n)}(x)=($　　$)$.

A. $n![f(x)]^{n+1}$　　B. $n[f(x)]^{n+1}$

C. $n![f(x)]^{2n}$　　D. $n[f(x)]^{2n}$

解:$f'(x)=[f(x)]^2$　　$f''=2f(x)f'(x)=2[f(x)]^3$

$f'''(x)=2\times 3[f(x)]^2f'(x)=3![f(x)]^4$

$f^{(4)}(x)=4![f(x)]^3\cdot f'(x)=4![f(x)]^5$

符号	系数	$f(x)$的幂次
$+$	$n!$	$n+1$

选(A).

例5 设$y=x(2x-3)^2(3x+1)^3$,求$y(6)$.

解: $y=2^2\cdot3^3\cdot x^6+P_5(x)$　　　($P_5(x)$表示5次多项式)

$[P_5(x)]^{(6)}=0$　　　$\therefore y^{(6)}=2^2\cdot3^3\cdot6!$

例6　设 $y=\dfrac{x^3}{x^2-x-2}$,求 $y^{(n)}(n\geqslant2)$.

解:

$$
\begin{array}{r}
x+1 \\
x^2-x-2\;\overline{\big)\;x^3} \\
-)\;\underline{x^3-x^2-2x} \\
x^2+2x \\
-)\;\underline{x^2-x-2} \\
3x+2
\end{array}
$$

$x^2-x-2=(x+1)(x-2)$

$\dfrac{A}{x-2}+\dfrac{B}{x+1}=\dfrac{3x+2}{(x-2)(x+1)}$

$A(x+1)+B(x-2)=3x+2$

$\begin{cases}A+B=3\\A-2B=2\end{cases}$　　$3B=1$　　$B=\dfrac{1}{3},A=\dfrac{8}{3}$.

$\therefore y=x+1+\dfrac{8}{3(x-2)}+\dfrac{1}{3(x+1)}$

$y^{(n)}\overset{n\geqslant2}{=\!=}\dfrac{(-1)^n}{3}n!\left(\dfrac{8}{(x-2)^{(n+1)}}+\dfrac{1}{(x+1)^{n+1}}\right)$.

三角有理函数的高阶导数

先利用倍角公式,半角公式、积化和差降幂,然后代入公式$(\sin kx)^{(n)}=k^n\sin\left(kx+\dfrac{n\pi}{2}\right)$.

例7　求 $y=\sin x\cos2x\cos3x$ 的 n 阶导数.

解:
$$
\begin{aligned}
y&=\frac{1}{2}[\sin(-x)+\sin3x]\cos3x\\
&=-\frac{1}{2}\sin x\cos3x+\frac{1}{4}\sin6x\\
&=-\frac{1}{4}[\sin(-2x)+\sin4x]+\frac{1}{4}\sin6x\\
&=\frac{1}{4}\sin2x-\frac{1}{4}\sin4x+\frac{1}{4}\sin6x
\end{aligned}
$$

$y^{(n)}=\dfrac{1}{4}\left[2^n\sin\left(2x+\dfrac{n\pi}{2}\right)-4^n\sin\left(4x+\dfrac{n\pi}{2}\right)+6^n\sin\left(6x+\dfrac{n\pi}{2}\right)\right]$.

第四节　微　　分

如下图,设边长为 x 的正方形,其面积 $S(x)=x^2$,给自变量一个增量 Δx,则面

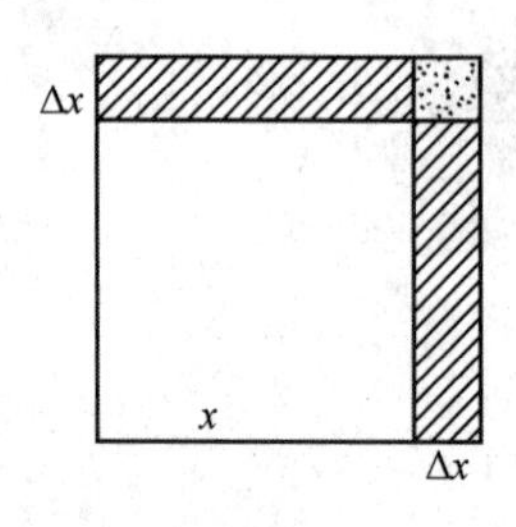

图 2-3

积 S 的增量 $\Delta S=(x+\Delta x)^2-x^2=2x\Delta x+(\Delta x)^2$，$(\Delta x)^2$ 是 Δx 的高阶无穷小量. $\Delta S\approx 2x\Delta x=\mathrm{d}S$.

称为 S 的微分，即图中阴影部分.

定义：若自变量产生增量，函数 y 的增量 Δy 可以表示为

$$\Delta y = A\Delta x + 0(\Delta x) \qquad (\Delta x \to 0)$$

（其中 A 与 Δx 无关）称 y 在点 x 可微，称 $A\Delta x$ 为 y 的微分，记作 $\mathrm{d}y(=A\Delta x)$.

定理：$y=f(x)$ 在点 x 处可微$\Leftrightarrow$$y$ 在点 x 处可导. 且

$$\mathrm{d}y = y'_x \mathrm{d}x.$$

证明：:必要性

设 y 在 x 处可微，则 $\Delta y=A\Delta x+0(\Delta x)$

$y'_x=\lim\limits_{\Delta x\to 0}\dfrac{\Delta y}{\Delta x}=A$，$y$ 在 x 处可导.

充分性

设 y 在 x 处可导，$y'_x=\lim\limits_{\Delta x\to 0}\dfrac{\Delta y}{\Delta x}$存在.

$\Delta y=y'_x\Delta x+0(\Delta x)$即 y 在 x 处可微. $\mathrm{d}y=y'_x\Delta x$

$\mathrm{d}x=(x)'\Delta x=\Delta x \quad \therefore \mathrm{d}y=y'_x\mathrm{d}x$

微分形式的不变性

$$\mathrm{d}y = f'(x)\mathrm{d}x = f'(x(t))x'(t)\mathrm{d}t$$

（其中 $y = f(x(t))$）

无论 x 是中间变量还是最终自变量，微分形式 $\mathrm{d}y=f'(x)\mathrm{d}x$ 不变.（总成立）

微分的几何意义

MP 切线上 P 点的纵坐标增量 $\mathrm{d}y$ (PQ)，如图 2-4.

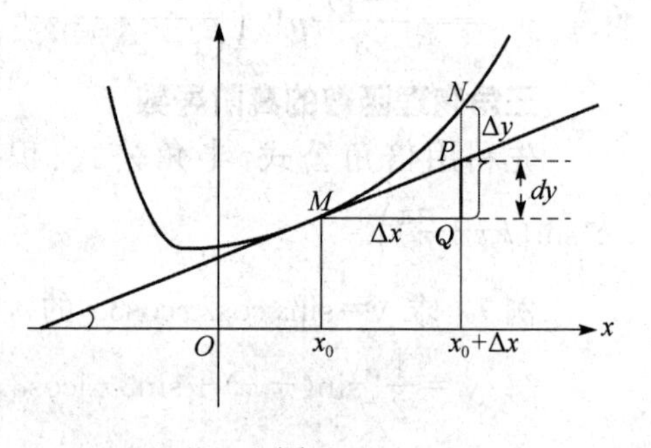

图 2-4

下面列出一些常用的求导公式与微分公式（表 2-1）及其法则（表 2-2）.

表 2-1 求导公式及微分公式

导数公式	微分公式
$(c)'=0$	$\mathrm{d}c=0$
$(x^a)'=ax^{a-1}$	$\mathrm{d}(x^a)=ax^{a-1}\mathrm{d}x$
$(\sin x)'=\cos x$	$\mathrm{d}(\sin x)=\cos x\mathrm{d}x$
$(\cos x)'=-\sin x$	$\mathrm{d}(\cos x)=-\sin x\mathrm{d}x$
$(\tan x)'=\sec^2 x$	$\mathrm{d}(\tan x)=\sec^2 x\mathrm{d}x$

续表

导数公式	微分公式
$(\cot x)'=-\csc^2 x$	$\mathrm{d}(\cot x)=-\csc^2 x\mathrm{d}x$
$(\sec x)'=\sec x\tan x$	$\mathrm{d}(\sec x)=\sec x\tan x\mathrm{d}x$
$(\csc x)'=-\csc x\cot x$	$\mathrm{d}(\csc t)=-\csc x\cot x\mathrm{d}x$
$(a^x)'=a^x\ln a$	$\mathrm{d}(a^x)=a^x\ln a\mathrm{d}x$
$(\mathrm{e}^x)'=\mathrm{e}^x$	$\mathrm{d}(\mathrm{e}^x)=(\mathrm{e}^x)\mathrm{d}x$
$(\log_a x)'=\frac{1}{x\ln a}$	$\mathrm{d}(\log_a x)=\frac{1}{x\ln a}\mathrm{d}x$
$(\ln x)'=\frac{1}{x}$	$\mathrm{d}(\ln x)=\frac{1}{x}\mathrm{d}x$
$(\arcsin x)'=\frac{1}{\sqrt{1-x^2}}$	$\mathrm{d}(\arcsin x)=\frac{1}{\sqrt{1-x^2}}\mathrm{d}x$
$(\arccos x)'=-\frac{1}{\sqrt{1-x^2}}$	$\mathrm{d}(\arccos x)=-\frac{1}{\sqrt{1-x^2}}\mathrm{d}x$
$(\arctan x)'=\frac{1}{1+x^2}$	$\mathrm{d}(\arctan x)=\frac{1}{1+x^2}\mathrm{d}x$
$(\mathrm{arccot}x)'=-\frac{1}{1+x^2}$	$\mathrm{d}(\mathrm{arccot}x)=-\frac{1}{1+x^2}\mathrm{d}x$

表 2-2　求导法则与微分法则

求导法则	微分法则
$(f\pm g)'=f'\pm g'$	$\mathrm{d}(f\pm g)=\mathrm{d}f\pm\mathrm{d}g$
$(cf)'=cf'$	$\mathrm{d}(cf)=c\mathrm{d}f$
$(fg)'=f'g+fg'$	$\mathrm{d}(fg)=g\mathrm{d}f+f\mathrm{d}g$
$\left(\frac{f}{g}\right)'=\frac{f'g-fg'}{g^2}$	$\mathrm{d}\left(\frac{f}{g}\right)=\frac{g\mathrm{d}f-f\mathrm{d}g}{g^2}$

*第五节　综 合 训 练

例 1　$y=x^x$，则 $\mathrm{d}y=$________.

解：$\ln y=x\ln x$

$\frac{y'}{y}=\ln x+1$

$y'=x^x(\ln x+1)$

$\mathrm{d}y=x^x(\ln x+1)\mathrm{d}x.$

例 2 $y=f(x)=\begin{cases}\sin^2 x & x<0\\ x^2 & x\geqslant 0\end{cases}$,求 $y'(0)$.

解: $y(0)=0^2=0 \qquad \lim\limits_{x\to 0^-}f(x)=\lim\limits_{x\to 0^-}\sin^2 x=0$

$$\lim_{x\to 0^+}f(x)=\lim_{x\to 0^+}x^2=0 \qquad \lim_{x\to 0}f(x)=0$$

$$y'_-(0)\lim_{x\to 0^-}\frac{\sin^2 x-0}{x}=0$$

$$y'_+(0)=\lim_{x\to 0^+}\frac{x^2-0}{x}=0$$

$y'(0)=y'_-(0)=y'_+(0)=0$

例 3 设 $f(x)=\begin{cases}\dfrac{\cos 2x-\cos x}{x^2} & x<0\\ a & x=0\\ \dfrac{\sin x+b\int_0^x e^{-t^2}\mathrm{d}t}{x} & x>0\end{cases}$ 连续,求 a 与 b.

解: $f_-(0)=\lim\limits_{x\to 0}\dfrac{\cos 2x-\cos x}{x^2}=\lim\limits_{x\to 0^-}\dfrac{-2\sin 2x+\sin x}{2x}$

$$=\lim_{x\to 0^-}\frac{-4\cos 2x+\cos x}{2}=\frac{-3}{2}.$$

$$f(0)=a\xlongequal[\text{连续}]{}f_-(0)=\frac{-3}{2}$$

$$f_+(0)=\lim_{x\to 0^+}\frac{\sin x+b\int_0^x e^{-t^2}\mathrm{d}t}{x}$$

$$=\lim_{x\to 0^+}(\cos x+be^{-x^2})$$

$$=1+b\xlongequal[\text{连续}]{}\frac{-3}{2}\therefore b=\frac{-5}{2}$$

综上 $\begin{cases}a=\dfrac{-3}{2}\\ b=\dfrac{-5}{2}.\end{cases}$

例 4 求 $y=(x^2+2x-3)|x^3-x|$ 不可导点的个数为(　　).

A. 3　　B. 2　　C. 1　　D. 0

解: $y=(x+3)(x-1)|x-1||x||x+1|$

$$y'(1)=\lim_{x\to 1}\frac{y(x)-y(1)}{x-1}$$

$$=\lim_{x\to 1}\frac{y(x)-0}{x-1}$$

$=\lim\limits_{x\to 1}(x+3)|x-1||x||x+1|$

$=0$　　　　$x=1$ 是可导点.

$y'(0^-)=\lim\limits_{x\to 0^-}\dfrac{-x(x+3)(x-1)|x-1||x+1|}{x}$

$=3$

$y'(0^+)=\lim\limits_{x\to 0^+}\dfrac{(x+3)|x-1|\cdot x\cdot|x+1|(x-1)}{x}=-3$

$x=0$ 是不可导点.

同理 $y'(-1^+)\lim\limits_{x\to -1^+}\dfrac{+(x+1)(x+3)(x-1)|x||x-1|}{x+1}=-8$

$y'(-1^-)\lim\limits_{x\to -1^1}\dfrac{-(x+1)(x+3)(x-1)|x||x-1|}{x+1}=8$

$x=-1$ 是不可导点.

选(B).

例 5　设 $y=e^x+\ln x$,求$\dfrac{dx}{dy}$及$\dfrac{d^2x}{dy^2}$.

解:$y=e^x+\ln x$　　　$\dfrac{dy}{dx}=e^x+\dfrac{1}{x}=\dfrac{xe^x+1}{x}$

$\therefore\dfrac{dx}{dy}=\dfrac{x}{xe^x+1}$

$\dfrac{d^2x}{dy^2}=\dfrac{d}{dy}\left(\dfrac{x}{xe^x+1}\right)=\dfrac{d}{dx}\left(\dfrac{x}{xe^x+1}\right)\dfrac{dx}{dy}$

$=\dfrac{xe^x+1-x(e^x+xe^x)}{(xe^x+1)^2}\cdot\dfrac{x}{xe^x+1}$

$=\dfrac{x-x^3e^x}{(xe^x+1)^3}$.

例 6　设 $y=f^n[\varphi^m(e^{x2})]$,求 y'.

解:$y'=nf^{n-1}[\varphi^m(e^{x^2})]\cdot f'[\varphi^m(e^{x^2})]\cdot m\varphi^{m-1}(e^{x^2})\cdot\varphi'(e^{x^2})\cdot e^{x2}\cdot 2x$

$=2mnxe^{x^2}\cdot f^{n-1}[\varphi^m(e^{x^2})]\cdot f'[\varphi^m(e^{x^2})]\varphi^{m-1}(e^{x^2})\varphi'(e^{x^2})$

例 7　设 $y=f\left(\dfrac{x-1}{x+1}\right)$,$f'(x)=\arcsin x^2$,求 $y'(0)$.

解:$y'=f'\left(\dfrac{x-1}{x+1}\right)\dfrac{2}{(x+1)^2}$

$y'(0)=2f'(-1)$

$=2\arcsin(-1)^2$

$=2\cdot\dfrac{\pi}{2}$

$=\pi$.

例 8 设函数 $f(x)$在 x_0 可导，则$\lim\limits_{h\to 0}\dfrac{f(x_0+2h)-f(x_0-2h)}{h}=($ $)$.

A. $\dfrac{1}{4}f'(x_0)$　　B. $4f'(x_0)$　　C. $f'(x_0)$　　D. 不存在

解: ∵ $f(x)$已知在 x_0 可导，故在 x_0 点必连续.

$f(x_0)$必存在

$$\therefore \lim_{h\to 0}\frac{f(x_0+2h)-f(x_0-2h)}{h}$$

$$=\lim_{h\to 0}\frac{f(x_0+2h)-f(x_0)-[f(x_0-2h)-f(x_0)]}{h}$$

$$=2\left[\lim_{h\to 0}\frac{f(x_0+2h)-f(x_0)-[f(x_0-2h)-f(x_0)]}{2h}\right]$$

$$=2\left[\lim_{h\to 0}\frac{f(x_0+2h)-f(x_0)}{2h}+\lim_{h\to 0}\frac{f(x_0-2h)-f(x_0)}{-2h}\right]$$

$=2[f'(x_0)+f'(x_0)]$($f(x)$在 x_0 处可导为已知)

$=4f'(x_0)$

选(B).

例 9 设函数 $f(x)=\begin{cases}\sin x & x\leqslant\frac{\pi}{4}\\ \frac{\sqrt{2}}{2}x+k & x>\frac{\pi}{4}\end{cases}$在 $x=\dfrac{\pi}{4}$处可导，则 $K=($ $)$.

A. $\dfrac{\sqrt{2}}{2}$　　B. $\dfrac{\sqrt{2}}{2}-\dfrac{\pi}{4}$　　C. $\dfrac{\sqrt{2}}{2}\left(1-\dfrac{\pi}{4}\right)$　　D. 任意实数

解: $f'\left(\dfrac{\pi}{4}\right)$存在，$f(x)$在 $x=\dfrac{\pi}{4}$连续

$$\lim_{x\to\frac{\pi}{4}^-}f(x)=\lim_{x\to\frac{\pi}{4}^-}\sin x=\frac{\sqrt{2}}{2}\qquad f\left(\frac{\pi}{4}\right)=\frac{\sqrt{2}}{2}$$

$$\lim_{x\to\frac{\pi}{4}^+}f(x)=\lim_{x\to\frac{\pi}{4}^+}\left(\frac{\sqrt{2}}{2}x+K\right)=\frac{\sqrt{2}}{2}\cdot\frac{\pi}{4}+K$$

$$\lim_{x\to\frac{\pi}{4}}f(x)=\frac{\sqrt{2}}{2}=\frac{\sqrt{2}}{2}\cdot\frac{\pi}{4}+K$$

$$\therefore K=\frac{\sqrt{2}}{2}\left(1-\frac{\pi}{4}\right)$$

选(C).

另解:从 $f(x)\xlongequal{x>\frac{\pi}{4}}\dfrac{\sqrt{2}}{2}x+K$ 知 A、B、D 显然不正确，只能选(C).

例 10　设 $y=\ln(x+\sqrt{x^2-1})+\arccos\dfrac{1}{x}$，求 y'.

解：$y'=\dfrac{1+\dfrac{2x}{2\sqrt{x^2-1}}}{x+\sqrt{x^2+1}}-\dfrac{(-\dfrac{1}{x^2})}{\sqrt{1-\dfrac{1}{x^2}}}$

$$=\frac{1}{\sqrt{x^2-1}}+\frac{|x|}{x^2\sqrt{x^2-1}}$$

$$=\frac{1}{\sqrt{x^2-1}}+\frac{1}{|x|\sqrt{x^2-1}}$$

$$=\frac{|x|+1}{|x|\sqrt{x^2-1}}.$$

例 11　设函数 $f(x)$ 在点 $x=0$ 处可导，且 $F(x)=f(x)(1+|\sin x|)$，证明：$f(0)=0$ 是 $F(x)$ 在 $x=0$ 处可导充分必要条件.

证明：充分性：$f(0)=0$，则 $F(0)=0$

$$\lim_{x\to0}\frac{F(x)-F(0)}{x}=\lim_{x\to0}\frac{f(x)(1+|\sin x|)}{x}$$

$$=\lim_{x\to0}\frac{(f(x)-f(0))(1+|\sin x|)}{x}$$

$$=f'(0)\lim_{x\to0}(1+|\sin x|)=f'(0).$$

$F'(0)=f'(0)$.

必要性：$F'(0)$ 存在.

$$F'(0)=\lim_{x\to0}\frac{F(x)-F(0)}{x}=\lim_{x\to0}\frac{f(x)(1+|\sin x|)-f(0)(1+|\sin 0|)}{x}$$

$$=\lim_{x\to0}\frac{f(x)-f(0)}{x}+\lim_{x\to0}f(x)\frac{|\sin x|}{x}$$

$$=f'(0)+\lim_{x\to0}f(x)\frac{|\sin x|}{x}.$$

$$\Rightarrow\lim_{x\to0}f(x)\frac{|\sin x|}{x}\text{存在}\Rightarrow\lim_{x\to0^+}f(x)\frac{\sin x}{x}=-\lim_{x\to0^-}\frac{\sin x}{x}f(x)$$

即 $f(0)\cdot1=-f(0)\cdot1$.

$\therefore 2f(0)=0$，即 $f(0)=0$.

例 12　设 $f(x)$ 在 $x=0$ 处可导，$\varphi(x)=\begin{cases}x^2\sin\dfrac{1}{x} & x\neq0\\ 0 & x=0\end{cases}$，讨论 $F(x)=f(\varphi(x))$ 在点 $x=0$ 处可导性.

解:$F(x)=\begin{cases} f\left(x^2\sin\dfrac{1}{x}\right) & x\neq 0 \\ f(0) & x=0 \end{cases}$

$$F'(0)=\lim_{x\to 0}\frac{f\left(x^2\sin\dfrac{1}{x}\right)-f(0)}{x}$$

$$=\lim_{x\to 0}\frac{f\left(x^2\sin\dfrac{1}{x}\right)-f(0)}{x^2\sin\dfrac{1}{x}}\lim_{x\to 0}\frac{x^2\sin\dfrac{1}{x}}{x}$$

$$\xlongequal[\lim\limits_{x\to 0}x\sin\frac{1}{x}=0]{\left|\sin\frac{1}{x}\right|\leqslant 1} f'(0)\times 0=0.$$

$F(x)=f(\varphi(x))$在$x=0$处可导,且导数为零.

例 13　$f(0)=0$,则$f(x)$在点$x=0$处可导的充要条件是(　　).

A. $\lim\limits_{h\to 0}\dfrac{1}{h^2}f(1-\cos h)$存在　　B. $\lim\limits_{h\to 0}f(1-e^h)$存在

C. $\lim\limits_{h\to 0}\dfrac{1}{h^2}f(h-\sin h)$存在　　D. $\lim\limits_{h\to 0}\dfrac{1}{h}[f(2h)-f(h)]$存在

解:$\lim\limits_{h\to 0}\dfrac{f(1-\cos h)}{h^2}=\lim\limits_{h\to 0}\dfrac{f(1-\cos h)}{1-\cos h}\dfrac{1-\cos h}{h^2}\xlongequal{u=1-\cos h}\dfrac{1}{2}\lim\limits_{u\to 0^+}\dfrac{f(u)}{u}$

与$f'(0)$存在不等价(单侧),选(A)不正确.

由$\lim\limits_{h\to 0}\dfrac{f(1-e^h)}{h}=\lim\limits_{h\to 0}\dfrac{f(1-e^h)}{1-e^h}\cdot\dfrac{1-e^h}{h}=\lim\limits_{h\to 0}\dfrac{f(1-e^h)}{1-e^h}\lim\limits_{h\to 0}\dfrac{1-e^h}{h}=-\lim\limits_{u\to 0}\dfrac{f(u)}{u}$与$f'(0)$存在等价,选(B).

$$\lim_{h\to 0}\frac{f(h-\sin h)}{h^2}=\lim_{h\to 0}\frac{f(h-\sin h)}{h-\sin h}\frac{h-\sin h}{h^2}$$

$$=\lim_{u\to 0}\frac{f(u)}{u}\times 0=0$$ 与$f'(0)$存在不等价,选(C)也不正确.

$\left(注:\lim\limits_{h\to 0}\dfrac{h-\sin h}{h^2}=\lim\limits_{h\to 0}\dfrac{1-\cos h}{2h}=\lim\limits_{h\to 0}\dfrac{h^2}{h}=0\right)$

$\lim\limits_{h\to 0}\dfrac{1}{h}[f(2h)-f(h)]$存在未必保证$\lim\limits_{x\to 0}\dfrac{f(x)}{x}$存在.

$$f(x)=\begin{cases} x+1 & x\neq 0 \\ 0 & x=0 \end{cases}\lim_{h\to 0}\frac{1}{h}[f(2h)-f(h)]=\lim_{h\to 0}\frac{h}{h}=1.$$

但$\lim\limits_{x\to 0}\dfrac{f(x)}{x}=\lim\limits_{x\to 0}\dfrac{x+1}{x}$不存在,选(D)也不正确.

例 14　设$f(x)$在$x=a$处可导,则$|f(x)|$在$x=a$处不可导的充分必要条件

为(　　).

A. $f(a)=0$,且 $f'(a)=0$　　　　B. $f(a)=0$,$f'(a)\neq 0$

C. $f(a)>0$,且 $f'(a)>0$　　　　D. $f(a)<0$,且 $f'(a)<0$

解:$f(a)>0$,点 a 邻域附近 $f(x)>0$.

$\lim\limits_{x\to a}\dfrac{|f(x)|-|f(a)|}{x-a}=\lim\limits_{x\to a}\dfrac{f(x)-f(a)}{x-a}=f'(a)$可导. 排除(C).

$f(a)<0$,$f(x)<0$,$x\in\overline{U}(a,\delta)$,

$\lim\limits_{x\to a}\dfrac{|f(x)|-|f(a)|}{x-a}=-\lim\dfrac{f(x)-f(a)}{x-a}=-f'(a)$存在,排除(D).

$f(a)=0$,$f'(a)=0$.

$\lim\limits_{x\to a^+}\dfrac{|f(x)|-|f(a)|}{x-a}=\lim\limits_{x\to a^+}\left|\dfrac{f(x)-f(a)}{x-a}\right|=|f'(a)|=0$.

$\lim\limits_{x\to a^-}\dfrac{|f(x)|-|f(a)|}{x-a}=-\lim\limits_{x\to a^-}\dfrac{|f(x)-f(a)|}{|x-a|}=-|f'(a)|=0$.

左右导数存在且相等. $|f(x)|$可导,$\lim\limits_{x\to a}\dfrac{|f(x)|-|f(a)|}{x-a}=0$ 排除(A). 设$f(a)=0$,$f'(a)\neq 0$.

$\lim\limits_{x\to a^+}\dfrac{|f(x)|-|f(a)|}{x-a}=\lim\limits_{x\to a^+}\left|\dfrac{f(x)}{x-a}\right|=|f'(a)|$……①

$\lim\limits_{x\to a^-}\dfrac{|f(x)|-|f(a)|}{x-a}=-\left|\lim\limits_{x\to a^-}\dfrac{f(x)-f(a)}{x-a}\right|=-|f'(a)|$……②故不可导.

选(B).

必要性:由排除(C)、(D)知 $f(a)\neq 0$,$|f(x)|$可导. 故$|f(x)|$不可导$\Rightarrow f(a)=0$,不可导$\Rightarrow|f'(a)|\neq-|f'(a)|$,故 $f'(a)\neq 0$.

例 15　设 $f(x)=\begin{cases}x^2+ax+b & x\leqslant 0\\ x^2(1+\ln x) & x>0\end{cases}$在点 $x=0$ 处可导,求 a,b.

解:可导必连续. $\lim\limits_{x\to 0^+}[x^2(1+\ln x)]=\lim\limits_{x\to 0^-}(x^2+ax+b)=b$

可导,则 $a=\lim\limits_{x\to 0^-}\dfrac{x^2+ax+b-b}{x}=\lim\limits_{x\to 0^+}\dfrac{x^2(1+\ln x)-b}{x}$

$b=\lim\limits_{x\to 0^+}x^2(1+\ln x)=0$　$a=\lim\limits_{x\to 0^+}x(1+\ln x)=0$.

例 16　求常数 a,b 使 $f(x)=\lim\limits_{n\to+\infty}\dfrac{x^2e^{n(x-1)}+ax+b}{1+e^{n(x-1)}}$在$(-\infty,+\infty)$上可导.

解:$x<1$ 时,$\lim\limits_{n\to+\infty}e^{n(x-1)}=0$.

$x=1$ 时,$f(1)=\dfrac{1+a+b}{2}$.

$$\therefore f(x)=\begin{cases} ax+b & x<1 \\ \dfrac{1+a+b}{2} & x=1 \\ x^2 & x>1 \end{cases}$$

$$f(1^-)=a+b=f(1)=\frac{1+a+b}{2}=f(1^+)=1$$

$$\lim_{x\to 1^-}\frac{ax+b-1}{x-1}=\lim_{x\to 1^+}\frac{x^2-1}{x-1}=\lim_{x\to 1^+}(x+1)=2$$

$b-1=-a, 2=\lim\limits_{x\to 1^-}\dfrac{a(x-1)}{x-1}=a.$

$\therefore b=-1, a=2.$

例 17 已知函数 $f(x)=\begin{cases} 1-x & x\leqslant 0 \\ e^{-x} & x>0 \end{cases}$ 则 $f(x)$ 在 $x=0$ 处(　　).

A. 间断　　　　B. 导数不存在

C. 导数 $f'(0)=-1$　　D. 导数 $f'(0)=1$

解: $f(0)=1-0=1$

$$f'_-(0)=\lim_{x\to 0^-}\frac{f(x)-f(0)}{x-0}=\lim_{x\to 0^-}\frac{1-x-1}{x}=-1$$

$$f'_+(0)=\lim_{x\to 0^+}\frac{f(x)-f(0)}{x-0}=\lim_{x\to 0^+}\frac{e^{-x}-1}{x}=\lim_{x\to 0^+}(-e^{-x})=-1$$

$\therefore f'(0)=-1$

选(C).

例 18 设 $f(x)=\begin{cases} x & x<0 \\ \ln(1+x) & x\geqslant 0 \end{cases}$,则 $f(x)$ 在 $x=0$ 处(　　).

A. 可导　　B. 连续但不可导　　C. 不连续　　D. 无定义

解: $f(0)=\ln 1=0$

$$\lim_{x\to 0^+}f(x)=\lim_{x\to 0^+}\ln(1+x)=0$$

$$\lim_{x\to 0^-}f(x)=\lim_{x\to 0^-}x=0$$

$\therefore \lim\limits_{x\to 0}f(x)=0=f(0)$

$f(x)$ 在 $x=0$ 处连续.

$$f'_+(0)=\lim_{x\to 0^+}\frac{f(x)-f(0)}{x-0}=\lim_{x\to 0^+}\frac{\ln(1+x)}{x}=1$$

$$f'_-(0)=\lim_{x\to 0^-}\frac{f(x)-f(0)}{x-0}=\lim_{x\to 0^-}\frac{x}{x}=1$$

$\therefore f'(0)=1$

选(A).

例 19　设 $f(x^2)=\dfrac{1}{1+x}(x\geqslant 0)$则 $f'(x)=($　　$)$.

A. $-\dfrac{1}{(1+x)^2}$　　　　B. $\dfrac{1}{1+x^2}$

C. $-\dfrac{1}{2\sqrt{x}(1+\sqrt{x})^2}$　　　　D. $\dfrac{1}{2\sqrt{x}(1+\sqrt{x})^2}$

解:　$f(x^2)=\dfrac{1}{1+x}=\dfrac{1}{1+\sqrt{x^2}}$

$$f(x)=\frac{1}{1+\sqrt{x}}$$

$$f'(x)=-\frac{\frac{1}{2\sqrt{x}}}{(1+\sqrt{x})^2}=-\frac{1}{2\sqrt{x}(1+\sqrt{x})^2}$$

选(C).

例 20　函数 $f(x)=\begin{cases}x\arctan\dfrac{1}{x} & x\neq 0\\ 0 & x=0\end{cases}$,在点 $x=0$ 的导数是(　　).

A. $\dfrac{\pi}{2}$　　　B. $\dfrac{-\pi}{2}$　　　C. 0　　　D. 不存在

解: $\lim\limits_{x\to 0}\dfrac{f(x)-f(0)}{x-0}=\lim\limits_{x\to 0}\dfrac{x\text{artan}\dfrac{1}{x}}{x}=\lim\limits_{x\to 0}\arctan\dfrac{1}{x}$

但 $\lim\limits_{x\to 0^+}\arctan\dfrac{1}{x}=\dfrac{\pi}{2}$, $\lim\limits_{x\to 0^-}\arctan\dfrac{1}{x}=-\dfrac{\pi}{2}$

$\therefore\lim\limits_{x\to 0}\dfrac{f(x)-f(0)}{x-0}$不存在. 即 $f(x)$在 $x=0$ 处不可导.

选(D).

例 21　设 $f(x)=\begin{cases}\dfrac{1}{x}\sin^2 x & x\neq 0\\ 0 & x=0\end{cases}$,求 $f'\left(\dfrac{\pi}{2}\right)$,$f'(0)$.

解:$x\neq 0$ 时　　　$f'(x)=-\dfrac{\sin^2 x}{x^2}+\dfrac{2}{x}\sin x\cos x$

$$f'\left(\frac{\pi}{2}\right)=-\frac{4}{\pi^2}+\frac{4}{\pi}\cos\frac{\pi}{2}=\frac{-4}{\pi^2}$$

$$f'(0)=\lim_{x\to 0}\frac{f(x)-f(0)}{x}=\lim_{x\to 0}\frac{\frac{1}{x}\sin^2 x}{x}=1$$

例 22　设 $y=3x^3\arcsin x+(x^2+2)\sqrt{1-x^2}$,求 y'及 y''.

解:$y'=9x^2\arcsin x+\dfrac{3x^3}{\sqrt{1-x^2}}+2x\sqrt{1-x^2}-\dfrac{x(x^2+2)}{\sqrt{1-x^2}}$

$=9x^2\arcsin x+\dfrac{3x^3+2x-2x^3-x^3-2x}{\sqrt{1-x^2}}$

$=9x^2\arcsin x$

$y''=18x\arcsin x+\dfrac{9x^2}{\sqrt{1-x^2}}$

例 23 $y=\dfrac{x^2+1}{2}(\arctan x)^2-x\arctan x+\dfrac{1}{2}\ln(1+x^2)$,则 $\mathrm{d}y$ ________.

解:$y'=x(\arctan x)^2+(x^2+1)\arctan x\cdot\dfrac{1}{1+x^2}$

$-\arctan x-\dfrac{x}{1+x^2}+\dfrac{x}{1+x^2}$

$=x(\arctan x)^2$

$\mathrm{d}y=y'\mathrm{d}x$

$\therefore \mathrm{d}y=x(\arctan x)^2\mathrm{d}x$.

例 24 设 $f(x)=\begin{cases}2x^2 & x\geqslant 1\\ 3-x & x<1\end{cases}$,则 $f(x)$ 在 $x=1$ 处( ).

A. 不连续 B. 连续但不可导 C. 可导且连续 D. 以上都不对

解:$\lim\limits_{x\to1^+}f(x)=\lim\limits_{x\to1^+}2x^2=2,f(1)=2$

$\lim\limits_{x\to1^-}f(x)=\lim\limits_{x\to1^-}(3-x)=2$

$\therefore \lim\limits_{x\to1}f(x)=2=f(1)$ $f(x)$ 在 $x=1$ 处连续.

$f'(1^+)=\lim\limits_{x\to1^+}\dfrac{f(x)-f(1)}{x-1}=\lim\limits_{x\to1^+}\dfrac{2x^2-2}{x-1}=\lim\limits_{x\to1^+}2(x+1)=4$

$f'(1^-)=\lim\limits_{x\to1^-}\dfrac{f(x)-f(1)}{x-1}=\lim\limits_{x\to1^-}\dfrac{3-x-2}{x-1}=\lim\limits_{x\to1^-}\dfrac{-(x-1)}{x-1}=-1$

$\therefore f'(1)$ 不存在. $f(x)$ 在 $x=1$ 处不可导.

选(B).

例 25 已知 $y=\dfrac{x}{\ln x}$,求 y' 及 y''.

解:$y'=\dfrac{\ln x-1}{(\ln x)^2}$

$y''=\dfrac{\dfrac{1}{x}(\ln x)^2-2\ln x\cdot(\ln x-1)\cdot\dfrac{1}{x}}{\ln^4 x}$

$=\dfrac{\ln x-2\ln x+2}{x(\ln x)^3}$

$$=\frac{2-\ln x}{x(\ln x)^3}$$

例 26 $y=2^{\arctan\sqrt{x}}+e^{x^2}\ln\cos x$,求 y'.

解:$y'=2^{\arctan\sqrt{x}}\cdot\ln2\cdot\frac{1}{1+x}\cdot\frac{1}{2\sqrt{x}}+e^{x^2}\cdot2x\cdot\ln\cos x-e^{x^2}\frac{\sin x}{\cos x}$

$$=\frac{\ln2}{2}\cdot\frac{1}{(1+x)\sqrt{x}}\cdot2^{\arctan}\sqrt{x}+2x\cdot e^{x^2}\ln\cos x-e^{x^2}\tan x$$

例 27 设 $y=(1+x)\ln(1+x+\sqrt{2x+x^2})-\sqrt{2x+x^2}$,求 y''.

解:$y'=\ln(1+x+\sqrt{2x+x^2})+\frac{1+x}{1+x+\sqrt{2x+x^2}}\left(1+\frac{2+2x}{2\sqrt{2x+x^2}}\right)$

$$-\frac{2+2x}{2\sqrt{2x+x^2}}$$

$$=\ln(1+x\sqrt{2x+x^2})$$

$$+\frac{1+x}{1+x+\sqrt{2x+x^2}}\left(\frac{\sqrt{2x+x^2}+x+1}{\sqrt{2x+x^2}}\right)-\frac{1+x}{\sqrt{2x+x^2}}$$

$$=\ln(1+x+\sqrt{2x+x^2})+\frac{1+x}{\sqrt{2x+x^2}}-\frac{1+x}{\sqrt{2x+x^2}}$$

$$=\ln(1+x+\sqrt{2x+x^2})$$

$$y''=\frac{1+\frac{2+2x}{2\sqrt{2x+x^2}}}{1+x+\sqrt{2x+x^2}}$$

$$=\frac{\frac{\sqrt{2x+x^2}+1+x}{\sqrt{2x+x^2}}}{1+x+\sqrt{2x+x^2}}$$

$$=\frac{1}{\sqrt{2x+x^2}}.$$

例 28 讨论函数 $f(x)=\begin{cases}\frac{2x}{1+e^{\frac{1}{x}}} & x\neq0\\ 0 & x=0\end{cases}$,在 $x=0$ 处的连续性与可导性.

解:$f(0)=0$. $\lim\limits_{x\to0^+}f(x)=\lim\limits_{x\to0^+}\frac{2x}{1+e^{\frac{1}{x}}}=0$

$$\lim_{x\to0^-}f(x)=\lim_{x\to0^-}\frac{2x}{1+e^{\frac{1}{x}}}=\frac{0}{1+0}=0$$

其中 $\lim\limits_{x\to0^+}e^{\frac{1}{x}}=e^{+\infty}$, $\lim\limits_{x\to0^-}e^{\frac{1}{x}}=\lim\limits_{x\to0^-}\frac{1}{e^{-\frac{1}{x}}}=0$

$\therefore \lim\limits_{x\to0}f(x)=0=f(0)$，$f(x)$在 $x=0$ 点连续.

$$f'(0^+)=\lim_{x\to0^+}\frac{\frac{2x}{1+e^{\frac{1}{x}}}-0}{x-0}=\lim_{x\to0^+}\frac{2}{1+e^{\frac{1}{x}}}=0$$

$$f'(0^-)=\lim_{x\to0^-}\frac{\frac{2x}{1+e^{\frac{1}{x}}}-0}{x-0}=\lim_{x\to0^-}\frac{2}{1+e^{\frac{1}{x}}}=\frac{2}{1+0}=2$$

$\therefore f'(0)$不存在，$f(x)$在 $x=0$ 点不可导.

例 29 设 $y=y(x)$由方程$\sqrt{x^2+y^2}=5e^{\arctan\frac{y}{x}}(x\neq0)$确定，求 y'及 y''.

解:两端取对数：

$$\frac{1}{2}\ln(x^2+y^2)=\ln5+\arctan\frac{y}{x}$$

两端关于 x 求导：

$$\frac{x+yy'}{x^2+y^2}=\frac{\frac{y}{-x^2}+\frac{y'}{x}}{1+\left(\frac{y}{x}\right)^2}=\frac{-y+xy'}{x^2+y^2}$$

$$y'=\frac{x+y}{x-y}$$

$$\begin{aligned}y''&=\frac{(1+y')(x-y)-(x+y)(1-y')}{(x-y)^2}\\&=\frac{1}{(x-y)^2}[x+xy'-y-yy'-x-y+xy'+yy']\\&=\frac{2xy'-2y}{(x-y)^2}\\&=\frac{2\left(\frac{x^2+xy}{x-y}-y\right)}{(x-y)^2}\\&=\frac{2(x^2+y^2)}{(x-y)^3}.\end{aligned}$$

例 30 求函数 $y=x\sqrt{\frac{1-x}{1+x}}$的微分.

解:先取对数

$$\ln y=\ln x+\frac{1}{2}\ln(1-x)-\frac{1}{2}\ln(1+x)$$

$$\frac{y'}{y}=\frac{1}{x}+\frac{-1}{2(1-x)}-\frac{1}{2}\frac{1}{1+x}$$

$$\mathrm{d}y = y'\mathrm{d}x = y\left(\frac{1}{x} - \frac{1}{2(1-x)} - \frac{1}{2(1+x)}\right)\mathrm{d}x$$

$$= x\sqrt{\frac{1-x}{1+x}}\left(\frac{2(1-x^2)-x-x^2-x+x^2}{2x(1-x^2)}\right)\mathrm{d}x$$

$$= \sqrt{\frac{1-x}{1+x}} \cdot \frac{1-x-x^2}{1-x^2}\mathrm{d}x.$$

例 31　求曲线 $y=x+\mathrm{e}^x$ 在 $x=0$ 处的切线.

解: $y(0)=0+\mathrm{e}^0=1$　　　设 $x_0=0, y_0=1$

$y'(x)=1+\mathrm{e}^x$　　　$y'(0)=1+\mathrm{e}^0=2=K$(斜率)

切线 $y-y_0=y'(x_0)(x-x_0)$

切线 $y-1=2x$.

例 32　设 $f'(a)$存在,且$\lim\limits_{x\to 0}\dfrac{x}{f(a-2x)-f(a)}=1$,求 $f'(a)$.

解: $f'(a)=\lim\limits_{x\to 0}=\dfrac{f(a-2x)-f(a)}{-2x}$

$$=-\frac{1}{2}\lim_{x\to 0}\frac{f(a-2x)-f(a)}{x}$$

$$=-\frac{1}{2}\cdot\frac{1}{\lim\limits_{x\to 0}\dfrac{x}{f(a-2x)-f(a)}}$$

$$=-\frac{1}{2}.$$

例 33　$y=\ln(\csc x-\cot x)$,求 y 的二阶导函数.

解: $y'=\dfrac{-\csc x\cot x+\csc^2 x}{\csc x-\cot x}=\csc x$

$y''=-\csc x\cot x$

例 34　$y=\ln\cos\dfrac{1}{x}$求 $y'\left(\dfrac{4}{\pi}\right), y''\left(\dfrac{4}{\pi}\right)$

解: $y'=\dfrac{-\dfrac{1}{x^2}\cdot\left(-\sin\dfrac{1}{x}\right)}{\cos\dfrac{1}{x}}=\dfrac{\tan\dfrac{1}{x}}{x^2}$

$y'\left(\dfrac{4}{\pi}\right)=\dfrac{\pi^2}{16}$

$y''=\dfrac{-2}{x^3}\tan\dfrac{1}{x}+\dfrac{1}{x^2}\sec^2\dfrac{1}{x}\left(-\dfrac{1}{x^2}\right)$

$y''\left(\dfrac{4}{\pi}\right)=-\dfrac{\pi^3}{32}-\dfrac{\pi^4}{256}\cdot 2=-\dfrac{\pi^3}{32}-\dfrac{\pi^4}{128}.$

例 35　求曲线 $y=\mathrm{e}^x$ 过原点(0,0)的切线.

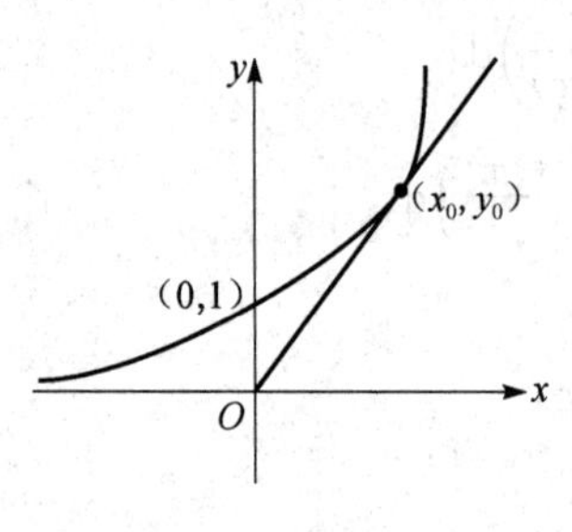

图 2-5

解:过原点的直线(图 2-5)

$$y=kx,$$

设曲线的切点(x_0,y_0)

$$\begin{cases} y_0=kx_0 \\ y_0=e^{x_0} \end{cases}$$

$k=y'(x_0)=e^{x_0}$

$e^{x_0}=e^{x_0}\cdot x_0$

$\therefore x_0=1, y_0=e$ $\qquad\therefore k=e^{x_0}=e$

切线方程:$y-e=e(x-1)$

即 $\qquad y=e\cdot x.$

例 36 求曲线 $y=e^x$ 过(0,1)的切线.

解:点(0,1)在曲线 $y=e^x$ 上,图 2-6.

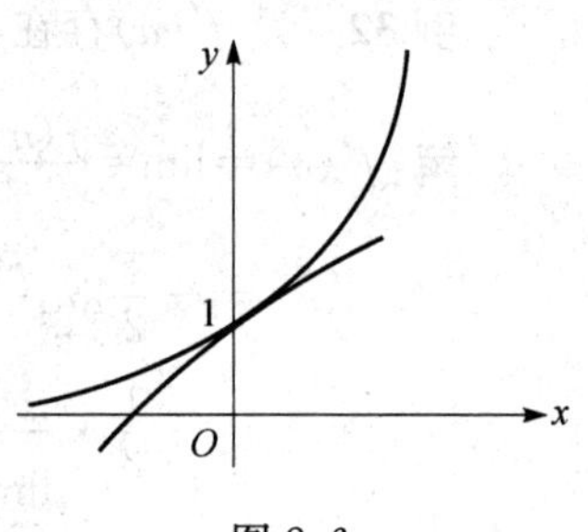

图 2-6

$k=y'(0)=e^0=1$

切线:$y-1=x-0$

即 $y=x+1$.

例 37 设 $y=x\ln x$ 求 y 对 x 的 n 阶导数 $y^{(n)}$(n 为正整数).

解:$y'=\ln x+1$

$y''=x^{-1}$

$y'''=-x^{-2}$

……

$y^{(n)}=(-1)^{n-2}(n-2)!\ x^{-(n-1)}$.

例 38 设 $y=\ln(x+\sqrt{4+x^2})$,求 $y''(0)$.

解:$y'=\dfrac{1}{\sqrt{4+x^2}}$

$y''=\dfrac{-1}{2}(4+x^2)^{\frac{-3}{2}}(2x)$

$=\dfrac{-x}{(\sqrt{4+x^2})^3}$

$y''_{x=0}=0$.

例 39 设 $y^x=x^y$,求 y'.

解:先取对数,再求导

$$x\ln y=y\ln x$$

$$\ln y+\frac{x\cdot y'}{y}=y'\ln x+\frac{y}{x}$$

$$y'=\frac{\frac{y}{x}-\ln y}{\frac{x}{y}-\ln x}=\frac{y^2-xy\ln y}{x^2-xy\ln x}$$

例 40 $y=\frac{1-\sqrt{x}}{1+\sqrt{x}}$，求 $y'|_{x=4}$

解：$y=\frac{1-\sqrt{x}}{1+\sqrt{x}}=\frac{2-(\sqrt{x}+1)}{\sqrt{x}+1}=\frac{2}{1+\sqrt{x}}-1$

$$y'=\frac{-\frac{2}{2\sqrt{x}}}{(1+\sqrt{x})^2}=\frac{-1}{\sqrt{x}(1+\sqrt{x})^2}$$

$$y'(4)=\frac{-1}{2\times3^2}=\frac{-1}{18}$$

例 41 设 $y=[\ln\arctan(1+x^2)]^2$，求 y'.

解：$y'=2\ln\arctan(1+x^2)\frac{1}{\arctan(1+x^2)}\cdot\frac{1}{1+(1+x^2)^2}\cdot 2x$

$$=\frac{4x\ln[\arctan(1+x^2)]}{[1+(1+x^2)^2]\arctan(1+x^2)}$$

例 42 证明函数 $f(x)=\begin{cases}\frac{\sqrt{x+1}-1}{x} & x\neq0\\ \frac{1}{2} & x=0\end{cases}$ 在点 $x=0$ 连续且可导.

证：$\lim\limits_{x\to0}f(x)=\lim\limits_{x\to0}\frac{\sqrt{x+1}-1}{x}=\lim\limits_{x\to0}\frac{x}{x(\sqrt{x+1}+1)}=\frac{1}{2}=f(0)$

∴$f(x)$在 $x=0$ 处连续

又有$\lim\limits_{x\to0}\frac{f(x)-f(0)}{x}=\lim\limits_{x\to0}\frac{\frac{\sqrt{x+1}-1}{x}-\frac{1}{2}}{x}$

$$=\lim_{x\to0}\frac{2\sqrt{x+1}-2-x}{2x^2}\left(\frac{0}{0}\text{型}\right)$$

$$=\lim_{x\to0}\frac{\frac{1}{\sqrt{x+1}}-1}{4x}$$

$$=\lim_{x\to0}\frac{1-\sqrt{x+1}}{4x\sqrt{x+1}}$$

$$=\lim_{x\to0}\frac{1-(x+1)}{4x(1+\sqrt{x+1})\sqrt{x+1}}$$

$$=\lim_{x\to 0}\frac{-1}{4(1+\sqrt{x+1})\sqrt{x+1}}$$

$$=-\frac{1}{8}$$

$\therefore f(x)$在$x=0$处可导,$f'(0)=-\frac{1}{8}$.

例 43 设$f(x)$可导$y=f(e^x)\cdot e^{f(x)}$,求y'.

解:$y'=f'(e^x)\cdot e^x\cdot e^{f(x)}+f(e^x)\cdot e^{f(x)}\cdot f'(x)$

$$=e^{f(x)}[e^xf'(e^x)+f(e^x)f'(x)]$$

例 44 设$y=3^{\cos\frac{1}{x}}$,求y'.

解:$y'=3^{\cos\frac{1}{x}}\cdot\ln 3\cdot(\cos\frac{1}{x})'_x$

$$=3^{\cos\frac{1}{x}}\ln 3\left(-\sin\frac{1}{x}\right)\left(\frac{1}{x}\right)'$$

$$=\frac{\ln 3}{x^2}\cdot\sin\frac{1}{x}\cdot 3^{\cos\frac{1}{x}}$$

例 45 设$f(x)$在$x=a$的某邻域内有定义,则$f(x)$在$x=a$处可导一个充分条件是( ).

A. $\lim\limits_{h\to+\infty}h\left[f\left(a+\frac{1}{h}\right)-f(a)\right]$存在

B. $\lim\limits_{h\to 0}\frac{f(a+2h)-f(a+h)}{h}$存在

C. $\lim\limits_{h\to 0}\frac{f(a+2h)-f(a-h)}{2h}$存在

D. $\lim\limits_{h\to 0}\frac{f(a)-f(a-h)}{h}$存在

解:i 对于一元函数,可导必定连续,连续至少要求

在$x=a$处函数有定义,必须$f(a)$存在,由此知(B)(C)不正确

ii $\lim\limits_{h\to+\infty}h\left[f\left(a+\frac{1}{h}\right)-f(a)\right]=f'(a^+)$,右导数存在,$f(x)$在$x=a$不一定可导,所以(A)不正确.

iii $\lim\limits_{h\to 0}\frac{f(a)-f(a-h)}{h}=\lim\limits_{h\to 0}\frac{f(a-h)-f(a)}{-h}\overset{\text{存在}}{=\!=}f'(a)$

这表明$f(x)$在$x=a$处可导,选(D).

习 题 二

1. 设$f'(x)$存在,且$\lim\limits_{x\to 0}\frac{f(1)-f(1-x)}{2x}=1$,则$f'(1)=$________.

2. 已知$f(0)=0,f'(0)=1$,则$\lim\limits_{x\to 0}\frac{f(x)}{x}=$________.

3. 设$f(x)=(x^2-a^2)g(x)$,其中$g(x)$在$x=a$处连续,则$f'(a)=$________.

4. 求曲线 $y=-\sqrt{x}+2$ 在它与直线 $y=x$ 交点处的切线方程和法线方程.

5. 讨论函数 $f(x)=\begin{cases} x^2\sin\dfrac{1}{x}, & x<0 \\ x, & x\geqslant 0 \end{cases}$ 在 $x=0$ 处的连续性与可导性.

6. 已知 $f(x)=|x|$，求 $f'(x)$.

7. 设 $f(x)=x(x+1)(x+2)\cdots(x+2013)$，求 $f'(0)$.

8. $y=\sqrt{x}(x^3-4\cos x-\arctan 1)$，求 y' 及 $y'|_{x=1}$.

9. 求下列函数的导数.

(1) $y=3e^x+x^2\sin x$　　(2) $y=\dfrac{x}{x^2+1}$

(3) $y=\sqrt{x+\sqrt{x+x}}$　　(4) $y=\ln(x+\sqrt{x^2-a^2})$

(5) $y=e^{x+3}\cdot 2^{x-3}$　　(6) $y=x\cdot\arcsin\dfrac{x}{3}+\sqrt{9-x^2}$

10. 试求由方程 $e^{xy}+\sin(x^2y)=y^2$ 所确定的隐函数的导数$\dfrac{dy}{dx}$.

11. 利用对数法求导.

(1) $y=x^{\sin x}$　　(2) $y=\sqrt[3]{\dfrac{(x-1)(x-2)}{x(x+1)}}$

12. 已知$\begin{cases} x=\ln(1+t^2) \\ y=\arctan t \end{cases}$，求$\dfrac{dy}{dx}$，$\dfrac{d^2y}{dx^2}$.

13. (1) $y=e^x\cos x$，求 $y^{(n)}$.

(2) $y=\arctan x$，求 $y^{(n)}(0)$.

(3) $y=a_0+a_1x+\cdots+a_nx^n$，求 $y^{(n)}$.

14. (1) 求 $\sin 29^\circ$的近似值.

(2) 求 $\sqrt[5]{245}$的近似值.

15. 试确定 a,b 的值，使函数 $f(x)=\begin{cases} ae^x+be^{-x}, x\leqslant 0 \\ \dfrac{1}{x}\ln(1+x), x>0 \end{cases}$在$(-\infty,+\infty)$内可导，并求 $f'(x)$.

16. 设 $x\leqslant 0$ 时，$g(x)$有定义，且 $g''(x)$存在，问怎样选择 a,b,c 使函数 $f(x)=\begin{cases} ax^2+bx+c, x>0 \\ g(x), x\leqslant 0 \end{cases}$在 $x=0$ 处有二阶导数.

第三章　微分中值定理与导数的应用

第一节　微分中值定理

费马引理：

设 $f(x)$ 在邻域内，$f'(x_0)$ 存在，且对任意 $x\in\overline{U}(x_0)$ 恒有

$$f(x)\leqslant f(x_0)\qquad (\text{或 } f(x)\geqslant f(x_0))$$

则

$$f'(x_0)=0.$$

证明：已知 $f(x)-f(x_0)\leqslant 0$(或恒有 $f(x)-f(x_0)\geqslant 0$)

当 $\Delta x>0$ 时 $\quad \dfrac{f(x)-f(x_0)}{\Delta x}\leqslant 0\qquad (\geqslant 0)$

而 $\Delta x<0$ 时 $\quad \dfrac{f(x)-f(x_0)}{\Delta x}\geqslant 0\qquad (\leqslant 0)$

又知 $f'(x_0)$ 存在，及极限的保号性.

$$f'_+(x_0)\leqslant 0(\geqslant 0),f'_-(x_0)\geqslant 0,(\leqslant 0)$$

$$f'_+(x_0)=f'_-(x_0)\quad \therefore f'(x_0)=0$$

以下均设 $f(x)$ 在 $[a,b]$ 上连续，在 (a,b) 内可导.

罗尔定理. 若 $f(b)=f(a)$，则连至少存在一点 $\xi\in(a,b)$ 使

$$f'(\xi)=0.$$

证明：由闭区间上连续知存在最值，使 $m\leqslant f(x)\leqslant M$.

(1)若 $M=m$. 则 $f(x)\equiv M$ 常数，对任何 $x\in(a,b)$ 都有 $f'(x)=0$

(2)$M>m$，M 与 m 中至少有一个不同于 $f(a)=f(b)$，在内部取到，不妨设 $M=f(\xi)>f(a)=f(b)$，$\xi\in(a,b)$

由费马引理，$f'(\xi)=0$.

拉格朗日中值定理：至少存在一点 $\xi\in(a,b)$ 使

$$f'(\xi)=\frac{f(b)-f(a)}{b-a}$$

证明:引进辅助函数

$$F(x)=f(x)-f(a)-\frac{f(b)-f(a)}{b-a}(x-a)$$

$F(b)=F(a)=0$,$F(x)$在$[a,b]$连续,在(a,b)内可导. 至少存在一点,$\xi\in(a,b)$,使

$$F'(\xi)=f'(\xi)-\frac{f(b)-f(a)}{b-a}=0. \text{即 } f(b)-f(a)=f'(\xi)(b-a).$$

注:$f(b)=f(a)$时,成为罗尔定理.

辅助函数 $F(x)$ 的构造方法

(1) 几何上,$F(x)$是曲线与斜线之差的线段 NM(图 3-1).

$$\frac{CN}{AC}=\frac{GB}{AG}$$

$$\frac{CN}{x-a}=\frac{f(b)-f(a)}{b-a}$$

$$DM=f(x) \qquad DC=f(a)$$

$$NM=DM-DC-CN$$

$$F(x)=f(x)-f(a)-\frac{f(b)-f(a)}{b-a}(x-a)$$

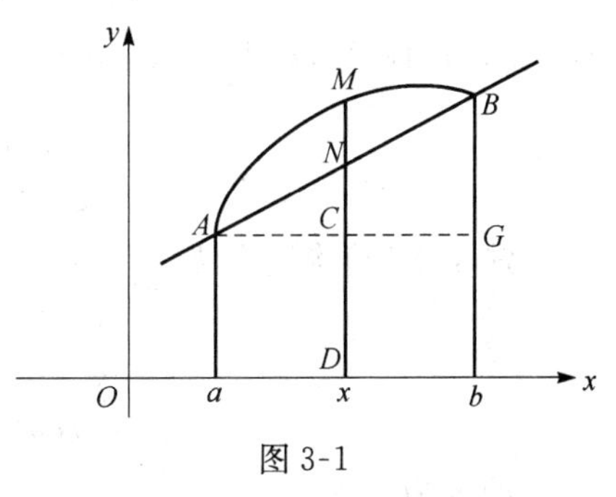

图 3-1

(2) 常数值 K 法

(i) 欲证 $f'(\xi)=\frac{f(b)-f(a)}{b-a}\overset{\text{令}}{=\!=}K$.(常数,不再改变)写为 $f(b)-f(a)=k(b-a)$;

(ii) 再改 b 为 x,即得 $F(x)=f(x)-f(a)-\frac{f(b)-f(a)}{b-a}(x-a)$(常数 k 中的 b 不能再改为 x).

例 1　函数 $f(x)=x^2+2x$ 在区间$[0,1]$上满足拉格朗日中值定理条件的 $\xi=$________.

解:$f(x)$在$[0,1]$上连续$(0,1)$内可导

$$\frac{f(1)-f(0)}{1-0}=3=f'(\xi)=2\xi+2$$

$$\therefore \xi=\frac{1}{2}.$$

例 2　证明不等式

$$|\arctan a-\arctan b|\leqslant|a-b|.$$

证明:$f(x)=\arctan x$ 在$[a,b]$上上连续,(a,b)内可导,存在 $\xi\in(a,b)$使

$$
\begin{aligned}
|\arctan a-\arctan b| &= |f'(\xi)|\cdot|a-b| \\
&= \frac{1}{1+\xi^2}|a-b| \\
&\leqslant |a-b|
\end{aligned}
$$

哥西定理：$g(x)$在$[a,b]$上连续，在(a,b)内可导，且$g'(x)\neq 0$则至少存在点使

$$\frac{f(b)-f(a)}{g(b)-g(a)}=\frac{f'(\xi)}{g'(\xi)}$$

证明：令$\begin{cases}X=g(x)\\Y=f(x)\end{cases}\quad(a\leqslant x\leqslant b)$

再构造$F(x)=f(x)-f(a)-\dfrac{f(b)-f(a)}{g(b)-g(a)}[g(x)-g(a)]$ $F(x)$在$[a,b]$上连续，(a,b)内可导，存在$\xi\in(a,b)$使$F'(\xi)=f'(\xi)-\dfrac{f(b)-f(a)}{g(b)-g(a)}g'(\xi)=0$

$$\frac{f'(\xi)}{g'(\xi)}=\frac{f(b)-f(a)}{g(b)-g(a)}$$

注1：$F(x)$构造方法.

令
$$\frac{f'(\xi)}{g'(\xi)}=K=\frac{f(b)-f(a)}{g(b)-g(a)}$$

$$f(b)-f(a)-K[g(b)-g(a)]=0$$

改b为x：

令
$$
\begin{aligned}
F(x)&=f(x)-f(a)-K[g(x)-g(a)]\\
&=f(x)-f(a)-\frac{f(b)-f(a)}{g(b)-g(a)}[g(x)-g(a)]
\end{aligned}
$$

注2：$g(x)=x$时成为拉格朗日中值定理.

第二节 罗必达法则

罗必达法则$\left(只适于不定型,\dfrac{0}{0}\right)$.

若(1)当$x\to a$时，$f(x)\to 0$，$g(x)\to 0$.

(2)点a的去心邻域内，$g'(x)\neq 0$，$f'(x)$，$g'(x)$均存在.

(3)$\lim\limits_{x\to a}\dfrac{f'(x)}{g'(x)}$存在，

则$\lim\limits_{x\to a}\dfrac{f(x)}{g(x)}=\lim\limits_{x\to a}\dfrac{f'(x)}{g'(x)}$.

证明：由(1)可以令$f(a)=0$，$g(a)=0$$\left(f(x)=\begin{cases}f(x) & x\neq a\\0 & x=a\end{cases}\right)$

由(2)应用哥西定理:存在ξ使

$$\frac{f(x)}{g(x)}=\frac{f(x)-f(a)}{g(x)-g(a)}=\frac{f'(\xi)}{g'(\xi)}\qquad(\xi\text{介于}x\text{与}a\text{之间}).$$

再由(3):($x\to a$时必有$\xi\to a$)

$$\lim_{x\to a}\frac{f(x)}{g(x)}=\lim_{\xi\to a}\frac{f'(a)}{g'(a)}$$

极限过程中变量用什么字母无关于极限,法则得证.

说明:1) 法则由条件(1)知,只用于不定型,还有$\frac{\infty}{\infty}$,$\infty-\infty$,$0\cdot\infty$,0^0,1^∞,∞^0共7种未定式.

2) 要及时算出极限存在因子,否则求导复杂.

3) 可多次使用,但每使用前要满足未定型.

4) 罗必达法则失效,不能认为极限不存在,要使用另外方法.

5) 要和其他方法结合

例1 $\lim\limits_{x\to 0}\frac{x-\sin x}{x^3}$　$\left(\frac{0}{0}\text{型}\right)$.

解: $\lim\limits_{x\to 0}\frac{x-\sin x}{x^3}=\lim\limits_{x\to 0}\frac{1-\cos x}{3x^2}$　$\left(\frac{0}{0}\text{型}\right)$

$=\lim\limits_{x\to 0}\frac{\sin x}{6x}$　$\left(\frac{0}{0}\text{型}\right)$

$=\lim\limits_{x\to 0}\frac{\cos x}{6}$　(不能再用罗必达法则)

$=\frac{1}{6}$.

例2 $\lim\limits_{x\to+\infty}\frac{x^n}{e^x}$　$\left(\frac{\infty}{\infty}\text{型}\right)$.

解: $\lim\limits_{x\to+\infty}\frac{x^n}{e^x}=\lim\limits_{x\to+\infty}\frac{nx^{n-1}}{e^x}$　$\left(\frac{\infty}{\infty}\text{型}\right)$

$=\cdots$

$=\lim\limits_{x\to+\infty}\frac{n!}{e^x}$　$\left(\text{不是}\frac{\infty}{\infty}\text{型}\right)$

$=0$.

例3 $\lim\limits_{x\to 0^+}x\ln x$　($0\cdot\infty$型).

解: $\lim\limits_{x\to 0^+}x\ln x=\lim\limits_{x\to 0^+}\frac{\ln x}{x^{-1}}$　$\left(\frac{\infty}{\infty}\text{型}\right)$

$$=\lim_{x\to0^+}\frac{x^{-1}}{-x^{-2}}$$

$$=\lim_{x\to0^+}(-x)$$

$$=0.$$

例 4 $\lim\limits_{x\to0^+}x^x$ （0^0 型）.

解: $\lim\limits_{x\to0^+}x^x=\lim\limits_{x\to0}e^{x\ln x}=e^{\lim\limits_{x\to0^+}x\ln x}=e^{\circ}=1$.

罗必达法则不适用,但极限存在.

例 5 $\lim\limits_{x\to\infty}\frac{3x^2-2\cos x}{4x^2+x\sin 2x}$.

解: $$\lim_{x\to\infty}\frac{3x^2-2\cos x}{4x^2+x\sin 2x}=\lim_{x\to\infty}\frac{3-\frac{2\cos x}{x^2}}{4+\frac{1}{x}\sin 2x}=\frac{3}{4}.$$

例 6 $\lim\limits_{x\to+\infty}\frac{2x^2+3x-1}{\sqrt{3x^2+1}}\sin\frac{1}{x}$.

解: $$\lim_{x\to+\infty}\frac{2x^2+3x-1}{\sqrt{3x^2+1}}\sin\frac{1}{x}=\lim_{x\to+\infty}\frac{2x+3-\frac{1}{x}}{\sqrt{3x^2+1}}\lim_{x\to+\infty}\frac{\sin\frac{1}{x}}{\frac{1}{x}}$$

$$=\lim_{x\to+\infty}\frac{2+\frac{3}{x}-\frac{1}{x^2}}{\sqrt{3+\frac{1}{x^2}}}$$

$$=\frac{2}{\sqrt{3}}.$$

例 7 求极限$\lim\limits_{x\to0}\frac{x^2-\sin^2x\cos^2x}{x^4}$.

解: $\lim\limits_{x\to0}\frac{x^2-\sin^2x\cos^2x}{x^4}$ （及时去掉极限存在因子）

$$=\lim_{x\to0}\frac{x+\sin x\cos x}{x}\lim_{x\to0}\frac{x-\sin x\cos x}{x^3}\quad\left(\frac{0}{0}\text{型}\right)$$

$$=\left(\lim_{x\to0}\frac{x}{x}+\lim_{x\to0}\frac{\sin x}{x}\cos x\right)\lim_{x\to0}\frac{1-\cos^2x+\sin^2x}{3x^2}$$

$$=2\lim_{x\to0}\frac{2\sin^2x}{3x^2}$$

$$=\frac{4}{3}.$$

例 8 求 $\lim\limits_{x\to+\infty}(x+\sqrt{1+x^2})^{\frac{1}{x}}$.

解： $\lim\limits_{x\to\infty}(x+\sqrt{1+x^2})^{\frac{1}{x}}$

$=e^{\lim\limits_{x\to+\infty}\frac{\ln(x+\sqrt{1+x^2})}{x}}$　　$\left(\frac{\infty}{\infty}型\right)$

$=e^{\lim\limits_{x\to+\infty}\frac{1}{\sqrt{1+x^2}}}$

$=e^0$

$=1.$

例 9　求$\lim\limits_{x\to\infty}\left[\frac{\pi}{2}-\arctan(3x^2)\right]x^2$.

解： $\lim\limits_{x\to\infty}\left[\frac{\pi}{2}-\arctan(3x^2)\right]x^2$

$=\lim\limits_{x\to\infty}\frac{\frac{\pi}{2}-\arctan(3x^2)}{x^{-2}}$　　$\left(\frac{0}{0}型\right)$

$=\lim\limits_{x\to\infty}\frac{-\frac{6x}{1+9x^4}}{-2x^{-3}}$

$=\lim\limits_{x\to\infty}\frac{3x^4}{1+9x^4}$

$=\frac{1}{3}.$

例 10　$\lim\limits_{x\to 0}(\cos x)^{\frac{1}{\ln(1+x^2)}}$.

$=e^{\lim\limits_{x\to 0}\frac{\ln\cos x}{\ln(1+x^2)}}$　　$\left(\frac{0}{0}型\right)$

$=e^{\lim\limits_{x\to 0}\frac{\frac{-\sin x}{\cos x}}{\frac{2x}{1+x^2}}}$

$=e^{-\frac{1}{2}}.$

例 11　求$\lim\limits_{x\to 0}\frac{e^{\frac{-1}{x^2}}}{x^{100}}$.

解： $\lim\limits_{x\to 0}\frac{e^{\frac{-1}{x^2}}}{x^{100}}$

$\xlongequal{令 t=\frac{1}{x^2}}\lim\limits_{t\to+\infty}\frac{t^{50}}{e^t}$

$=\lim\limits_{t\to+\infty}\frac{50t^{49}}{e^t}$

$=\cdots\cdots$

$$=\lim_{t\to+\infty}\frac{50!}{e^t}$$

$$=0.$$

例 12 求极限$\lim\limits_{x\to\infty}\dfrac{x^2-x^3\sin\frac{1}{x}+\cos\frac{1}{x}}{x^3\left(1-\cos\frac{1}{x}\right)\ln\left(1+\frac{1}{x}\right)}$.

解:

$$\lim_{x\to\infty}\frac{x^2-x^3\sin\frac{1}{x}+\cos\frac{1}{x}}{x^3\left(1-\cos\frac{1}{x}\right)\ln\left(1+\frac{1}{x}\right)}$$

$$=\lim_{x\to\infty}\frac{\frac{1}{x}-\sin\frac{1}{x}+\frac{1}{x^3}\cos\frac{1}{x}}{\left(1-\cos\frac{1}{x}\right)\ln\left(1+\frac{1}{x}\right)}$$

$$\xlongequal{令\frac{1}{x}=t}\lim_{t\to0}\frac{t-\sin t+t^3\cos t}{(1-\cos t)\ln(1+t)}\quad\left(\begin{array}{l}t\to0\\1-\cos t\sim\frac{t^2}{2}\\\ln(1+t)\sim t\end{array}\right)$$

$$=\lim_{t\to0}\frac{t-\sin t+t^3\cos t}{\frac{t^3}{2}}$$

$$=2\left(\lim_{t\to0}\frac{t-\sin t}{t^3}+\lim_{t\to0}\cos t\right)$$

$$=2\left(\lim_{t\to0}\frac{1-\cos t}{3t^2}+1\right)$$

$$=2\left(\lim_{t\to0}\frac{\sin t}{6t}+1\right)$$

$$=2\left(\frac{1}{6}+1\right)$$

$$=\frac{7}{3}.$$

例 13 求极限$\lim\limits_{x\to\infty}\left[\dfrac{1}{n}\left(a_1^{\frac{1}{x}}+\cdots+a_n^{\frac{1}{x}}\right)\right]^{nx}$,($a_1>0,\cdots,a_n>0$ 且不为 1).

解:

$$\lim_{x\to\infty}\left[\frac{1}{n}\left(a_1^{\frac{1}{x}}+\cdots+a_n^{\frac{1}{x}}\right)\right]^{nx}$$

$$=e^{\lim\limits_{x\to\infty}\frac{n\ln\left[\frac{1}{n}\left(a_1^{\frac{1}{x}}+\cdots+a_n^{\frac{1}{x}}\right)\right]}{\frac{1}{x}}}$$

$$\xlongequal{令 t=\frac{1}{x}}e^{\lim\limits_{t\to0}\frac{n\ln\left[\frac{1}{n}\left(a_1^t+\cdots+a_n^t\right)\right]}{t}}\qquad\left(\frac{0}{0}型\right)$$

$$=e^{\lim\limits_{t\to 0}\frac{n(a_1^t\ln a_1+\cdots+a_n^t\ln a_n)}{a_1^t+\cdots a_n^t}}$$

$$=e^{\ln a_1+\cdots+\ln a_n}$$

$$=a_1\cdots a_n$$

其中 $\ln\dfrac{1}{n}(a_1^t+\cdots+a_n^t)=\ln(a_1^t+\cdots+a_n^t)-\ln n$ 对 t 而言，$\ln n$ 是常数，$(\ln n)_t'=0$.

$$\lim_{t\to 0}(a_1^t+\cdots+a_n^t)=a_1^0+\cdots+a_n^0=1+\cdots+1=n.$$

例 14　求极限 $\lim\limits_{x\to 0}\dfrac{e^x+e^{-x}-2}{\sin^2 x}$.

解: 这是 $\dfrac{0}{0}$ 不定型，可不直接用罗比达法则.

又由 $\sin x\sim x$.

$$\lim_{x\to 0}\frac{e^x+e^{-x}-2}{\sin^2 x}$$

$$=\lim_{x\to 0}\frac{e^x+e^{-x}-2}{x^2}\qquad\left(\frac{0}{0}\text{型}\right)$$

$$=\lim_{x\to 0}\frac{e^x-e^{-x}}{2x}\left(\frac{0}{0}\text{型}\right)$$

$$=\lim_{x\to 0}\frac{e^x+e^{-x}}{2}$$

$$=1.$$

例 15　求极限 $\lim\limits_{x\to\frac{\pi}{2}}\dfrac{\ln\sin x}{(\pi-2x)^2}$.

解: $\lim\limits_{x\to\frac{\pi}{2}}\dfrac{\ln\sin x}{(\pi-2x)^2}\left(\dfrac{0}{0}\text{型}\right)$

$$=\lim_{x\to\frac{\pi}{2}}\frac{\frac{\cos x}{\sin x}}{2(\pi-2x)(-2)}$$

$$=-\frac{1}{4}\lim_{x\to\frac{\pi}{2}}\frac{1}{\sin x}\lim_{x\to\frac{\pi}{2}}\frac{\cos x}{\pi-2x}\left(\frac{0}{0}\text{型}\right)$$

$$=-\frac{1}{4}\lim_{x\to\frac{\pi}{2}}\frac{-\sin x}{-2}$$

$$=-\frac{1}{8}.$$

当 $x\to+\infty$ 时

$$\xrightarrow[\text{速度越来越快}]{\ln x\quad x^{\alpha}(\alpha>0)\quad a^x(a>1)\quad x^x}+\infty$$

当 $n\to+\infty$ 时

$$\xrightarrow[\text{速度越来越快}]{\ln n \quad n^{a}(d>0) \quad a^{n}(a>1) \quad n! \quad n^{n}} +\infty$$

常见极限

$$\lim_{n\to\infty}\sqrt[n]{\alpha}\,(\alpha>0)=\lim_{n\to\infty}\alpha^{\frac{1}{n}}=\alpha^{\circ}=1$$

$$\lim_{n\to\infty}\sqrt[n]{n}=\lim_{n\to\infty}n^{\frac{1}{n}}=\lim_{n\to\infty}e^{\frac{\ln n}{n}}=e^{\circ}=1$$

$$\arctan x\begin{cases}\dfrac{\pi}{2} & x\to+\infty\\ -\dfrac{\pi}{2} & x\to-\infty\end{cases}\qquad \operatorname{arccot}x\begin{cases}0 & x\to+\infty\\ \pi & x\to-\infty\end{cases}$$

$$e^{x}\begin{cases}+\infty & x\to+\infty\\ 0 & x\to-\infty\end{cases}\qquad \lim_{x\to0^{+}}x^{x}=\lim_{x\to0^{+}}e^{x\ln x}=e^{0}=1$$

$x\to0$ 时,极限式中含有 $\arctan\dfrac{1}{x}$,$\operatorname{arccot}\dfrac{1}{x}$,$e^{\frac{1}{x}}$,$|x|$ 时,要分别求 $x\to0^{+}$ 及 $x\to0^{-}$ 的极限.

罗必达法则使用时,可以面对七种不定型:

$\dfrac{0}{0}$ 型——最基本的

$$\frac{\infty}{\infty}\longrightarrow\frac{\frac{1}{\infty}}{\frac{1}{\infty}}$$

$$0\cdot\infty\longrightarrow\frac{0}{\frac{1}{\infty}}$$

$$\infty-\infty\longrightarrow\frac{1}{\frac{1}{\infty}}-\frac{1}{\frac{1}{\infty}}\longrightarrow\frac{\frac{1}{\infty}-\frac{1}{\infty}}{\frac{1}{\infty}\cdot\frac{1}{\infty}}$$

$$1^{\infty}\xrightarrow{N=e^{\ln N}}e^{\infty\cdot\ln1}\longrightarrow e\,\frac{\ln1}{\frac{1}{\infty}}$$

$$0^{0}\longrightarrow e^{o\cdot\ln O}\longrightarrow e^{\frac{O}{\frac{1}{\ln O}}}$$

$$\infty^{0}\longrightarrow e^{o\cdot\ln\infty}\longrightarrow e^{\frac{O}{\frac{1}{\ln\infty}}}$$

复杂函数,放在分子上不动;简单的可化为分数放在分母上.为的是求导方便.例如$\left(\dfrac{1}{\ln x}\right)'$,$\left(\dfrac{1}{\arctan x}\right)'$将十分复杂,而$\left(\dfrac{1}{x}\right)'=\dfrac{-1}{x^{2}}$很简单.

第三节　函数单调性与曲线的凹凸性

1. 单调性

对于可导函数，导数的符号直接可判定函数的单调性.

定理 1　设函数 $f(x)$在(a,b)内可导.

(1) 若在(a,b)内 $f'(x)>0$，则函数 $y=f(x)$在(a,b)内单调增加；

(2) 若在(a,b)内 $f'(x)<0$，则函数 $y=f(x)$在(a,b)内单调减少.

证明：只证(1)：

在(a,b)内任取两点 $x_1,x_2(x_1<x_2)$，则 $y=f(x)$在$[x_1,x_2]$上满足拉格朗日中值定理的条件，则有

$$f(x_2)=f(x_1)+f'(\xi)(x_2-x_1)\quad x_1<\xi<x_2,$$

由 $f'(\xi)>0,x_2-x_1>0$，所以

$$f(x_2)>f(x_1).$$

即函数 $y=f(x)$在(a,b)内单调增加.

同理可证(2).

说明：(1) 以上定理可推广至闭区间.

(2) 若在区间(a,b)内，$f'(x)\geqslant 0$ 且 $f'(x)=0$ 的点是有限个，则 $f(x)$在(a,b)内也是单调增加的.

例 1　求函数 $y=3x^2+6x+5$ 的单调区间.

解：$y'=6x+6=0.$　　　　$x_0=-1$

当 $x\in(-\infty,-1)$时，$y'<0$，则函数 y 在$(-\infty,-1]$上单调减少.

当 $x\in(-1,+\infty)$时，$y'>0$，则函数 y 在$(-1,+\infty)$上单调增加.

例 2　证明不等式：

$$x\neq 0\text{ 时}, e^x>1+x.$$

证明：令 $f(x)=e^x-x-1$，则 $f'(x)=e^x-1$，$x>0$ 时，$f'(x)>0$，所示 $f(x)$在$[0,+\infty)$上单调增加，$f(x)>f(0)=0$，即 $e^x>1+x$，$x<0$ 时，$f'(x)<0$，所以$f(x)$在$(-\infty,0]$上单调减少，则 $f(x)>f(0)$，即 $e^x>1+x$.

总之，$x\neq 0$ 时，$e^x>1+x$ 总成立.

2. 曲线凹凸性

定义　设 $f(x)$在区间(a,b)上连接，若对(a,b)任意两点 x_1,x_2，恒有

$$f\left(\frac{x_1+x_2}{2}\right)<\frac{f(x_1)+f(x_2)}{2}$$

则称 $f(x)$在(a,b)内的图形是(向上)凹的(图 3-2)；若恒有

$$f\left(\frac{x_1+x_2}{2}\right)>\frac{f(x_1)+f(x_2)}{2}$$

则称 $f(x)$ 在 (a,b) 内的图形是(向上)凸的(图 3-3).

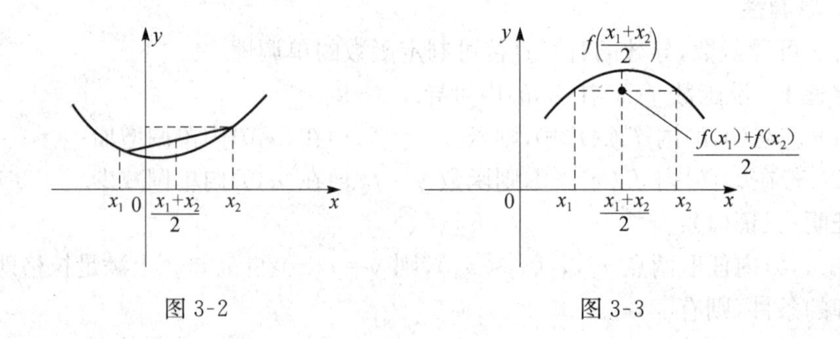

图 3-2　　　　图 3-3

若函数 $f(x)$ 在区间 (a,b) 内有二阶导数,则可有二阶导数的符号来判定曲线和凹凸性.

定理 2　设 $f(x)$ 在 $[a,b]$ 上连续,在 (a,b) 内有二阶导数,则

(1)若在 (a,b) 内 $f''(x)>0$,则 $f(x)$ 在 $[a,b]$ 上的图形是凹的;

(2)若在 (a,b) 内 $f''(x)<0$,则 $f(x)$ 在 $[a,b]$ 上的图形是凸的.

证明略. $f'(x)$ 从 <0 变到 >0, $f'(x)$ 单调增, $f''(x)>0$ ↘ ↗ $f(x)$ 凹

说明:我们用符号"↗"表示函数单调增加且凹,用"↘"表示函数单调减少且凹,用"↗"表示函数单调增加且凸,用"↘"表示单调减少且凸.

例 3　判定曲线 $y=x^3$ 的凹凸性.

解:$y'=3x^2$, $y''=6x$.

当 $x\leqslant 0$ 时,曲线 $y=x^3$ 是单调增加且凸的,其形如"↗", $x\geqslant 0$ 时,曲线 $y=x^3$ 是单调增加的,且是凹的.

上面例子中,曲线 $y=x^3$ 在 $x=0$ 的左右两端的凹凸性不同,称这点 $x=0$ 为曲线 $y=x^3$ 的拐点(0,0).

定义　设 $y=f(x)$ 在区间 (a,b) 内连续, $x_0\in(a,b)$ 若在 x_0 的左右两边,曲线 $y=f(x)$ 的凹凸性不同,则称点 $(x_0,f(x_0))$ 为曲线 $y=f(x)$ 的拐点.

说明:函数 $f(x)$ 的拐点一定是使得 $f''(x)=0$ 或 $f''(x)$ 不存在的点,但是 $f''(x)=0$ 的点未必是拐点.

例 4　求曲线 $y=(x-2)^{\frac{5}{3}}$ 的凹凸性和拐点.

解:$y=(x-2)^{\frac{5}{3}}$ 的定义域是 $(-\infty,+\infty)$.

$$y'=\frac{5}{3}(x-2)^{\frac{2}{3}} \text{ 的定义域是}(-\infty,+\infty).$$

$y''=\frac{10}{9}(x-2)^{-\frac{1}{3}}$的定义域是$(-\infty,2)\cup(2,+\infty)$.

当$x=2$时，$y'=0$，y''不存在，列表3-1如下.

表3-1

x	$(-\infty,2)$	2	$(2,+\infty)$
y''	$-$	不存在	$+$
y	凸	拐点(2,0)	凹

注：$f(x)$凸，图形，$f'(x)$"由正至负"，$f'(x)$单调减，$f''(x)<0$；$f(x)$凹，图形，$f'(x)$"由负至正"，$f'(x)$增，$f''(x)>0$.

例5　设(1,3)是曲线$y=ax^3+bx^2+1$的拐点，求a与b.

解：$y'=3x^2\cdot a+2x\cdot b$

$y''=6ax+2b$

(1,3)是拐点　$y(1)=3=a+b+1$
$y''(1)=0=6a+2b$

解得$\begin{matrix}a=-1\\b=3\end{matrix}$.

例6　设函数$f(x)$在$(0,+\infty)$内可导，$(0,+\infty)$上连续，且$0\leqslant f'(x)\leqslant f(x)$，$f(0)=0$试证$f(x)\equiv 0$.

证明：构造（令）$F(x)=e^{-x}f(x)$.

$F(x)$在$(0,+\infty)$内可导，在$(0,+\infty)$上连续. 且$F(0)=0$

$F'(x)=e^{-x}f'(x)-e^{-x}f(x)=e^{-x}(f'(x)-f(x))\leqslant 0$

$F(x)\searrow$在$(0,+\infty)$上单调减.

$0\leqslant F(x)\leqslant F(0)=0(x\geqslant 0)$　　$\therefore F(x)\equiv 0$

$F(x)=e^{-x}f(x)$.　　$\therefore f(x)\equiv 0$.

第四节　极值与最值

极值是$f(x)$在一点邻近的邻域里的局部性质，而最值是整体定义域上的性质.

费马引理指出：可导函数极值点处导数必为0.

驻点：若$f'(x_0)=0$，称x_0为驻点.

可导函数的极值点必为驻点，但驻点不一定是极值点。$y=x^3$. $y'(0)=0$，但$y(0)=0$不是极值. $x=0$不是极值点.

要求函数极值,可以先求出驻点及导数不存在点,再进行判断.

定理 4.1(极值判定定理) 设函数 $f(x)$在 x_0 连续,且在 x_0 的某去心邻域$(x_0-\delta,x_0)\cup(x_0,x_0+\delta)$内可导.$(\delta>0)$

(1) 若 $x\in(x_0-\delta,x_0)$时,$f'(x)>0$,而 $x\in(x_0,x_0+\delta)$时,$f'(x)<0$,则 $f(x)$在 x_0 取得极大值;

(2) 若 $x\in(x_0-\delta,x_0)$时,$f'(x)<0$,而 $x\in(x_0,x_0+\delta)$时,$f'(x)>0$,则 $f(x)$在 x_0 取得极小值;

(3) 若 $x\in(x_0-\delta,x_0)\cup(x_0,x_0+\delta)$时,$f'(x)$的符号保持不就变,则 $f(x)$在 x_0 处设有极值.

由函数的单调性与导数符号的关系,定理的结论自然成立.

例 1 求函数 $f(x)=\dfrac{(x-1)^2}{3(x+1)}$的极值.

解:函数 $f(x)=\dfrac{(x-1)^2}{3(x+1)}$的定义域是$(-\infty,-1)\cup(-1,+\infty)$.

$$f'(x)=\frac{(x+3)(x-1)}{3(x+1)^2}$$

即 $f'(x)$有零点 $x=1$ 和 $x=-3$ 并且在 $x=-1$ 导数不存在.列表 3-2 如下.

表 3-2

x	$(-\infty,-3)$	-3	$(-3,-1)$	-1	$(-1,1)$	1	$(1,+\infty)$
$f'(x)$	$+$	0	$-$	无定义	$-$	0	$+$
$f(x)$	↑	极大值$-\frac{8}{3}$	↓	无定义	↓	极小值 0	↑

即函数 $f(x)$在其定义域内 $x=-3$ 处取得极大值 $f(-3)=-\dfrac{8}{3}$,在 $x=1$ 处取极小值 $f(1)=0$.

定理 4.2(极值的判定定理) 设函数 $f(x)$在 x_0 具有二阶导数且 $f'(x_0)=0$,$f''(x_0)\neq 0$,则

(1)当 $f''(x_0)<0$ 时,函数 $f(x)$在 x_0 取得极大值;

(2)当 $f''(x_0)>0$ 时,函数 $f(x)$在 x_0 取得极小值.

证明:只证(1):由 $f''(x_0)<0$,按导数的定义式

$$f''(x_0)=\lim_{x\to x_0}\frac{f'(x)-f'(x_0)}{x-x_0}<0$$

根据极限的性质,在 x_0 的某去心邻域内有

$$\frac{f'(x)-f'(x_0)}{x-x_0}<0$$

即
$$\frac{f'(x)}{x-x_0}<0$$

在该去心邻域内，当 $x<x_0$ 时，$f'(x)>0$；当 $x>x_0$ 时，$f'(x)<0$. 于是 $f(x)$在 x_0 取得极大值.

说明：若函数在驻点处二阶导数为零，判定定理 4.2 失效，还是需要用判定定理 4.1.

例 2　求函数 $f(x)=-x^4+2x^2$ 的极值.

解：$f'(x)=-4x^3+4x=-4x(x+1)(x-1)$.

$f(x)$的驻点为 $x=-1, x=0, x=1$.

没有不可导点.

$$f''(x)=-12x^2+4.$$
$$f''(-1)=-8, f''(0)=4, f''(1)=-8.$$

由判定定理 4.2 可知，$f(x)$在 $x=-1$ 取得极大值 $f(-1)=1$，在 $x=0$ 处取得极小值 $f(0)=0$，在 $x=1$ 处得极大值 $f(1)=1$.

介绍了极值的求解之后，下面再来介绍最值的问题.

设函数 $f(x)$在闭区间$[a,b]$上连续，则 $f(x)$在$[a,b]$上的最值只能在极值点及端点取到，而极值点又一定是驻点或不可导点. 由此，函数 $f(x)$在$[a,b]$上的值只能在驻点，不可导点，区间端点取到.

求 $f(x)$在$[a,b]$的最值的步骤：

(1) 求出 $f(x)$在(a,b)内的所有驻点和不可导点；

(2) 计算 $f(x)$在所有驻点、不可导点、端点的函数值；

(3) 将(2)中的函数值进行比较，最大者就是最大值，最小者就是最小者.

例 3　求函数 $f(x)=x^4-2x^2+5$ 在$[-2,2]$上的最值.

解：$f'(x)=4x^3-4x=4x(x+1)(x-1)$.

$f(x)$在$[-2,2]$上有驻点 $x_1=-1, x_2=0, x_3=1$，没有不可导点.

$$f(-2)=13, f(-1)=4, f(0)=5, f(1)=4, f(2)=13.$$

比较可知　$f(-2)=f(2)=13$ 是最大值.

$f(-1)=f(1)=4$ 是最小值.

下面是计算最值的两种特殊情况.

(1) 若函数 $f(x)$在$[a,b]$上单调，则 $f(x)$在$[a,b]$上的最值在区间端点取到；

(2) 若连续函数 $f(x)$在开区间(a,b)内仅有一个极大值，而没有极小值，则此极大值就是函数 $f(x)$在$[a,b]$上最大值. 同样，若连续函数 $f(x)$在(a,b)内有且仅有一个极小值，而没有极大值，则此极小值就是函数 $f(x)$在区间$[a,b]$上最小值。如图 3-4(a)(b)所示.

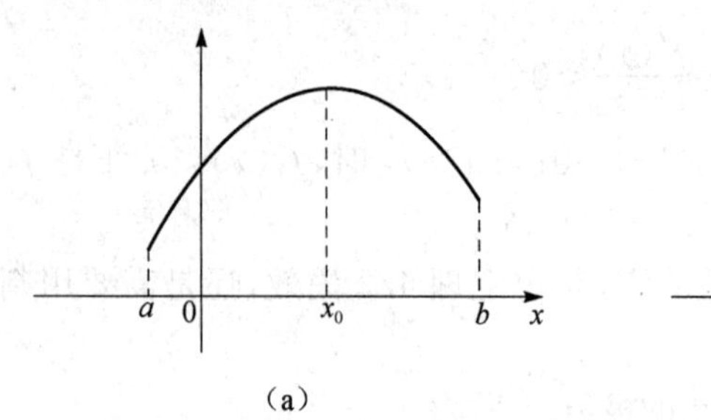

(a)

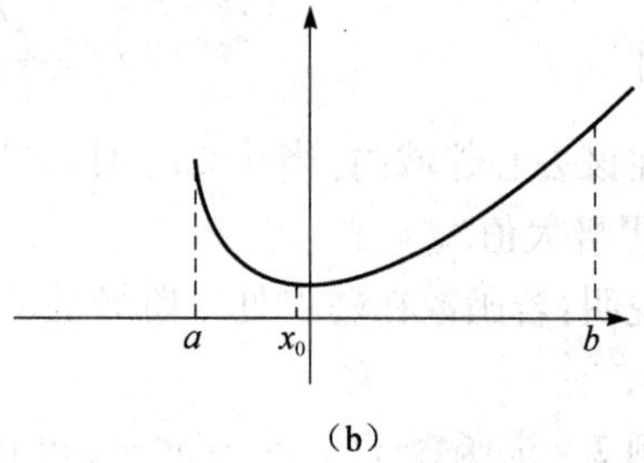

(b)

图 3-4

例 4 欲做一个容积 1000 米^3 的无盖圆柱形容器,问此圆柱形底面半径 r 和高 h 分别为多少时,所用材料最省?

解: $\pi r^2 h=1000 \qquad h=\dfrac{1000}{\pi r^2}$

设所用材料面积为 A 则

$$A=\pi r^2+2\pi rh=\pi r^2+\frac{2000}{r} \qquad (r>0)$$

$$A'_r=2\pi r-\frac{2000}{r^2}$$

令 $A'_r=0$ 得唯一驻点为 $r_0=\sqrt[3]{\dfrac{1000}{\pi}}=\dfrac{10}{\sqrt[3]{\pi}}$

实际问题最值必存在,唯一极值必为最值.

当 $r_0=\sqrt[3]{\dfrac{1000}{\pi}}=\dfrac{10}{\sqrt[3]{\pi}}$(米),$h_0=\dfrac{1000}{\pi r_0^2}=\dfrac{10}{\sqrt[3]{\pi}}$(米)时所用材料最省. 此时得到最小值

$$A=300\sqrt[3]{\pi}(米^2).$$

第五节 函数的图形

前面讨论了函数的单调性、凹凸性、极值、最值,这些信息均可应用于函数作图. 在作图时,除了以上描述的因素外,还有一个重要因素是曲线的渐近线. 有些向无穷远延伸的曲线,越来越接近某一直线,这条直线就是曲线的渐近线.

渐近线: 若曲线上的一点沿着曲线趋于无穷远时,该点与直线的距离趋于 0,则称此直线为曲线的渐近线.

对函数 $y=f(x)$ 有

(1) 若 $\lim\limits_{x\to\infty}f(x)=A$,则 $y=A$ 为水平渐近线;

(2) 若$\lim\limits_{x\to x_0}f(x)=\infty$,则 $x=x_0$ 为铅垂渐近线;

(3) 若$\lim\limits_{x\to\infty}\frac{f(x)}{x}=K$,$\lim\limits_{x\to\infty}[f(x)-Kx]=b$.

则 $y=Kx+b$ 为斜渐近线.

先考查水平渐近线,再看是否有铅垂渐近线,最后考虑是否有斜渐近线,(1)与(3)不会同时存在.

例 1 求 $f(x)=\frac{(x^2+2x-3)e^{\frac{1}{x}}}{(x^2-1)\arctan x}$的渐近线.

解: $\lim\limits_{x\to+\infty}f(x)=\frac{2}{\pi}$, $\lim\limits_{x\to-\infty}f(x)=-\frac{2}{\pi}$.

水平渐近线 $y=\frac{2}{\pi}$与 $y=\frac{-2}{\pi}$.

$$\lim_{x\to-1}f(x)=\lim_{x\to-1}\frac{(x+3)(x-1)e^{\frac{1}{x}}}{(x+1)(x-1)\arctan x}=\infty$$

$\lim\limits_{x\to 0^+}f(x)=+\infty$

铅垂渐近线 $x=-1$ 与 $x=0$

$$\lim_{x\to 1}f(x)=\lim_{x\to 1}\frac{(x+3)(x-1)e^{\frac{1}{x}}}{(x+1)(x-1)\arctan x}=\frac{4e}{2\cdot\frac{\pi}{4}}\neq+\infty$$

无斜渐近线.

例 2 求曲线 $y=\frac{x^2}{x+2}$的渐近线.

解:(1) $\lim\limits_{x\to-2^-}\frac{x^2}{x+2}=-\infty$, $\lim\limits_{x\to-2^+}\frac{x^2}{x+2}=+\infty$,所以 $x=-2$ 是曲线的铅垂渐近线.

(2) $a=\lim\limits_{x\to\infty}\frac{f(x)}{x}=\lim\limits_{x\to\infty}\frac{x}{x+2}=1$.

$b=\lim[f(x)-ax]=\lim\limits_{x\to\infty}\left[\frac{x^2}{x+2}-x\right]$

$=\lim\limits_{x\to\infty}\frac{-2x}{x+2}=-2$.

则 $y=x-2$ 是曲线的斜渐近线.

下面讨论函数的图形作法.

函数作图的步骤可以分为以下几步:

(1) 确定函数 $y=f(x)$的定义域、奇偶性、周期性;

(2) 确定函数的单调性、凹凸性、极值点与拐点;

(3) 确定曲线的渐近线；

(4) 补充一些点，尤其是曲线与坐标轴的交点.

例 3 求函数 $\varphi(x)=\frac{1}{\sqrt{2\pi}}e^{-\frac{x^2}{2}}$ 的图形.

解：(1) $\varphi(x)=\frac{1}{\sqrt{2\pi}}e^{-\frac{x^2}{2}}$ 的定义域为 $(-\infty,+\infty)$.

$\varphi(x)$ 是偶函数，图形关于 y 轴对称，因此可以只讨论 $[0,+\infty)$ 上的图形.

(2) $\varphi'(x)=\frac{1}{\sqrt{2\pi}}e^{-\frac{x^2}{2}}\cdot(-x)=\frac{-1}{\sqrt{2\pi}}xe^{-\frac{x^2}{2}}$.

$$\varphi''(x)=-\frac{1}{\sqrt{2\pi}}\left[e^{-\frac{x^2}{2}}+xe^{-\frac{x^2}{2}}\cdot(-x)\right]=\frac{1}{\sqrt{2\pi}}e^{-\frac{x^2}{2}}(x^2-1).$$

根据 $\varphi'(x)=0$ 及 $\varphi''(x)=0$ 的点将定义域的一部分 $[0,+\infty)$ 划分成几个部分，并有列表如下.

表 3-3

x	0	(0,1)	1	$(1,+\infty)$
$\varphi'(x)$	0	−	−	−
$\varphi''(x)$	−	−	0	+
$\varphi(x)$	极大	↘	拐点 $\left(1,\sqrt{\frac{1}{2\pi e}}\right)$	↘

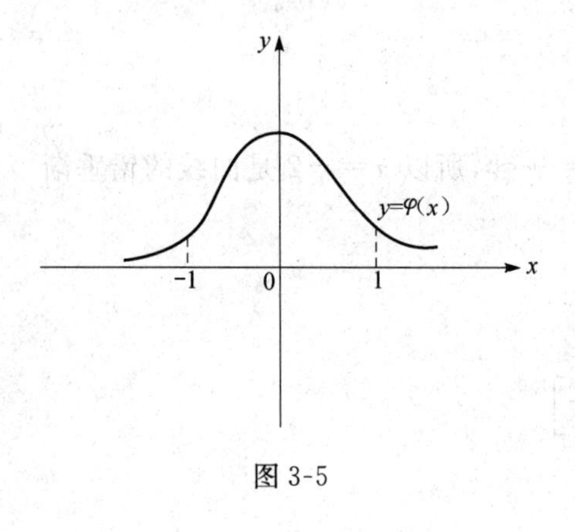

图 3-5

(3) 由于 $\lim\limits_{x\to+\infty}\varphi(x)=0$，所以图形有一条水平渐近线

$$y=0$$

(4) 算出图形上和两点 $M\left(0,\frac{1}{\sqrt{2\pi}}\right)$ 和 $N\left(1,\frac{1}{\sqrt{2\pi e}}\right)$. 作图，如图 3-5 所示.

$N\left(1,\frac{1}{\sqrt{2\pi e}}\right)$ 是拐点.

以后学习概率时，$\varphi(x)=\frac{1}{\sqrt{2\pi}}e^{-\frac{x^2}{x}}$ 是个非常重要的函数.

例 4 求 $y=\frac{x^2}{x+2}$ 的图形.

解：(1) $y=\frac{x^2}{x+2}$ 的定义域为 $(-\infty,-2)\cup(-2,+\infty)$.

(2) $y=\dfrac{x^2-4+4}{x+2}=x-2+\dfrac{4}{x+2}$

$y'=1-\dfrac{4}{(x+2)^2}=\dfrac{x(x+4)}{(x+2)^2}$　　　$y''=\dfrac{8}{(x+2)^3}$

令 $y'=0$，得 $x_1=0, x_2=-4$.

列表如下：

表 3-4

x	$(-\infty,-4)$	-4	$(-4,-2)$	-2	$(-2,0)$	0	$(0,+\infty)$
y'	$+$	0	$-$	不存在	$-$	0	$+$
y''	$-$		$-$	不存在	$+$		$+$
y	↗	-8 极大值	↘	不存在	↘	0 极小值	↗

(3) 又由前面和例子知：

$x=-2$ 为铅垂渐近线，$y=x-2$ 为斜渐近线.

(4) 算出图形中的点 $M_1(0,0)$，$M_2(-1,1)$，$M_3\left(1,\dfrac{1}{3}\right)$，$M_4(-3,-9)$，$M_5(-4,-8)$作图如下.

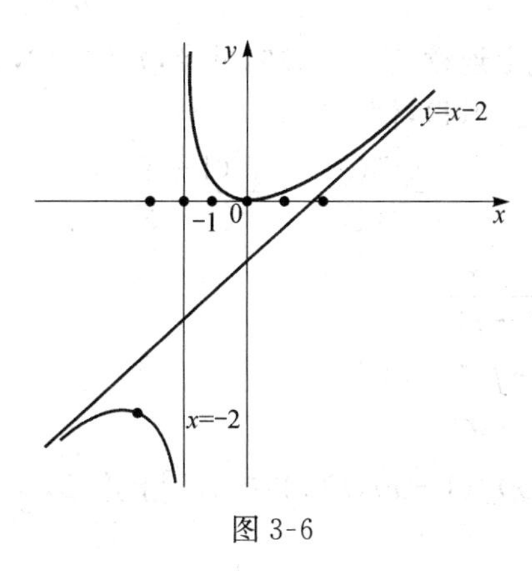

图 3-6

*第六节　综合训练

拉格朗日中值定理的辅助函数 $F(x)$作法.

1. 逆推法

由结论 $f'(\xi)=\dfrac{f(b)-f(a)}{b-a}$

$\Rightarrow f'(x)=\dfrac{f(b)-f(a)}{b-a}$

$$\Rightarrow f(x)-\frac{f(b)-f(a)}{b-a}x+c=0$$

令 $F(x)=f(x)-\frac{f(b)-f(a)}{b-a}x+c$

应有 $0=F(a)=f(a)-\frac{f(b)-f(a)}{b-a}a+c$

$$c=\frac{f(b)-f(a)}{b-a}a-f(a)$$

$$F(x)=f(x)-f(a)-\frac{f(b)-f(a)}{b-a}(x-a)$$

满足 $F(b)=f(b)-f(a)-\frac{f(b)-f(a)}{b-a}\cdot(b-a)=0$

2. 常数 K 值法

$$f'(\xi)=\frac{f(b)-f(a)}{b-a}\overset{令}{=\!=}K\Leftrightarrow f(b)-f(a)-K(b-a)=0$$

改 b 为 x,写出左端令 $F(x)=f(x)-f(a)-\frac{f(b)-f(a)}{b-a}(x-a)$.

例 1 $f(x)$在$[0,1]$上连续,在$(0,1)$内可导,$f(0)=0$,$x\in(0,1)$ $f(x)>0$ 证明对一切自然数 n,存在 $\xi\in(0,1)$,使

$$\frac{nf'(\xi)}{f(\xi)}=\frac{f'(1-\xi)}{f(1-\xi)}$$

分析:$\frac{nf'(x)}{f(x)}=\frac{f'(1-x)}{f(1-x)}$

$n\ln f(x)=-\ln f(1-x)+lnc$

$f^n(x)f(1-x)=C$

证明:令 $F(x)=f^n(x)f(1-x)$,$F(x)$在$[0,1]$上连续,在$(0,1)$内可导,且 $F(0)=F(1)=0$.

由罗尔定理,存在 $\xi\in(0,1)$使

$$0=F'(\xi)=nf^{n-1}(\xi)f'(\xi)f(1-\xi)-f^n(\xi)f'(1-\xi)$$

$$0=nf'(\xi)f(1-\xi)-f(\xi)f'(1-\xi)$$

$$\frac{nf'(\xi)}{f(\xi)}=\frac{f'(1-\xi)}{f(1-\xi)}$$

例 2 设 $f(x)$在(a,b)上连续,(a,b)内可导,且 $f(a)=f(b)=1$ 证明存在 ξ,η 均在(a,b)内,使 $e^{\eta-\xi}[f(\eta)+f'(\eta)]=1$.

分析:结论$\Leftrightarrow e^{\eta}[f(\eta)+f'(\eta)]=e^{\xi}$

$[e^x f(x)]'=e^x[f(x)+f'(x)]$,$(e^x)'|_{x=\xi}=e^{\xi}$

证明:令 $F(x)=e^{x}f(x)$ 由拉格朗日中值定理,存在 $\eta\in(a,b)$

使 $\frac{F(b)-F(a)}{b-a}=F'(\eta)$ 即 $\frac{e^{b}f(b)-e^{a}f(a)}{b-a}-e^{\eta}[f(\eta)+f'(\eta)]$

注意到 $f(b)=f(a)=1$. 有

$$e^{\eta}[f(\eta)+f'(\eta)]=\frac{e^{b}-e^{a}}{b-a}\quad\cdots\cdots\cdots\cdots(1)$$

令 $G(x)=e^{x}$ 由拉格朗朗中值定理,存在 $\xi\in(a,b)$ 使 $\frac{G(b)-G(a)}{b-a}=G'(\xi)$ 即

$$e^{\xi}=\frac{e^{b}-e^{a}}{b-a}\quad\cdots\cdots\cdots\cdots(2)$$

①÷②得

$$e^{\eta-\xi}[f(\eta)+f'(\eta)]=1$$

例 3　设 $f(x)$ 在 (a,b) 内可导,且 $f'_{+}(a)f'_{-}(b)<0$,证明存在 $\xi\in(a,b)$ 使 $f'(\xi)=0$.

证明:不妨设 $f'_{+}(a)>0,f'_{-}(b)<0$

$f'_{+}(a)=\lim\limits_{x\to a^{+}}\frac{f(x)-f(a)}{x-a}>0$　由保号性,存在 $\delta_1>0$　$x\in(a,a+\delta_1)$ 时恒有

$\frac{f(x)-f(a)}{x-a}>0,a<x<a+\delta_1$

$$f(x)>f(a)\quad\cdots\cdots\cdots\cdots(1)$$

同理　$f'_{-}(b)=\lim\limits_{x\to b^{-}}\frac{f(x)-f(b)}{x-b}<0$,存在 $\delta_2>0$

$$x\in(b-\delta_2,b)\qquad\frac{f(x)-f(b)}{x-b}<0\qquad b-\delta_2<x<b$$

$$f(x)>f(b)\quad\cdots\cdots\cdots\cdots(2)$$

∵ $f(x)$ 在 $[a,b]$ 上连续,必有最大值 M.

由(1)(2)可知 M 只能在 (a,b) 内取到,设 $\xi\in(a,b)$ 有 $f(\xi)=M=\max\limits_{a\leqslant x\leqslant b}\{f(x)\}$.

又因为在 $x=\xi$ 处可导,∴ $f'(\xi)=0$(费马引理).

例 4　设 $b>a>0$,$f(x)$ 在 $[a,b]$ 上连续,(a,b) 内可导,且 $f'(x)\neq0$ 证明存在 $\xi\in(a,b)$,$\eta\in(a,b)$ 使 $\frac{f'(\xi)}{f'(\eta)}=\frac{2\sqrt{\eta}}{\sqrt{b}+\sqrt{a}}$.

证明:令 $g(x)=\sqrt{x}$,于是 $f(x),g(x)$ 在 $[a,b]$ 上连续,(a,b) 内可导存在 $\eta\in(a,b)$ 使

$$\frac{f(b)-f(a)}{\sqrt{b}-\sqrt{a}}=\frac{f'(\eta)}{\frac{1}{2\sqrt{\eta}}}\qquad(\text{哥西定理})$$

即

$$\frac{f(b)-f(a)}{b-a}=\frac{f'(\eta)\cdot2\sqrt{\eta}}{\sqrt{b}+\sqrt{a}}\quad\cdots\cdots\cdots\cdots(1)$$

又 $f(x)$满足拉格朗日中值定理,存在 $\xi\in(a,b)$

使 $$\frac{f(b)-f(a)}{b-a}=f'(\xi) \cdots\cdots\cdots\cdots (2)$$

已知 $x\in(a,b)$时 $f'(x)\neq0$,知 $f'(\eta)\neq0$

由(1)(2)得

$$\frac{f'(\xi)}{f'(\eta)}=\frac{2\sqrt{\eta}}{\sqrt{b}+\sqrt{a}}$$

例 5 设 $f(x)$在$[a,b]$上连续,(a,b)内可导,证明存在一个 $\xi\in(a,b)$使 $\frac{bf(b)-af(a)}{b-a}=f(\xi)+\xi f'(\xi)$.

证明:将$\frac{bf(b)-af(a)}{b-a}$看成常数K。由$[xf(x)]'=f(x)+xf'(x)$

令$F(x)=xf(x)-x\cdot\frac{bf(b)-af(a)}{b-a}$

$$F(b)-F(a)=\left[bf(b)-b\cdot\frac{bf(b)-af(a)}{b-a}\right]-\left[af(a)-a\frac{bf(b)-af(a)}{b-a}\right]$$

$$=bf(b)-af(a)-(b-a)\frac{bf(b)-af(a)}{b-a}=0$$

由罗尔定理,存在 $\xi\in(a,b)$使 $F'(\xi)=0$

即 $\xi f'(\xi)+f(\xi)-\frac{bf(b)-af(a)}{b-a}=0$

$\therefore\frac{bf(b)-af(a)}{b-a}=f(\xi)+\xi f'(\xi)$.

例 6 设函数 $f(x)$在$(-\infty,+\infty)$上具有二阶导数,且 $f''(x)>0$, $\lim\limits_{x\to+\infty}f'(x)=\alpha>0$, $\lim\limits_{x\to-\infty}f'(x)=\beta<0$,且存在一点 x_0 使 $f(x_0)<0$,证明方程 $f(x)=0$ 在$(-\infty,+\infty)$恰有两个根.

证明:i 已知 $\lim\limits_{x\to+\infty}f'(x)=\alpha>0$,必有一个足够大的 $a>x_0$,使 $f'(a)>0$.

$f''(x)>0, y=f(x)$ 凹, $f'(x)\nearrow$,对于 $x>a$

有 $$\frac{f(x)-f(a)}{x-a}=f'(\xi)>f'(a) \qquad (x>a)$$

$$f(x)>f(a)+f'(a)(x-a)$$

注意到 $f'(a)>0$, $f(a)+f'(a)(x-a)\xrightarrow[x\to+\infty]{}+\infty$

必存在 $b>a$ 使 $f(a)+f'(a)(b-a)>0$

且 $f(b)>f(a)+f'(a)(b-a)$,必有 $f(b)>0$.

而已知 $f(x_0)<0$. 由连续函数介值定理,至少存在一点 x_1 ($x_0<x_1<b$)使

$f(x_1)=0$

即方程 $f(x)=0$ 在 $(x_0,+\infty)$ 上至少有一个根 x_1.

ii 又知 $\lim\limits_{x\to-\infty}f'(x)=\beta<0$,必有一个绝对值足够大的

$$c<x_0 \text{ 使 } f'(c)<0.$$

由 $f''(x)>0$,$f'(x)\nearrow$,$f(x)$凹,对 $x<c$

有$\dfrac{f(x)-f(c)}{x-c}=f'(\eta)<f'(c)<0$,$(\eta<c)$

注意到 $x-c<0$

$$f(x)>f(c)+f'(c)(x-c)$$

由 $x-c<0$,$f'(c)<0$

$$f(c)+f'(c)(x-c)\xrightarrow[x\to-\infty]{}+\infty$$

必存在 $d<c$ 使 $f(c)+f'(c)(d-c)>0$

且 $f(d)>f(c)+f'(c)(d-c)$故必有 $f(d)>0$

而已知 $f(x_0)<0$,由连续函数介值定理

至少存在一点 $x_2(d<x_2<x_0)$使 $f(x_2)=0$,即方程 $f(x)=0$ 在$(-\infty,x_0)$至少有一个根 x_2.

iii 下面证 $f(x)=0$ 在$(-\infty,+\infty)$只有两个实根.

若不然,设方程 $f(x)=0$ 在$(-\infty,+\infty)$上有三个实根 $x_1<x_2<x_3$,对 $f(x)$在压向$[x_1,x_2]$和$[x_2,x_3]$上分别用罗尔定理,则至少存在点 $\xi_1(x_1<\xi_1<x_2)$和 $\xi_n(x_2<\xi_2<x_3)$使 $f'(\xi_1)=f'(\xi_2)=0$;对 $f'(x)$在压向$[\xi_1,\xi_2]$上使用罗尔定理,则至少存在一点 $\eta(\xi_1<\eta<\xi_2)$使 $f''(\eta)=0$,这与已知 $f''(x)>0$ 矛盾.

例 7　设 f''在$[0,a]$上存在,$f(x)$最大值在$(0,a)$内取得,证明:存在 $\xi\in(0,a)$使$|f''(\xi)|>\dfrac{1}{a}|f'(a)-f'(0)|$.

证明:设 $\eta\in(0,a)$　$f(\eta)=\max\limits_{[0,a]}\{f(x)\}$

由费马引理及已知,$f'(\eta)=0$

$$f'(0)=f'(0)-f'(\eta)=(0-\eta)f''(\xi_1)\quad 0<\xi_1<\eta$$

$$f'(a)=f'(a)-f'(\eta)=(a-\eta)f''(\xi_2)\quad \eta<\xi_2<a$$

$$f'(a)-f'(0)=(a-\eta)f''(\xi_2)+\eta f''(\xi_1)$$

$$|f'(a)-f'(0)|\leqslant(a-\eta)|f''(\xi_2)|+\eta|f''(\xi_1)|$$

存在 $\xi\in(0,a)$使$|f''(\xi)|=\max\{|f''(\xi1)|,|f''(\xi_2)|\}$

$$|f'(a)-f'(0)|\leqslant(a-\eta+\eta)|f''(\xi)|$$

即$|f''(\xi)|>\dfrac{1}{a}|f'(a)-f'(0)|$　　$(a>0)$.

例 8　设 $f(x)$在$[a,b]$上连续,在(a,b)内可导,证明存在 $\xi\in(a,b)$使得 $\xi f'(\xi)+$

$f(\xi)=\dfrac{bf(b)-af(a)}{b-a}$.

证明:由已知 $f(x)$ 在$[a,b]$上连续,(a,b)内可导

令 $g(x)=xf(x)$,显然 $g(x)$ 在$[a,b]$上连续,(a,b)内可导.

由拉格朗日定理,存在 $\xi\in(a,b)$使

$$g'(\xi)=\frac{g(b)-g(a)}{b-a}$$

即 $\xi f'(\xi)+f(\xi)=\dfrac{bf(b)-af(a)}{b-a}$.

例 9 设实数 $a_1,a_2,\cdots,a_n$ 满足关系式 $a_1-\dfrac{a_2}{3}+\cdots+(-1)^{n-1}\dfrac{a_n}{2n-1}=0$ 证明方程 $a_1\cos x+a_2\cos 3x+\cdots+a_n\cos(2n-1)x=0$ 在$(0,\dfrac{\pi}{2})$内至少有一个实根.

证明:令 $F(x)=a_1\sin x+\dfrac{a_2}{3}\sin 3x+\cdots+\dfrac{a_n}{2n-1}\sin(2n-1)x$

$F(0)=0,F\left(\dfrac{\pi}{2}\right)=a_1-\dfrac{a_2}{3}+\cdots+(-1)^n\dfrac{a_n}{2n-1}=0$

由罗尔定理,至少存在一个 $\xi\in(0,\dfrac{\pi}{2})$使 $F'(\xi)=0$

即 $a_1\cos\xi+a_2\cos 3\xi+\cdots+a_n\cos(2n-1)\xi=0$

ξ 就是$\left(0,\dfrac{\pi}{2}\right)$内方程 $a_1\cos x+a_2\cos x+\cdots+a_n\cos(2n-1)x=0$ 的实根.

例 10 设 $f(x)$是以 5 为周期的连续函数,在 $x=1$ 的邻域里满足 $f(1+\sin x)-3f(1-\sin x)=8x+\alpha(x)\cdots(*)$其中 $\alpha(x)$为高阶小量,又 $f'(1)$存在,求 $y=f(x)$在$(6,f(6))$处的切线.

解:$f(x)=f(x+5)$,若 $f(x)$可导,则有 $f'(x)=f'(x+5)$

$$f(6)=f(1),f'(6)=f'(1)$$

对$(*)$式两边取 $x\to0$ 时的极限

$$f(1)-3f(1)=0\therefore f(1)=0$$

由题设有

$$\lim_{x\to0}\frac{f(1+\sin x)-3f(1-\sin x)}{x}=\lim_{x\to0}\frac{8x+\alpha(x)}{x}=8$$

即: $\displaystyle\lim_{x\to0}\left[\frac{f(1+\sin x)-f(1)}{\sin x}\cdot\frac{\sin x}{x}-3\frac{f(1-\sin x)-f(1)}{-\sin x}\cdot\frac{(-\sin x)}{x}\right]$

$=f'(1)+3f'(1)=8$

$\therefore f'(1)=2\qquad f(6)=f(1)=0$

切线方程 $y-f(6)=2(x-6)$

即 $y=2(x-6)$

例 11　设 $f(x)$ 在 $[0,3]$ 上连续，$(0,3)$ 内可导，$f(0)+f(1)+f(2)=3f(3)=1$，证明存在一个 $\xi\in(0,3)$ 使 $f'(\xi)=0$.

证明：由已知，在 $[0,2]$ 上 $m\leqslant f(x)\leqslant M$

$m\leqslant f(0)\leqslant M$

$m\leqslant f(1)\leqslant M$　　　　$m\leqslant\dfrac{f(0)+f(1)+f(2)}{3}=1\leqslant M$

$m\leqslant f(2)\leqslant M$

存在 $0\leqslant\eta\leqslant 2$ 使 $f(\eta)=\dfrac{f(0)+f(1)+f(2)}{3}=1$

而已知 $f(3)=1$

由罗尔定理，存在 $\xi\in(\eta,3)\subset(0,3)$

使 $f'(\xi)=0$.

例 12　设 $f(x)$ 在 $[a,b]$ 内二阶可导，且 $f(a)=f(b)=0$，$f'_+(a)\cdot f'_-(b)>0$. 试证

(1) 存在 $\xi\in(a,b)$ 使 $f(\xi)=0$；

(2) 存在 $\eta\in(a,b)$ 使 $f''(\eta)=0$.

证明：(1) 不妨设 $f'_+(a)>0$，$f'_-(a)>0$，由 $f(a)=f(b)=0$.

有 $\lim\limits_{x\to a^+}\dfrac{f(x)}{x-a}>0$，$\lim\limits_{x\to b^-}\dfrac{f(x)}{x-b}>0$.

由此，存在 $a<\xi_1<\xi_2<b$ 使 $f(\xi_1)>0$，$f(\xi_2)<0$.

由 $f(x)$ 必连续，连续函数的零点存在定理存在 $a<\xi_1<\xi<\xi_2<b$，使 $f(\xi)=0$.

(2) 由已知及前段证明知 $f(a)=f(\xi)=f(b)=0$，由罗尔定理存在 $a<\eta_1<\xi$，$\xi<\eta_2<b$ 使 $f'(\eta_1)=0$，$f'(\eta_2)=0$ 由 $f(x)$ 在 $[a,b]$ 上二阶可导，再对 $f'(x)$ 用罗尔定理存在 $a<\eta_1<\eta<\eta_2<b$ 使 $f''(\eta)=0$.

例 13　设 $f(x)$ 在 $[0,1]$ 上连续，在 $(0,1)$ 内可导，$f(0)=0$，k 为正常数，证明存在 $\xi\in(0,1)$ 使 $\xi f'(\xi)+kf(\xi)=f'(\xi)$.

证明：记 $F(x)=f(x)(1-x)^k$，它在 $[0,1]$ 上连续，$(0,1)$ 内可导，且 $F(0)=F(1)=0$，由罗尔定理，存在 $\xi\in(0,1)$ 使 $F'(\xi)=0$，即 $f'(\xi)(1-\xi)^k-kf(\xi)(1-\xi)^{k-1}=0$.

约去 $(1-\xi)^{k-1}$ 得 $f'(\xi)(1-\xi)-kf(\xi)=0$.

即 $f'(\xi)=\xi f'(\xi)+kf(\xi)$.

注：$\dfrac{\mathrm{d}y}{\mathrm{d}x}=x\dfrac{dy}{dx}+ky$，　$(1-x)\dfrac{dy}{dx}=ky$.

$\displaystyle\int\frac{\mathrm{d}y}{y}=\int\frac{k}{1-x}\mathrm{d}x$，　$\ln y=-k\ln(1-x)+C$.

$\ln y(1-x)^k=C$，　$y(1-x)^k=C_0$，　$f(x)(1-x)^k=C_0=F(x)$.

例 14 设 $f(x)$ 在 $[0,1]$ 上连续,$(0,1)$ 内可导,$f(0)=f(1)=0$,$f\left(\frac{1}{2}\right)=1$,试证对任意实数,存在 $\xi\in(0,1)$ 使 $f'(\xi)-\lambda[f(\xi)-\xi]=1$.

证明:令 $F(x)=[f(x)-x]e^{-\lambda x}$,它在 $[0,1]$ 上连续,$(0,1)$ 内可导

$$F(0)=0 \quad F\left(\frac{1}{2}\right)=\left[f\left(\frac{1}{2}\right)-\frac{1}{2}\right]e^{-\frac{1}{2}\lambda}>0.$$

$F(1)=[f(1)-1]e^{-\lambda}<0$. 存在 $\eta\in\left(\frac{1}{2},1\right)$ 使 $F(\eta)=0$,由罗尔定理,存在 $\xi\in(0,\eta)\subset(0,1)$ 使 $F'(\xi)=0$.

即 $[f'(\xi)-1]e^{-\lambda\xi}-\lambda e^{-\lambda\xi}[f(\xi)-\xi]=0$,$f'(\xi)-1-\lambda[f(\xi)-\xi]=0$.

即 $f'(\xi)-\lambda[f(\xi)-\xi]=1$.

注:欲证的式子可写为 $[f(x)-x]'-\lambda[f(x)-x]=0$,

因此 $f(x)-x=Ce^{\lambda x}$ 即 $[f(x)-x]e^{-\lambda x}=c\overset{令}{=\!=}F(x)$.

例 15 设 $f(x)$ 与 $g(x)$ 在 $[a,b]$ 上二阶可导,$g''(x)\neq0$,$f(a)=f(b)=g(a)=g(b)=0$. 证明:

(1) 在 (a,b) 内 $g(x)\neq0$;

(2) 存在 $\xi\in(a,b)$ 使 $\frac{f(\xi)}{g(\xi)}=\frac{f''(\xi)}{g''(\xi)}$.

证明:(1) 若有 $x_0\in(a,b)$ 使 $g(x_0)=0$,$g(a)=g(x_0)=g(b)=0$.

易知存在 $\eta\in(a,b)$ 使 $g''(\eta)=0$ 与已知 $g''(x)\neq0$ 矛盾.

(2) 令 $F(x)=f(x)g'(x)-f'(x)g(x)$,它在 $[a,b]$ 上可导,$F(a)=0=F(b)$.

由罗尔定理 $F'(\xi)=0$ 即

$$f'(\xi)g'(\xi)-f'(\xi)g'(\xi)+f(\xi)g''(\xi)-f''(\xi)g(\xi)=0.$$

即
$$\frac{f(\xi)}{g(\xi)}=\frac{f''(\xi)}{g''(\xi)}.$$

注:$f(x)g''(x)-f''(x)g(x)=0$,有一个原函数 $f(x)g'(x)-f'(x)g(x)=C$.

例 16 $f(x)$ 在 $[0,1]$ 上连续,在 $(0,1)$ 内可导,$f(0)=0$,$f(1)=1$. 试证对任意正数 a,b 存在不同的 $\xi,\eta\in(0,1)$ 使得

$$\frac{a}{f'(\xi)}+\frac{b}{f'(\eta)}=a+b.$$

证明:$0<\frac{a}{a+b}<1$,由 $f(0)=0$,$f(1)=1$,连续函数介值定理存在 $x_0\in(0,1)$ 使 $f(x_0)=\frac{a}{a+b}$,在 $[0,x_0]$ 与 $[x_0,1]$ 分别应用拉格朗日中值定理 $\xi\in(0,x_0)$,$\eta\in(x_0,1)$ 使

$$f(x_0)-f(0)=f'(\xi)(x_0-0) \cdots\cdots\cdots\cdots ①$$

$$f(1)-f(x_0)=f'(\eta)(1-x_0)\cdots\cdots\cdots\cdots\cdots\cdots\cdots\cdots\text{②}$$

$$f'(\xi)=\frac{f(x_0)}{x_0}=\frac{\frac{a}{a+b}}{x_0}=\frac{a}{(a+b)x_0}>0.$$

$$f'(\eta)=\frac{1-\frac{a}{a+b}}{1-x_0}=\frac{\frac{b}{a+b}}{1-x_0}=\frac{b}{(a+b)(1-x_0)}>0.$$

$$\frac{a}{f'(\xi)}+\frac{b}{f'(\eta)}=(a+b)x_0+(a+b)(1-x_0)=a+b.$$

注：由$\frac{a}{f'(\xi)}+\frac{b}{f'(\eta)}=\frac{ax_0}{f(x_0)}+\frac{b(1-x_0)}{1-f(x_0)}=a+b$.

$ax_0[1-f(x_0)]+bf(x_0)(1-x_0)=af(x_0)[1-f(x_0)]+bf(x_0)[1-f(x_0)]$.

$a\,\underset{\sim\sim\sim}{[x_0-f(x_0)]}[1-f(x_0)]+bf(x_0)\underset{\sim\sim\sim}{[f(x_0)-x_0]}=0$.

$a[1-f(x_0)]-bf(x_0)=0$.

$a-f(x_0)(a+b)=0$. 因此 $f(x_0)=\frac{a}{a+b}$.

例 17　证明 $x>0$ 时，$1+x\ln(x+\sqrt{1+x^2})<\sqrt{1+x^2}$.

证明：令　$F(X)=1+x\ln(x+\sqrt{1+x^2})-\sqrt{1+x^2}$，

$F(0)=0$，

$$F'(x)=\ln(x+\sqrt{1+x^2})+\frac{x}{\sqrt{1+x^2}}-\frac{x}{1+x^2}$$

$$=\ln(x+\sqrt{1+x^2})>\ln 1=0.$$

$F(x)\nearrow$.　$\therefore F(x)>F(0)=0$.

即　$1+x\ln(x+\sqrt{1+x^2})>\sqrt{1+x^2}\,(x>0)$.

例 18　证明方程 $2^x-x^2=1$ 有且仅有 3 个不同实根.

证明：(i) 令 $f(x)=2^x-x^2-1$ 在$(-\infty,+\infty)$内连续，可导. $f(0)=f(1)=0$，但 $f(2)=2^2-2^2-1=-1<0$，$f(+\infty)=+\infty$.

知存在 $a<x_0<+\infty$使 $f(x_0)=0$ 有三个实根 $0,1,x_0$，$(0<1<x_0)$.

(ii) 若还有一根 x_1，使 $f(x_1)=0$，必有三段区间，端点函数值为 0，即 $f(0)=f(1)=f(x_0)=f(x_1)=0$，由罗尔定理 $f'(\xi_1)=f'(\xi_2)=f'(\xi_3)=0$ 设 $\xi_1<\xi_2<\xi_3$，对 $f'(x)$再用罗尔定理，$f''(\eta_1)=f''(\eta_2)=0\begin{pmatrix}\xi_1<\eta_1<\xi_2\\ \xi_2<\eta_2<\xi_3\end{pmatrix}$.

对 $f''(x)$在(η_1,η_2)上再用罗尔定理，$f'''(\delta)=0$.

另一方面，$f'''(x)=2^x(\ln 2)^3>0$ 矛盾. $\therefore$只有三实根.

例 19　证明：当 $x>0$ 时，$x>2\ln x$

证明：　设 $f(x)=x-2\ln x\,(x>0)$

$$f'(x)=1-\frac{2}{x}\overset{令}{=\!=}0 \qquad 唯一驻点\ x_0=2$$

$$f''(x)=\frac{2}{x^2}>0 \qquad f(2)=2-2\ln 2\ 是极小值.$$

唯一极值必为最值 $f(2)$ 也是最小值.

即当 $x>0$ 时，$f(x)\geqslant f(2)=2-2\ln 2>0$

$f(x)>0$ 即 $x>2\ln x(x>0)$.

例 20 证明 $0<x<1$ 时，$\sqrt{\frac{1-x}{1+x}}<\frac{\ln(1+x)}{\arcsin x}$.

分析：原不等式 $\Leftrightarrow\frac{\sqrt{1-x^2}}{1+x}<\frac{\ln(1+x)}{\arcsin x}$

$$\Leftrightarrow\sqrt{1-x^2}\arcsin x<(1+x)\ln(1+x)$$

证明：令 $F(x)=(x+1)\ln(1+x)-\sqrt{1-x^2}\arcsin x$

$$F'(x)=\ln(1+x)+1-1+\frac{x}{\sqrt{1-x^2}}\arcsin x>0 \qquad (0<x<1)$$

$F(x)\nearrow$单调增

$F_+(0)=0 \qquad F(x)>F_+(0)=0$

即 $(x+1)\ln(1+x)-\sqrt{1-x^2}\arcsin x>0$

$\Leftrightarrow\sqrt{\frac{1-x}{1+x}}<\frac{\ln(1+x)}{\mathrm{arc}(\sin)x}$.

例 21 证明当 $0<a<b$ 时，$\ln\frac{b}{a}>\frac{2(b-a)}{a+b}$.

证明： $\ln\frac{b}{a}>\frac{2(b-a)}{a+b}\Leftrightarrow(a+b)(\ln b-\ln a)-2(b-a)>0$

令 $F'(x)=(a+x)(\ln x-\ln a)-2(x-a) \qquad (x>a>0)$

则 $F'(x)=\ln x-\ln a+\frac{a+x}{x}-2$

$$=\ln x-\ln a+\frac{a}{x}-1$$

$F''(x)=\frac{1}{x}-\frac{a}{x^2}=\frac{x-a}{x^2}>0$

故 $F'(x)\nearrow$单调增，$F'_+(a)=\lim\limits_{x\to a^+}F'(x)=0$

$F'(x)>F'_+(a)=0\Rightarrow F(x)$严格单调增

$F_+(a)=\lim\limits_{x\to a^+}F(x)=0$. $F(x)>F_+(a)=0$

特别 $F(b)>0$ 即 $(a+b)(\ln b-\ln a)-2(b-a)>0$

$\Leftrightarrow \ln\frac{b}{a}>\frac{2(b-a)}{a+b}$.

例 22　设 $f(x)=x(x+1)(x+2)\cdots(x+100)$，求 $f'(-2)$.

解：$f'(-2)=\lim\limits_{x\to-2}\frac{f(x)-f(-2)}{x-(-2)}$　　　$(f(-2)=0)$

$=\lim\limits_{x\to-2}\frac{x(x+1)(x+2)(x+3)\cdots(x+100)}{(x+2)}$

$=\lim\limits_{x\to-2}[x(x+1)(x+3)\cdots(x+100)]$

$=(-2)(-1)1\times\cdots\times98$

$=2\times(98!)$.

例 23　设 $f(x)=x\sqrt{\frac{1-x}{1+x}}$，求 $f'(0)$.

解：$f'(0)=\lim\limits_{x\to0}\frac{x\sqrt{\frac{1-x}{1+x}}-0}{x-0}$

$=\lim\limits_{x\to0}\sqrt{\frac{1-x}{1+x}}$

$=1$.

例 24　求极限 $\lim\limits_{x\to1}\frac{x-x^x}{1-x+\ln x}$.

解：对于 $y=x^x$，$\ln y=x\ln x$，$\frac{y'}{y}=\ln x+1$

$(x^x)'=y'=x^x(\ln x+1)$

$\therefore\lim\limits_{x\to1}\frac{x-x^x}{1-x+\ln x}$　$(\frac{0}{0}$型$)$

$=\lim\limits_{x\to1}\frac{1-x^x(\ln x+1)}{-1+\frac{1}{x}}$　$(\frac{0}{0}$型$)$

$=\lim\limits_{x\to1}\frac{-[x^x(\ln x+1)^2+x^x\cdot\frac{1}{x}]}{-\frac{1}{x^2}}$

$=2$.

例 25　求极根 $\lim\limits_{x\to\frac{\pi}{2}}(\sin x)^{\tan x}$.

解：　$\lim\limits_{x\to\frac{\pi}{2}}(\sin x)^{\tan x}=\lim\limits_{x\to\frac{\pi}{2}}[(1+\sin x-1)^{\frac{1}{\sin x-1}}]^{\frac{\sin x-1}{\cos x}\sin x}$

$=e^{\lim\limits_{x\to\frac{\pi}{2}}\frac{\sin x-1}{\cos x}\cdot\sin x\ln[\lim\limits_{x\to\frac{\pi}{2}}(1+\sin x-1)^{\frac{1}{\sin x-1}}]}$

$$=e^{\lim\limits_{x\to\frac{\pi}{2}}\frac{\cos x}{-\sin x}\cdot\ln e}$$

$$=e^{0\cdot\ln e}$$

$$=e^{0}$$

$$=1.$$

其中，$\lim\limits_{x\to\frac{\pi}{2}}\sin x=1$，$\lim\limits_{x\to\frac{\pi}{2}}\frac{\sin x-1}{\cos x}$是$\frac{0}{0}$型.

$\therefore\lim\limits_{x\to\frac{\pi}{2}}\frac{\sin x-1}{\cos x}=\lim\limits_{x\to\frac{\pi}{2}}\frac{\cos x}{-\sin x}=0$，上式也可简写为

$$\lim_{x\to\frac{\pi}{2}}(\sin x)^{\tan x}$$

$$=\lim_{x\to\frac{\pi}{2}}\left[(1+\sin x-1)^{\frac{1}{\sin x-1}}\right]^{\frac{\sin x-1}{\cos x}\cdot\sin x}$$

$$=e^{\lim\limits_{x\to\frac{\pi}{2}}\frac{\sin x-1}{\cos x}}$$

$$=e^{0}$$

$$=1.$$

例 26 求极限$\lim\limits_{x\to+\infty}\left(\frac{2}{\pi}\arctan x\right)^{x}$.

解： $\lim\limits_{x\to+\infty}\left(\frac{2}{\pi}\ln\arctan x\right)^{x}$

$$=e^{\lim\limits_{x\to+\infty}x\left[\ln\frac{2}{\pi}+\ln\arctan x\right]}$$

$$=e^{\lim\limits_{x\to+\infty}\frac{\ln\frac{2}{\pi}+\ln\arctan x}{\frac{1}{x}}}\qquad\left(\frac{0}{0}型\right)$$

$$=e^{\lim\limits_{x\to+\infty}\frac{\frac{1}{1+x^2}}{-\frac{1}{x^2}\cdot\arctan x}}$$

$$=e^{\lim\limits_{x\to+\infty}\frac{\frac{x^2}{1+x^2}}{-\arctan x}}$$

$$=e^{-\frac{2}{\pi}}.$$

例 27 求极限$\lim\limits_{x\to0}\frac{[\sin x-\sin(\sin x)]\cdot\sin x}{x^4}$.

解： $\lim\limits_{x\to0}\frac{[\sin x-\sin(\sin x)]\sin x}{x^4}$

$$=\lim_{x\to0}\frac{\sin x-\sin(\sin x)}{\sin^3 x}$$

$$\xlongequal{令\sin x=t}\lim_{t\to0}\frac{t-\sin t}{t^3}\qquad\left(\frac{0}{0}型\right)$$

$$=\lim_{t\to 0}\frac{1-\cos t}{3t^2}\qquad\left(\frac{0}{0}型\right)$$

$$=\lim_{t\to 0}\frac{\sin t}{6t}$$

$$=\frac{1}{6}.$$

例 28　求$\lim\limits_{t\to\frac{\pi}{2}}\frac{\tan x}{\tan 3x}$.

解：$\lim\limits_{t\to\frac{\pi}{2}}\frac{\tan x}{\tan 3x}$

$$=\lim_{t\to\frac{\pi}{2}}\frac{\sin x}{\sin 3x}\lim_{x\to\frac{\pi}{2}}\frac{\cos 3x}{\cos x}$$

$$=-\lim_{t\to\frac{\pi}{2}}\frac{-3\sin 3x}{-\sin x}$$

$$=3$$

注：$\lim\limits_{t\to 0}\frac{\tan x}{\tan 3x}=\lim\limits_{t\to 0}\frac{\sin x}{\sin 3x}\cdot\frac{\cos 3x}{\cos x}=\frac{1}{3}$

例 29　求$\lim\limits_{n\to\infty}\left(\frac{a-1+\sqrt[n]{b}}{a}\right)^n\quad(a>0,b>0)$.

解：$\lim\limits_{x\to+\infty}\left(\frac{a-1+b^{\frac{1}{x}}}{a}\right)^x$

$$=e^{\lim\limits_{x\to+\infty}x\ln\left(1+\frac{b^{\frac{1}{x}}-1}{a}\right)}$$

$$\xlongequal{令x=\frac{1}{t}}e^{\lim\limits_{t\to 0^+}\frac{\ln\left(1+\frac{b^t-1}{a}\right)}{t}}\qquad(e^{\frac{0}{0}}型)$$

$$=e^{\lim\limits_{t\to 0^+}\frac{\frac{b^t}{a}\ln b}{1+\frac{b^t-1}{a}}}$$

$$=e^{\frac{\ln b}{a}}$$

$$=b^{\frac{1}{a}}.$$

由夹逼准则

$$\lim_{n\to+\infty}\left(\frac{a-1+\sqrt[n]{b}}{a}\right)=\sqrt[a]{b}=b^{\frac{1}{a}}.$$

例 30　求极限$\lim\limits_{x\to 0}\frac{x^3+\tan x-\sin x}{\sin^3 x}$.

解：$\lim\limits_{x\to 0}\frac{x^3+\tan x-\sin x}{\sin^3 x}$

$$=\lim_{x\to 0}\frac{x^3}{\sin^3 x}+\lim_{x\to 0}\frac{\frac{1}{\cos x}-1}{\sin^2 x}$$

$$=1+\lim_{x\to 0}\frac{1}{\cos x}\lim_{x\to 0}\frac{1-\cos x}{\sin^2 x}$$

$$=1+\lim_{x\to 0}\frac{1-\cos x}{x^2}$$

$$=1+\lim_{x\to 0}\frac{\sin x}{2x}$$

$$=1+\frac{1}{2}$$

$$=\frac{3}{2}.$$

例 31 (1) $\lim\limits_{x\to 0}\frac{e^{x^2}-1}{\cos x-1}=($ $)$.

A. -2 B. 2 C. 1 D. 0

解: $\lim\limits_{x\to 0}\frac{e^{x^2}-1}{\cos x-1}$ $\left(\frac{0}{0}\text{型}\right)$

$$=\lim_{x\to 0}\frac{2xe^{x^2}}{-\sin x}$$

$$=-2$$

选(A).

(2) $\lim\limits_{x\to 0^+}\sqrt[3]{x}\ln x=($ $)$.

A. 0 B. $\frac{1}{3}$ C. 3 D. ∞

解: $\lim\limits_{x\to 0^+}\sqrt[3]{x}\ln x$

$$=\lim_{x\to 0^+}\frac{\ln x}{x^{-\frac{1}{3}}}\qquad\left(\frac{0}{0}\text{型}\right)$$

$$=\lim_{x\to 0^+}\frac{x^{-1}}{-\frac{1}{3}x^{-\frac{4}{3}}}$$

$$=\lim_{x\to 0}(-3x^{\frac{1}{3}})$$

$$=0$$

选(A).

例 32　求$\lim\limits_{x\to a}\frac{a^x-x^a}{x-a}\quad(a>0,a\neq1)$.

解:属“$\frac{0}{0}$”型未定式,使洛必达法则

$$\lim_{x\to a}\frac{a^x-x^a}{x-a}$$
$$=\lim_{x\to a}(a^x\ln a-ax^{a-1})$$
$$=a^a(\ln a-1).$$

例 33　求$\lim\limits_{x\to\infty}x(a^{-\frac{1}{x}}-1)\quad(a>0)$.

解:(1)　$\lim\limits_{x\to\infty}x(a^{-\frac{1}{x}}-1)$

$$=\lim_{x\to\infty}\frac{a^{-\frac{1}{x}}-1}{\frac{1}{x}}$$
$$=\lim_{t\to0}\frac{a^{-t}-1}{t}$$
$$=\lim_{t\to0}-a^{-t}(\ln a)$$
$$=-\ln a.$$

(2)　$\lim\limits_{x\to\infty}x(a^{\frac{1}{x}}-1)(a>0)$.

$$=\lim_{t\to0}\frac{a^t-1}{t}$$
$$=\lim_{t\to0}a^t\ln a$$
$$=\ln a.$$

例 34　求极限$\lim\limits_{x\to0}\frac{x-\sin x}{\tan x-\sin x}$.

解:　$\lim\limits_{x\to0}\frac{x-\sin x}{\tan x-\sin x}$

$$=\lim_{x\to0}\frac{(x-\sin x)'}{(\tan x-\sin x)'}$$
$$=\lim_{x\to0}\frac{1-\cos x}{\sec^2x-\cos x}$$
$$=\lim_{x\to0}\frac{\sin x}{2\sec x\cdot\sec x\tan x+\sin x}$$
$$=\lim_{x\to0}\frac{1}{2\sec^3x+1}$$
$$=\frac{1}{3}.$$

例 35 求$\lim\limits_{x\to 0}\dfrac{x-x\cos x}{x-\sin x}$.

解: $\lim\limits_{x\to 0}\dfrac{x-x\cos x}{x-\sin x}$ $\left(\dfrac{0}{0}型\right)$

$=\lim\limits_{x\to 0}\dfrac{1-\cos x+x\sin x}{1-\cos x}$ $\left(\dfrac{0}{0}型\right)$

$=\lim\limits_{x\to 0}\dfrac{1-\cos x}{1-\cos x}+\lim\limits_{x\to 0}\dfrac{x\sin x}{1-\cos x}$

$=1+\lim\limits_{x\to 0}\dfrac{\sin x+x\cos x}{\sin x}$

$=1+\lim\limits_{x\to 0}\dfrac{\sin x}{\sin x}+\lim\limits_{x\to 0}\dfrac{x}{\sin x}\cos x$

$=1+1+1$

$=3.$

例 36 求极限$\lim\limits_{x\to 0}\dfrac{\tan x-\sin x}{(e^{x^3}-1)\sqrt{2+x^2}}$.

解: $\lim\limits_{x\to 0}\dfrac{\tan x-\sin x}{(e^{x^3}-1)\sqrt{2+x^2}}$

$=\lim\limits_{x\to 0}\dfrac{1}{\sqrt{2+x^2}}\cdot\dfrac{1}{\cos x}\lim\limits_{x\to 0}\dfrac{\sin x(1-\cos x)}{x^3}$

$=\dfrac{1}{\sqrt{2}}\lim\limits_{x\to 0}\dfrac{x\cdot\dfrac{x^2}{2}}{x^3}$

$=\dfrac{1}{2\sqrt{2}}.$

例 37 求极限$\lim\limits_{x\to 0}\left(\dfrac{1}{x}-\cot x\right)$.

解: $\lim\limits_{x\to 0}\left(\dfrac{1}{x}-\cot x\right)$

$=\lim\limits_{x\to 0}\dfrac{\sin x-x\cos x}{x\sin x}$

$=\lim\limits_{x\to 0}\dfrac{\sin x-x\cos x}{x^2}$

$=\lim\limits_{x\to 0}\dfrac{\cos x-\cos x+x\sin x}{2x}$

$=\lim\limits_{x\to 0}\dfrac{\sin x}{2}$

$=0.$

例 38　求$\lim\limits_{x\to1}\left(\dfrac{x}{x-1}-\dfrac{1}{\ln x}\right)$.

解:　$\lim\limits_{x\to1}\left(\dfrac{x}{x-1}-\dfrac{1}{\ln x}\right)$

$=\lim\limits_{x\to1}\dfrac{x\ln x-x+1}{(x-1)\ln x}$　　$\left(\dfrac{0}{0}\text{型}\right)$

$=\lim\limits_{x\to1}\dfrac{\ln x+1-1}{\ln x+\dfrac{x-1}{x}}$　　$\left(\dfrac{0}{0}\text{型}\right)$

$=\lim\limits_{x\to1}\dfrac{\dfrac{1}{x}}{\dfrac{1}{x}+\dfrac{1}{x^2}}$

$=\dfrac{1}{2}$.

例 39　证明当 $0<x<2$ 时,$4x\ln x-x^2-2x+4>0$.

证明:　考查 $f(x)=4x\ln x-x^2-2x+4$

$f'(x)=4\ln x+4-2x-2$

令 $f'(x)=0$ 在 $0<x<2$ 时得此区间的唯一驻点 $x_0=1$

$f''(x)=\dfrac{4}{x}-2,f''(1)=2>0$

$f(1)=1$ 是极小值,也是$(0,2)$内的最小值

$f(x)\geqslant f(1)>0$

即 $4(x)\ln x-x^2-2x+4>0$

(注:取 $x=e^2$ 时,$f(e^2)=8e^2-e^4-2e^2+4$)

$2.828>e\approx2.71828>2.71$

$8>e^2>7.3$

$e^4>53$

$f(e^2)=4+6e^2-e^4<4+48-53=-1<0$.

例 40　设 $f(x)$在$[0,+\infty]$上连续,$f(0)=1$,$f(x)$在$(0,+\infty)$内可导且有$|f'(x)|<f(x)$,证明当 $x>0$ 时,$f(x)<e^x$.

证明:由 $0\leqslant|f'(x)|<f(x)$,知 $f(x)>0$

令 $F(x)=x-\ln f(x)$,$F(0)=0-\ln f(0)=0-\ln1=0$

则 $F'(x)=1-\dfrac{f'(x)}{f(x)}\geqslant1-\dfrac{|f'(x)|}{f(x)}>0$

$\therefore F(x)\nearrow$单调增. $F(x)>F(0)=0$

即 $x-\ln f(x)>0$

$\Rightarrow e^x>f(x)$.

例 41 证明当 $e<a<b<e^2$ 时，$\ln^2 b-\ln^2 a>\frac{4}{e^2}(b-a)$.

证明: $\ln^2 b-\ln^2 a>\frac{4}{e^2}(b-a) \xLeftrightarrow{e<a<b<e^2} \frac{\ln^2 b-\ln^2 a}{b-a}>\frac{4}{e^2}$

令 $f(x)=(\ln x)^2$, $x\in(e,e^2)$

$f'(x)=\frac{2\ln x}{x}$, $f''(x)=\frac{2(1-\ln x)}{x^2}<0(e<a\leqslant x\leqslant b<e^2)$

$f'(x)$在(e,e^2)单调减↘

若有 $e<\xi<e^2$　　　则 $f'(\xi)>f'(e^2)$

$f(x)=(\ln x)^2$ 在$[a,b]$上连续，(a,b)内可导.

由拉格朗日中值定理：存在 $a<\xi<b$ 使

$$f(b)-f(a)=f'(\xi)(b-a)$$

$\therefore \frac{\ln^2 b-\ln^2 a}{b-a}=f'(\xi)>f'(e^2)=\frac{2(\ln e^2)}{e^2}=\frac{4}{e^2}$.

例 42 求 $f(x)=\frac{3x^3-2x+1}{4x^2+3x+2}$的渐近线.

解: $\lim\limits_{x\to\infty}\frac{f(x)}{x}=\frac{3}{4}$.

$$\lim_{x\to\infty}\left(f(x)-\frac{3}{4}x\right)=\lim_{x\to\infty}\frac{3x^3-2x+1-3x^3-\frac{9}{4}x^2-\frac{6}{4}x}{4x^2+3x+2}$$

$$=\lim_{x\to\infty}\frac{-\frac{9}{4}x^2-\frac{14}{4}x+1}{4x^2+3x+2}=\frac{-9}{16}$$

有斜渐近线 $y=\frac{3x}{4}-\frac{9}{16}$.

例 43 求 $x^3+y^3-3axy=0$ 斜渐近线.

解: 令 $y=tx$(t 是参数，并不是常数)

$x^3+t^3x^3=3atx^2$

$$\begin{cases} x=\frac{3at}{1+t^3} & x\to\infty\Leftrightarrow t\to-1 \\ y=\frac{3at^2}{1+t^3} \end{cases}$$

$K=\lim\limits_{x\to\infty}\frac{y}{x}=\lim\limits_{x\to\infty}\frac{y}{x}=\lim\limits_{e\to-1}t=-1$

$b=\lim\limits_{x\to\infty}(y-kx)=\lim\limits_{e\to-1}\frac{3at(t+1)}{t^3+1}=\lim\limits_{t\to-1}\frac{3at}{t^2-t+1}=-a$

斜渐近线　$y=-x-a$.

例 44 设 $f(x)$ 在 $(-\infty,+\infty)$ 内连续，其导函数图形为图 3-7，

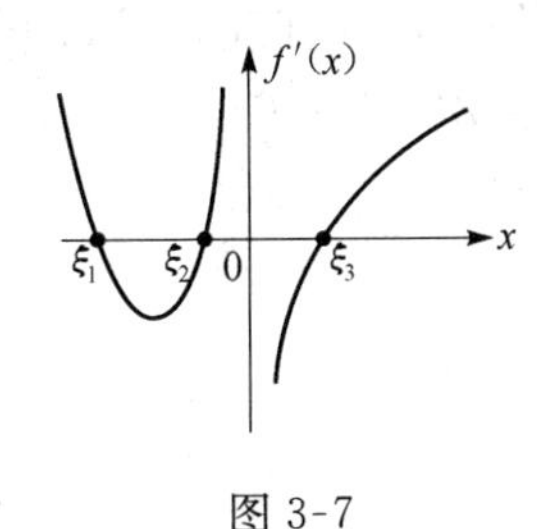

图 3-7

则 $f(x)$ 有(　　).

A. 一个极小值，两个极大值　　B. 两个极小值，一个极大值

C. 两个极小值，两个极大值　　D. 三个极小值，一个极大值

解: 列表

x	$(-\infty,\xi_1)$	ξ_1	(ξ_1,ξ_2)	ξ_2	$(\xi_2,0)$	0	$(0,\xi_3)$	ξ_3	$(\xi_3,+\infty)$
f'	+	0	−	0	+		−	0	+
f	↗	极大	↘	极小	↗	极大	↘	极小	↗

∴选(C).

例 45 讨论函数 $f(x)=(x^2-1)^3+1$ 的单调性，凹凸性，并求拐点与极值.

解: $f'(x)=3(x^2-1)^2\cdot 2x$　　　驻点 $x_0=0, x_{1,2}=\pm 1$

$f(0)=0, f(\pm 1)=1$,

$$\begin{aligned} f''(x) &= 6[x\cdot 2(x^2-1)\cdot 2x+(x^2-1)^2] \\ &= 6(x^2-1)[5x^2-1] \end{aligned}$$

$f''\left(\pm\frac{1}{\sqrt{5}}\right)=0$　　　$f\left(\pm\frac{1}{\sqrt{5}}\right)=\frac{61}{125}$

x	$(-\infty,-1)$	-1	$\left(-1,\frac{-1}{\sqrt{5}}\right)$	$\frac{-1}{\sqrt{5}}$	$\left(-\frac{1}{\sqrt{5}},0\right)$	0
$f'(x)$	−	−	−	−	−	0
$f''(x)$	+	0	−	0	+	+
$f(x)$	凹↘	拐点$(-1,1)$	凸↘	拐点 $\left(\frac{-1}{\sqrt{5}},\frac{61}{125}\right)$	凹↘	极小值 $f(0)=0$ 最小值

x	$\left(0,\frac{1}{\sqrt{5}}\right)$	$\frac{1}{\sqrt{5}}$	$\left(\frac{1}{\sqrt{5}},1\right)$	1	$(1,+\infty)$
$f'(x)$	+	+	+	+	+
$f''(x)$	+	0	−	0	+
$f(x)$	凹↗	拐点$\left(\frac{1}{\sqrt{5}},\frac{61}{125}\right)$	凸↗	拐点$(1,1)$	凹↗

$f(x)$是偶函数,图像关于 y 轴对称.

例 46 求函数 $y=x^3+6x^2-36x$ 的凹凸区间,单调区间,拐点和极值点.

解: $y'(x)=3x^2+12x-36=3(x+6)(x-2)$

$y''(x)=6x+12=6(x+2)$

列表

	$(-\infty,-6)$	-6	$(-6,2)$	-2	$(-2,2)$	2	$(2,+\infty)$
y'	+	0	−	−	−	0	+
y''	−	−	−	0	+	+	+
y	↗增	极大值点凸 极大值 $y(-6)=216$	减↘	减拐点$(-2,88)$	减↘	极小值点凹 极小值 $y(2)=-40$	↗增

$y(-6)=-216+216+216=216$

$y(-2)=-8+24+72=88$

$y(2)=8+24+-72=-40$

$(-\infty,-2)$是凸区间,$(-2,+\infty)$是凹区间$(-\infty,-6)$与$(2,+\infty)$为单调增区间↗

$(-6,2)$为单调减区间↘↘

$x=-6$ 为极大值点,$x=2$ 为极小值点.

极大值 $y=(-6)=216$　　　极小值 $y(2)=-40$

拐点$(-2,88)$.

例 47 设 $f(x)$在 $x=0$ 的邻域内连续,$f(0)=0$,且$\lim\limits_{x\to0}\dfrac{f(x)}{1-\cos x}=2$ 则 $f(x)$在 $x=0$ 处(　　).

A. 不可导　　　　　　　　B. 可导,但 $f'(0)\neq0$

C. $f(x)$在 $x=0$ 处取极大值　　D. $f(x)$在 $x=0$ 处取极小值

解: $\lim\limits_{x\to0}\dfrac{f(x)}{1-\cos x}=2\Leftrightarrow\dfrac{f(x)}{1-\cos x}=2+\alpha(x)$　　$(\lim\limits_{x\to0}\alpha(x)=0)$

$f(x)=f(x)-f(0)=[2+\alpha(x)](1-\cos x)\geqslant0$

其中 $2+\alpha(x)>0,1-\cos x\geqslant0$

即 $f(0)\leqslant f(x)$　　　　$f(x)$在 $x=0$ 处取到极小值

选(D).

注:$f'(0)=\lim\limits_{x\to0}\dfrac{f(x)-f(0)}{x}$

$=\lim\limits_{x\to0}\dfrac{f(x)}{1-\cos x}\cdot\dfrac{1-\cos x}{x}$

$=2\times\lim\limits_{x\to0}\dfrac{1-\cos x}{x}$

$=2\times 0$

$=0.$

例 48　设 $f(x)$在 $x=0$ 的邻域内二阶导数连续,且 $f'(0)=f''(0)=0$ 则有(　　).

A. $x=0$ 必为 $f(x)$的零点　　　　B. $x=0$ 必为极值点

C. $\lim\limits_{x\to 0}\dfrac{f''(x)}{|x|}=1$,$(0,f(0))$是拐点　　　　D. $\lim\limits_{x\to 0}\dfrac{f''(x)}{\sin x}=1$,$(0,f(0))$是拐点

解:取 $f(x)\equiv 1$,否定(A),(B).

$\lim\limits_{x\to 0}\dfrac{f''(x)}{|x|}=1$ 表明 $f''(x)$在 $x=0$ 两侧不变号$(0,f(0))$不是拐点,否定(C).

$\lim\limits_{x\to 0}\dfrac{f''(x)}{\sin x}=1$,表明 $x\to 0$ 时 $f''(x)\sim\sin x\sim x$.

$f''(x)$在 $x=0$ 两侧变号.

$(0,f(0))$是拐点,选(D).

例 49　设 $f(x)=(x^2-1)^3+1$,则 $x=0$ 为 $f(x)$在$[-2,2]$上的(　　).

A. 极小值点,但不是最小值点　　　　B. 极小值点,也是最小值点

C. 极大值点,但不是最大值点　　　　D. 极大值点,也是最大值点

解:$f'(x)=3(x^2-1)^2\cdot 2x\overset{令}{=\!=}0$　　驻点 $x_0=0,x_1=-1,x_2=1$

$f(0)=-1+1=0,f(\pm 1)=1,f(\pm 2)=28$

最小值为 0　　　　最大值为 28

$x=0$ 是极小值点,也是最小值点,选(B).

例 50　设 $f'(x_0)=0,f''(x_0)>0$ 是函数 $f(x)$在点 $x=x_0$ 处取到极小值的一个(　　).

A. 充分必要条件　　　　B. 充分非必要条件

C. 必要非充分条件　　　　D. 即非必要也非充分条件

解:$f'(x_0)=0$,x_0 是驻点,$f''(x_0)>0$,导函数 $f'(x)$在 x_0 的邻域单调增,$f(x)$的图形凹,故 $x=x_0$ 处取得极小值但 $f(x)=|x|$,在 $x=0$ 处导数不存在,更谈不上 $f'(0)=0$,但 $f(x)=|x|$在 $x=0$ 处取得极小值.

选(B).

例 51　设 $f'(x_0)=f''(x_0)=0,f'''(x_0)>0$,则必有(　　).

A. $f'(x_0)$是 $f'(x)$的极大值　　　　B. $f(x_0)$是 $f(x)$的极大值.

C. $f(x_0)$是 $f(x)$的极小值　　　　D. $(x_0,f(x_0))$是曲线的拐点

解:$f''(x_0)=[f'(x)]'_x\big|_{x=x_0}=0$

$f'''(x_0)=[f'(x)]''_{xx}\big|_{x=x_0}>0$　　　表明 $f'(x_0)$是 $f'(x)$的极小值

(A)不正确.

已知条件表明：$f(x)-f(x_0)=a(x-x_0)^3+0((x-x_0)^3)(a>0)$

当$(x-x_0)\ll 1$时，$x>x_0$ 时　$f(x)>f(x_0)$

$(x-x_0)^3$ 变号. 故(B)(C)都不正确.

由 $f''(x_0)=0$，$f'''(x_0)>0$，在 $x=0$ 处 $f''(x)$的凹凸性改变，故$(x_0,f(x_0))$是曲线 $y=f(x)$的拐点.

选(D).

例 52　求 a,b 使 $f(x)=\begin{cases}x^2+ax+b & x\leqslant 0\\ x^2(1+\ln x) & x>0\end{cases}$，在 $x=0$ 处可导.

解：$b=f(0)=f(0^-)=f(0^+)$(可导必连续)

$$=\lim_{x\to 0^+}x^2(1+\ln x)$$

$$=\lim_{x\to 0^+}x^2\ln x \qquad (0\cdot\infty\text{型})$$

$$=\lim_{t\to+\infty}\frac{-\ln t}{t^2} \qquad \left(\frac{\infty}{\infty}\text{型}\right)$$

$$=\lim_{t\to+\infty}\frac{-\frac{1}{t}}{2t}$$

$$=0$$

$$f'(0^+)=\lim_{x\to 0^+}\frac{x^2(1+\ln x)-0}{x}$$

$$=\lim_{x\to 0^+}x(1+\ln x)$$

$$=\lim_{x\to 0^+}x\ln x$$

$$=0$$

$$f'(0^-)=\lim_{x\to 0}\frac{x^2+ax-0}{x}=a$$

$a=f'(0^-)=f'(0^+)=f'(0)=0$　　(可导)

$\therefore\begin{cases}a=0\\ b=0.\end{cases}$

例 53　求常数 a,b 使 $f(x)=\begin{cases}\dfrac{1-\sqrt{1-x}}{x} & x<0\\ a+bx & x\geqslant 0\end{cases}$，在 $x=0$ 处可导.

解：$a=f(0)=f(0^+)=f(0^-)=\lim\limits_{x\to 0^-}\dfrac{1-\sqrt{1-x}}{x}=\lim\limits_{x\to 0^-}\dfrac{1-(1-x)}{x(1+\sqrt{1-x})}=\dfrac{1}{2}$

$$b=f'(0^+)=\lim_{x\to 0^+}\frac{a+bx-a}{x}=f'(0^-)=\lim_{x\to 0^-}\frac{\frac{1-\sqrt{1-x}}{x}-\frac{1}{2}}{x}$$

$$=\lim_{x\to 0^-}\frac{2-2\sqrt{1-x}-x}{2x^2}\qquad\left(\frac{0}{0}\text{型}\right)$$

$$=\lim_{x\to 0^-}\frac{\dfrac{1}{\sqrt{1-x}}-1}{4x}$$

$$=\lim_{x\to 0^-}\frac{1-\sqrt{1-x}}{4x\sqrt{1-x}}$$

$$=\frac{1}{4}\lim_{x\to 0^-}\frac{1-(1-x)}{x\sqrt{1-x}(1+\sqrt{1-x})}$$

$$=\frac{1}{8}.$$

例 54　设 $f(x)$为可导的偶函数，$f''(0)$存在且不为零，证明 $x=0$ 是 $f(x)$的极值点.

证明：$f(-x)=f(x)$　　两边对 x 求导

$-f(-x)=f'(x)$

令 $x=0$，$-f'(0)=f'(0)\therefore f'(0)=0$.

已知 $f''(0)$存在且不为零，由极值存在的充分条件知 $x=0$ 是 $f(x)$的极值点.

例 55　设 $f(x)=\begin{cases}\dfrac{1-e^{x2}}{x} & x\neq 0\\ 0 & x=0\end{cases}$ 则 $f'(0)=($　　$)$.

A. 0　　B. -1　　C. 1　　D. 2

解：$f'(0)=\lim\limits_{x\to 0}\dfrac{f(x)-f(0)}{x-0}$

$$=\lim_{x\to 0}\frac{\dfrac{1-e^{x2}}{x}-0}{x}$$

$$=\lim_{x\to 0}\frac{1-e^{x^2}}{x^2}$$

$$\xlongequal{\text{令 } t=x^2}\lim_{t\to 0}\frac{1-e^t}{t}\left(\frac{0}{0}\text{型}\right)$$

$$=\lim_{t\to 0}(-e^t)$$

$$=-1.$$

选(B).

例 56　设有方程 $3f(x)+4x^2f\left(-\dfrac{1}{x}\right)+\dfrac{7}{x}=0$，求 f 的极值.

解：原方程→$3f(x)+4x^2f\left(-\dfrac{1}{x}\right)=-\dfrac{7}{x}$ ………………………………… (1)

令 $t=-\frac{1}{x}$,

$$3f\left(-\frac{1}{t}\right)+\frac{4}{t^2}f(t)=7t$$

$$3t^2f\left(-\frac{1}{t}\right)+4f(t)=7t^3 \quad \cdots\cdots\cdots\cdots (2)$$

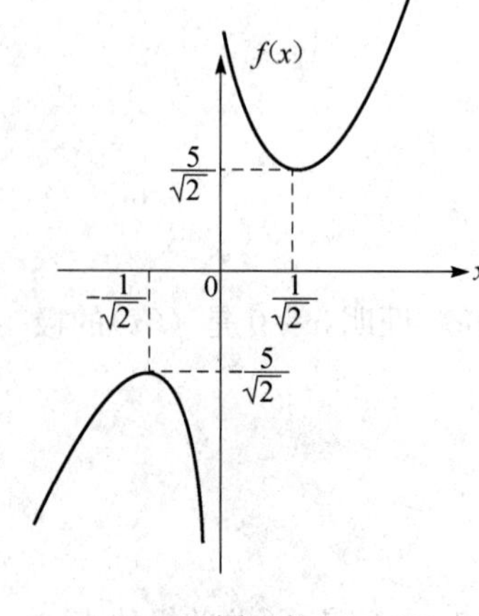

图 3-8

令 $A=f(x)$

$B=f\left(-\frac{1}{x}\right)\cdot x^2$

$$3A+4B=-\frac{7}{x}$$

$$3B+4A=7x^3$$

$$f(x)=A=\frac{\begin{vmatrix}-\frac{7}{x} & 4\\ 7x^3 & 3\end{vmatrix}}{\begin{vmatrix}3 & 4\\ 4 & 3\end{vmatrix}}=\begin{vmatrix}\frac{1}{x} & 4\\ -x^3 & 3\end{vmatrix}=4x^3+\frac{3}{x}$$

$f'(x)=-\frac{3}{x^2}+12x^2$ 　　令 $f'(x)=0$

驻点 $x_1=\frac{1}{\sqrt{2}}, x_2=-\frac{1}{\sqrt{2}}$

$f''(x)=\frac{6}{x^3}+24x$

$f''\left(\frac{1}{\sqrt{2}}\right)>0$ 　　$f\left(\frac{1}{\sqrt{2}}\right)$为极小值 $\frac{5}{\sqrt{2}}$

$f''\left(-\frac{1}{\sqrt{2}}\right)<0$ 　　$f\left(-\frac{1}{\sqrt{2}}\right)$为极大值$-\frac{5}{\sqrt{2}}$.

例 57 求抛物线 $x^2=4y$ 到 y 轴上定点 $P(0,b)$的最短距离(图 3-9).

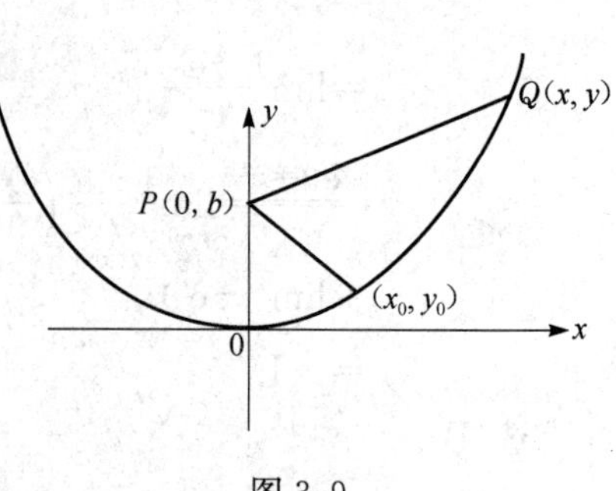

图 3-9

解:$d=\sqrt{PQ}=\sqrt{x^2+(y-b)^2}$用 $d^2=x^2+(y-b)^2$ 它的最小值点也是 d 的最小值点.

令 $f(y)=4y+(y-b)^2(=d^2)$

$f'(y)=4+2(y-b)\overset{令}{=\!=}0$

$y_0=b-2(x_0=2\sqrt{b-2})$

当 $b\geqslant 2$ 时　$f''(y)=2, f''(b-2)=2>0$

唯一极值也是最值，即最小值点.

最短距离 $\min d=\sqrt{4(b-2)+(-2)^2}=2\sqrt{b-1}$

当 $b<2$ 时，$x^2=4y, y\geqslant 0$

$f''(y)=2>0$，$f(y)$ 凹，$y_0=0$ 使 $f(y)=4y+(y-b)^2$ 取最小值，$\min\{d\}=|b|$.

例 58 设 $f(x)$ 在 x_0 的某邻域内连续，且 $\lim\limits_{x\to x_0}\dfrac{f(x)-f(x_0)}{(x-x_0)^n}=K\neq 0$ 讨论 $f(x)$ 在 x_0 取极值情况.

解： $\lim\limits_{x\to x_0}\dfrac{f(x)-f(x_0)}{(x-x_0)^n}=K\neq 0$

$$f(x)-f(x_0)=(k+\alpha(x))(x-x_0)^n \qquad (\lim_{x\to 0}\alpha(x)=0)$$

i 当 n 为偶数时，$(x-x_0)^n$ 为正. $\begin{matrix} K>0 & f(x_0)\text{为极小值} \\ K<0 & f(x_0)\text{为极大值} \end{matrix}$

ii 当 n 为奇数时，$\begin{matrix} x>x_0 & (x-x_0)^n\text{ 为正} \\ x<x_0 & (x-x_0)^n\text{ 为负} \end{matrix}$ $f(x)-f(x_0)$ 不定号

$\therefore f(x_0)$ 不是极值.

例 59 在抛物线 $y=x^2$（第一象限部分）求一点，使过该点的切线与直线 $y=0$，$x=8$ 所围成的三角形的面积为最大.

解：如图 3-10 设切点 (x_0, y_0)，过切线的直线方程为

$$y-y_0=2x_0(x-x_0) \qquad y_0=x_0^2$$

即 $y=2x_0(x-x_0)+x_0^2=2x_0x-x_0^2$

切线与 x 轴交点 $\begin{cases} 2x_0x-x_0^2=0 \\ y=0 \end{cases} \left(\dfrac{x_0}{2}, 0\right)$

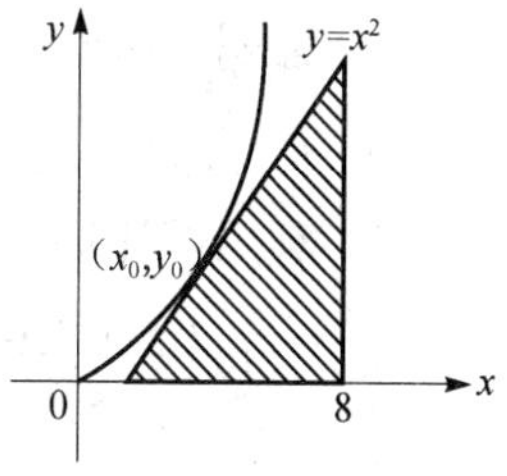

切线与 $x=8$ 的交点 $\begin{cases} y=2x_0\times 8-x_0^2 \\ x=8 \end{cases} (8, 16x_0-x_0^2)$

$$S=\frac{1}{2}\left(8-\frac{x_0}{2}\right)(16x_0-x_0^2)$$

$$=\frac{1}{4}x_0^3-8x_0^2+64x_0$$

$$S'_{x_0}=\frac{3}{4}x_0^2-16x_0+64 \xlongequal{\text{令}} 0$$

图 3-10

即 $3x_0^2-64x_0+256=0$ 得 $x_0=\dfrac{16}{3}$

$$S''=\frac{3}{2}x_0-16 \qquad S''\left(\frac{16}{3}\right)=-8<0, y_0=\left(\frac{16}{3}\right)^2=\frac{256}{9}$$

所求点为 $\left(\dfrac{16}{3}, \dfrac{256}{9}\right)$，过此点的切线与直线 $y=0$，$x=8$ 所围成的三角形的面积

为最大. $S\left(\frac{16}{3}\right)=\frac{4096}{27}$为最大面积值.

例 60 求 $f(x)=|x^2-3x+2|$在$[-3,4]$上最大值与最小值.

解: $f(x)=|x^2-3x+2|=|(x-1)(x-2)|$

$$f(-3)=20 \qquad f(4)=6$$

作图

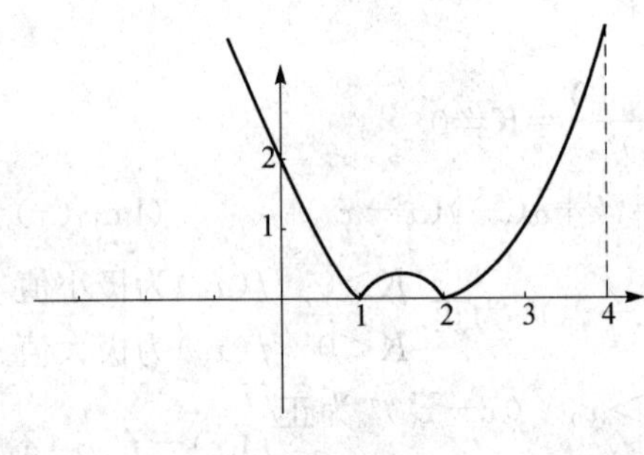

图 3-11

在$[-3,4]$是 $f(x)$最大值 $f(-3)=20$,最小值 $f(2)=0$.

习 题 三

1. 设 $f(x)=x^2-5x+6$. 验证罗尔定理对 $f(x)$在$[2,3]$上的正确性.

2. 证明:当 $x>0$ 时,$\frac{x}{1+x}<\ln(1+x)<x$.

3. 证明:$\arcsin x+\arccos x\equiv\frac{\pi}{2}, x\in[-1,1]$.

4. 设 $f(x)=3x^2+2x+5$,求 $f(x)$在$[a,b]$上满足拉格朗日中值定理的ξ值.

5. 利用罗比塔法则求下列极限.

(1) $\lim\limits_{x\to0}\frac{x-\arcsin x}{x^3}$　　(2) $\lim\limits_{x\to0}\frac{e^{ax-1}}{x}$

(3) $\lim\limits_{x\to\infty}\frac{x^n}{e^{\lambda x}}(n>0,\lambda>0)$　　(4) $\lim\limits_{x\to0}x^{\sin x}$

(5) $\lim\limits_{x\to1}\left(\frac{x}{x-1}-\frac{1}{\ln x}\right)$　　(6) $\lim\limits_{x\to0}\frac{x-\sin x}{x^2\sin x}$

6. 试确定下列函数的单调区间.

(1) $y=2x^3-6x^2-18x-7$　　(2) $y=1+(x-1)^{\frac{2}{3}}$

7. 证明函数 $f(x)=\sin x-x+\frac{x^3}{6}$在$[0,+\infty]$是单调递增的.

8. 求下列函数的极值.

(1) $f(x)=(x-1)\sqrt[3]{x^2}$　　　(2) $f(x)=\sin x+\cos x,\quad x\in[0,2\pi]$

9. 求曲线 $y=3x^4-4x^3+1$ 的凹凸区间及拐点.

10. 求证:曲线 $y=\dfrac{x+1}{x^2+1}$ 有位于一条直线的三个拐点.

11. 求下列函数的最值

(1) $f(x)=\sqrt[3]{(x^2-2x)^2}, x\in[0,3]$;

(2) $f(x)=2x^3+3x^2-12x+14, x\in[-1,4]$.

12. 求下列函数的渐近线.

(1) $y=\dfrac{x^2}{1-x}$　　　(2) $y=\dfrac{1}{x}$

13. 设 $f(x)=nx(1-x)^n, n\in N$,试求 $f(x)$ 在 $[0,1]$ 上的最大值 $M(n)$,并求 $\lim\limits_{n\to\infty}M(n)$.

14. 已知 $y=\dfrac{2x^2}{(1-x)^2}$,试求其单调区间,极值点,凹凸性及拐点,渐近线,并作图.

第四章 不定积分

在第二章中，我们讨论了怎样求一个函数的导函数问题；本章将讨论它的反问题，即要求一个导函数的原函数，也就是求一个可导函数，使它的导函数等于已知函数. 这是积分学的另一类基本问题——不定积分. 本章介绍不定积分的概念、性质、基本积分公式和求不定积分的方法.

第一节 不定积分的概念与性质

1. 原函数的概念

已知某函数的导数，求原来这个函数的问题，就形成了“原函数”的概念.

定义 4.1(原函数) 在区间 I 上若对任意的 $x \in I$，都有 $F'(x)=f(x)$ 或 $dF(x)=f(x)dx$，称 $F(x)$ 是 $f(x)$ 在区间 I 上的原函数.

例如：$(\cos x)'=-\sin x$，则 $\cos x$ 是 $-\sin x$ 的原函数，又对给定的任意实数 C，也有 $(\cos x+C)'=-\sin x$，所以 $\cos x+C$ 也是 $-\sin x$ 的原函数，

由于 c 的任意性，即如果一个函数有原函数，则就有无穷多的原函数.

即如果 $F(x)$ 是 $f(x)$ 的一个原函数，那么 $F(x)+C$ 就是 $f(x)$ 的全部原函数.

2. 不定积分的概念

定义 4.2(不定积分) 如果 $F(x)$ 是 $f(x)$ 的一个原函数，那么 $f(x)$ 的全部原函数 $F(x)+C$ 称为 $f(x)$ 的不定积分，记作 $\int f(x)dx$，即

$$\int f(x)dx = F(x)+C.$$

其中，“$\int$”叫做积分号，$f(x)$ 叫做被积函数，$f(x)dx$ 叫做被积表达式，x 叫做积分变量，C 叫做积分常数.

由此定义及前面的说明可知，如果 $F(x)$ 是 $f(x)$ 在区间 I 上的一个原函数，那么 $F(x)+C$ 就是 $f(x)$ 的不定积分，即 $\int f(x)dx = F(x)+C$，因而求不定积分

$\int f(x)\mathrm{d}x$ 关键是求 $f(x)$ 的一个原函数代表.

定理 4.1(原函数存在定理)　如果函数 $f(x)$ 在区间 I 上连续,那么在区间 I 上存在可导函数 $F(x)$,使对任一 $x\in I$ 都有

$$F'(x)=f(x).$$

简单说:连续函数一定有原函数.

例 1　求函数 $f(x)=\frac{1}{x}$ 的不定积分.

解:当 $x>0$ 时,$(\ln x)'=\frac{1}{x}$,

$$\int\frac{1}{x}\mathrm{d}x=\ln x+C\quad(x>0);$$

当 $x<0$ 时,$[\ln(-x)]'=\frac{1}{-x}\cdot(-1)=\frac{1}{x}$,

$$\int\frac{1}{x}\mathrm{d}x=\ln(-x)+C\quad(x<0).$$

合并上面两式,得到

$$\int\frac{1}{x}\mathrm{d}x=\ln|x|+C\quad(x\neq0).$$

3. 基本积分表

(1) $\int k\mathrm{d}x=kx+C$;

(2) $\int x^{\mu}\mathrm{d}x=\frac{x^{\mu+1}}{\mu+1}+C\quad(\mu\neq-1)$;

(3) $\int\frac{\mathrm{d}x}{x}=\ln|x|+C$;

(4) $\int\frac{\mathrm{d}x}{1+x^2}=\arctan x+C$;

(5) $\int\frac{\mathrm{d}x}{\sqrt{1-x^2}}=\arcsin x+C$;

(6) $\int\cos x\mathrm{d}x=\sin x+C$;

(7) $\int\sin x\mathrm{d}x=-\cos x+C$;

(8) $\int\frac{\mathrm{d}x}{\cos^2x}=\int\sec^2x\mathrm{d}x=\tan x+C$;

(9) $\int\frac{\mathrm{d}x}{\sin^2x}=\int\csc^2x\mathrm{d}x=-\cot x+C$;

(10) $\int\sec x\tan x\mathrm{d}x=\sec x+C$;

(11) $\int \csc x \cot x \mathrm{d}x = -\csc x + C$;

(12) $\int \mathrm{e}^x \mathrm{d}x = \mathrm{e}^x + C$;

(13) $\int a^x \mathrm{d}x = \dfrac{a^x}{\ln\alpha} + C$.

使用基本积分表,写出不定积分.

例 2 求$\int 3^x \mathrm{e}^x \mathrm{d}x$.

解: $\int 3^x \mathrm{e}^x \mathrm{d}x = \int (3\mathrm{e})^x \mathrm{d}x = \dfrac{(3\mathrm{e})^x}{\ln(3\mathrm{e})} + C$.

例 3 求$\int \sqrt{x\sqrt{x\sqrt{x}}}\mathrm{d}x$.

解: $\int \sqrt{x\sqrt{x\sqrt{x}}}\mathrm{d}x = \int x^{\frac{7}{8}}\mathrm{d}x = \dfrac{8}{15}x^{\frac{15}{8}} + C$.

4. 不定积分性质

(1) $\int [f(x) \pm g(x)]\mathrm{d}x \xlongequal{\text{原函数存在}} \int f(x)\mathrm{d}x \pm \int g(x)\mathrm{d}x$;

(2) $\int kf(x)\mathrm{d}x = k\int f(x)\mathrm{d}x$; $(k \neq 0)$

(3) $\left[\int f(x)\mathrm{d}x\right]' = f(x), \int F'(x)\mathrm{d}x = F(x) + C, \int \mathrm{d}F(x) = F(x) + C$.

例 4 $\int \dfrac{\mathrm{d}x}{1+\cos 2x} = \int \dfrac{\mathrm{d}x}{2\cos^2 x} = \dfrac{1}{2}\tan x + C$.

例 5 一曲线通过点$(\mathrm{e}^2, 3)$,且任一点处切线的斜率等于该点横坐标的倒数,求该曲线方程.

解: $y'(x) = \dfrac{1}{x}$ $\quad y(x) = \int \dfrac{\mathrm{d}x}{x} = \ln|x| + C$,

$y(\mathrm{e}^2) = \ln\mathrm{e}^2 + C = 3 \Rightarrow C = 1$.

$\therefore$ 曲线方程为 $y = \ln x + 1$.

例 6 求$\int \dfrac{\cos 2x}{\cos^2 x \cdot \sin^2 x}\mathrm{d}x$.

解: $\int \dfrac{\cos 2x}{\cos^2 x \cdot \sin^2 x}\mathrm{d}x = \int \dfrac{\cos^2 x - \sin^2 x}{\cos^2 x \cdot \sin^2 x}\mathrm{d}x = \int \dfrac{1}{\sin^2 x}\mathrm{d}x - \int \dfrac{1}{\cos^2 x}x$

$= \int \csc^2 x\mathrm{d}x - \int \sec^2 x\mathrm{d}x = -\cot x - \tan x + C$.

例 7 求$\int \dfrac{1+\cos^2 x}{1+\cos 2x}\mathrm{d}x$.

解：$\int \frac{1+\cos^2 x}{1+\cos 2x}dx = \frac{1}{2}\int \frac{1+\cos^2 x}{\frac{1}{2}(1+\cos 2x)}dx = \frac{1}{2}\int \frac{1+\cos^2 x}{\cos^2 x}dx$

$$= \frac{1}{2}\int [\sec^2 x + 1]dx = \frac{1}{2}\tan x + \frac{x}{2} + C$$

例 8　求$\int \left(\sqrt[3]{x} - \frac{1}{\sqrt{x}}\right)dx$.

解：$\int \left(\sqrt[3]{x} - \frac{1}{\sqrt{x}}\right)dx = \int (x^{\frac{1}{3}} - x^{-\frac{1}{2}})dx = \int x^{\frac{1}{3}}dx - \int x^{-\frac{1}{2}}dx = \frac{3}{4}x^{\frac{4}{3}} - 2x^{\frac{1}{2}} + C.$

例 9　求$\int (2^x + x^2)dx$.

解：$\int (2^x + x^2)dx = \int 2^x dx + \int x^2 dx = \frac{2^x}{\ln 2} + \frac{1}{3}x^3 + C.$

例 10　求$\int \frac{3x^4 + 3x^2 + 1}{x^2 + 1}dx$.

解：$\int \frac{3x^4 + 3x^2 + 1}{x^2 + 1}dx = \int 3x^2 dx + \int \frac{1}{1+x^2}dx = x^3 + \arctan x + C.$

例 11　求$\int \frac{x^2}{1+x^2}dx$.

解：$\int \frac{x^2}{1+x^2}dx = \int dx - \int \frac{1}{1+x^2}dx = x - \arctan x + C.$

例 12　求$\int \left(\frac{3}{1+x^2} - \frac{2}{\sqrt{1-x^2}}\right)dx$.

解：$\int \left(\frac{3}{1+x^2} - \frac{2}{\sqrt{1-x^2}}\right)dx = 3\int \frac{1}{1+x^2}dx - 2\int \frac{1}{\sqrt{1-x^2}}dx$

$$= 3\arctan x - 2\arcsin x + C.$$

例 13　求$\int \frac{1}{x^2(1+x^2)}dx$.

解：$\int \frac{1}{x^2(1+x^2)}dx = \int \left(\frac{1}{x^2} - \frac{1}{1+x^2}\right)dx = \int \frac{1}{x^2}dx - \int \frac{1}{1+x^2}dx$

$$= -\frac{1}{x} - \arctan x + C.$$

第二节　换元积分法

上节利用基本积分表与性质求不定积分，本节进一步讲述如何求原函数：用换元法——利用中间变量的代换得到复合函数的积分的求解方法.

第一类：凑微分法：关于 $u(=\varphi(x))$的原函数可以知道

$$\int g(x)\mathrm{d}x=\int f[\varphi(x)]\varphi'(x)\mathrm{d}x=\int f(u)\mathrm{d}u=F(\varphi(x))+C.$$

第二类:令 $x=\varphi(t)$:关于 t 的原函数可以知道

$$\int f(x)\mathrm{d}x=\int f[\varphi(t)]\varphi'(t)\mathrm{d}t=F[\varphi(t)]+C=F(x)+C.$$

先看第一类换元法的实例.

例 1 $\displaystyle\int\frac{x\mathrm{d}x}{\sqrt{1-x^2}}=\int(1-x^2)^{-\frac{1}{2}}\left(\frac{-1}{2}\right)\mathrm{d}(1-x^2)=-\sqrt{1-x^2}+C.$

例 2

$$\begin{aligned}\int x\sqrt{1-x^2}\mathrm{d}x&=\int\left(-\frac{1}{2}\right)(1-x^2)^{\frac{1}{2}}\mathrm{d}(1-x^2)\\&=\left(-\frac{1}{2}\right)\frac{2}{3}(1-x^2)^{\frac{3}{2}}+C\\&=-\frac{1}{3}(1-x^2)^{\frac{3}{2}}+C.\end{aligned}$$

例 3

$$\begin{aligned}\int\tan x\mathrm{d}x&=\int\frac{\sin x\mathrm{d}x}{\cos x}=-\int\frac{\mathrm{d}(\cos x)}{\cos x}=-\ln|\cos x|+C\\&=\ln\left|\frac{1}{\cos x}\right|+C=\ln|\sec x|+C.\end{aligned}$$

例 4

$$\begin{aligned}\int\sec x\mathrm{d}x&=\int\frac{\cos x}{\cos^2 x}\mathrm{d}x=\int\frac{\mathrm{d}(\sin x)}{1-\sin^2 x}\\&=\frac{1}{2}\int\left(\frac{1}{1-\sin x}+\frac{1}{1+\sin x}\right)\mathrm{d}(\sin x)\\&=\frac{1}{2}\left[\int\frac{\mathrm{d}(1+\sin x)}{1+\sin x}-\int\frac{\mathrm{d}(1-\sin x)}{1-\sin x}\right]\\&=\frac{1}{2}\ln\left|\frac{1+\sin x}{1-\sin x}\right|+C\\&=\frac{1}{2}\ln\frac{(1+\sin x)^2}{1-\sin^2 x}+C\\&=\ln\left|\frac{1+\sin x}{\cos x}\right|+C\\&=\ln|\sec x+\tan x|+C.\end{aligned}$$

例 5

$$\begin{aligned}\int\sec x\mathrm{d}x&=\int\frac{\sec^2 x+\sec x\tan x}{\sec x+\tan x}\mathrm{d}x\\&=\int\frac{\mathrm{d}(\tan x+\sec x)}{\sec x+\tan x}\\&=\ln|\sec x+\tan x|+C.\end{aligned}$$

例 6

$$\begin{aligned}\int\sec^4 x\mathrm{d}x&=\int\sec^2 x\mathrm{d}(\tan x)\\&=\int(\tan^2 x+1)\mathrm{d}(\tan x)\end{aligned}$$

$$= \frac{1}{3}\tan^3 x + \tan x + C.$$

通过上面几个例子，我们给出一些常用的凑微分式：

(1) $\int f(ax+b)\mathrm{d}x = \frac{1}{a}\int f(ax+b)\mathrm{d}(ax+b)$；

(2) $\int f(x^\mu)x^{\mu-1}\mathrm{d}x = \frac{1}{\mu}\int f(x^\mu)\mathrm{d}(x^\mu)$；

(3) $\int f(\ln x)\cdot\frac{1}{x}\mathrm{d}x = \int f(\ln x)\mathrm{d}(\ln x)$；

(4) $\int f(\mathrm{e}^x)\cdot\mathrm{e}^x\mathrm{d}x = \int f(\mathrm{e}^x)\mathrm{d}(\mathrm{e}^x)$；

(5) $\int f(a^x)\cdot a^x\mathrm{d}x = \frac{1}{\ln a}\int f(a^x)\mathrm{d}(a^x)$；

(6) $\int f(\sin x)\cdot\cos x\mathrm{d}x = \int f(\sin x)\mathrm{d}(\sin x)$；

(7) $\int f(\cos x)\cdot\sin x\mathrm{d}x = -\int f(\cos x)\mathrm{d}(\cos x)$；

(8) $\int f(\tan x)\cdot\sec^2 x\mathrm{d}x = \int f(\tan x)\mathrm{d}(\tan x)$；

(9) $\int f(\cot x)\cdot(-\csc^2 x)\mathrm{d}x = \int f(\cot x)\mathrm{d}(\cot x)$；

(10) $\int f(\arctan x)\cdot\frac{1}{1+x^2}\mathrm{d}x = \int f(\arctan x)\mathrm{d}(\arctan x)$；

(11) $\int f(\arcsin x)\cdot\frac{1}{\sqrt{1-x^2}}\mathrm{d}x = \int f(\arcsin x)\mathrm{d}(\arcsin x)$.

以下是第二类换元法实例.

例 7 $\int\sqrt{a^2-x^2}\mathrm{d}x \xlongequal[\mathrm{d}x = a\cos t\mathrm{d}t]{x=a\sin t} \int a^2\cos^2 t\mathrm{d}t$（见图 4-1）

$$= \frac{a^2}{2}\int(1+\cos 2t)\mathrm{d}t$$

$$= \frac{a^2}{2}\left(t+\frac{1}{2}\sin 2t\right)+C$$

$$= \frac{a^2}{2}t+\frac{a^2}{2}\sin t\cos t+C$$

$$= \frac{a^2}{2}\arcsin\frac{x}{a} + \frac{1}{2}x\sqrt{a^2-x^2}+C.$$

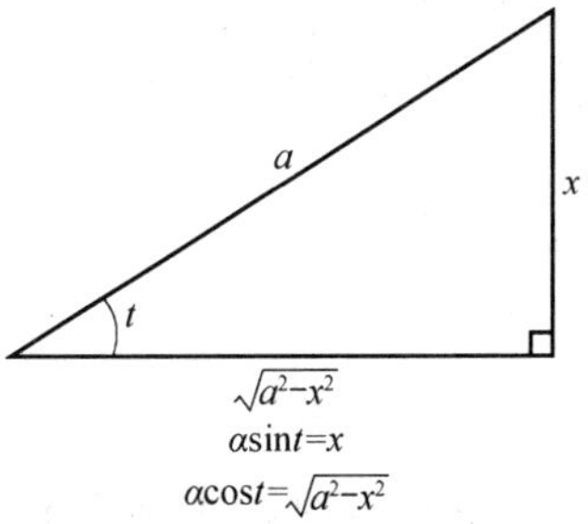

$\sqrt{a^2-x^2}$

$a\sin t=x$

$a\cos t=\sqrt{a^2-x^2}$

图 4-1

例 8 $\int\frac{\mathrm{d}x}{\sqrt{a^2+x^2}}(a>0)$

$$\xlongequal{x=a\tan t}\int\frac{a\sec^2 t\mathrm{d}t}{a\sec t}\text{(图 4-2)}$$

$$=\int\sec t\mathrm{d}t$$

$$=\ln|\sec t+\tan t|+C_0$$

$$\xlongequal{C_0=\ln a+C}\ln|\sqrt{a^2+x^2}+x|+C.$$

例 9 $\int\frac{\mathrm{d}x}{\sqrt{x^2-a^2}}(a>0)$

$$\xlongequal{x=a\sec t}\int\frac{a\sec t\tan t\mathrm{d}t}{a\tan t}\text{(图 4-3)}$$

$$=\int\sec t\mathrm{d}t$$

$$=\ln|\sec t+\tan t|+C_0$$

$$\xlongequal{C_0=\ln a+C}\ln|x+\sqrt{x^2-a^2}|+C.$$

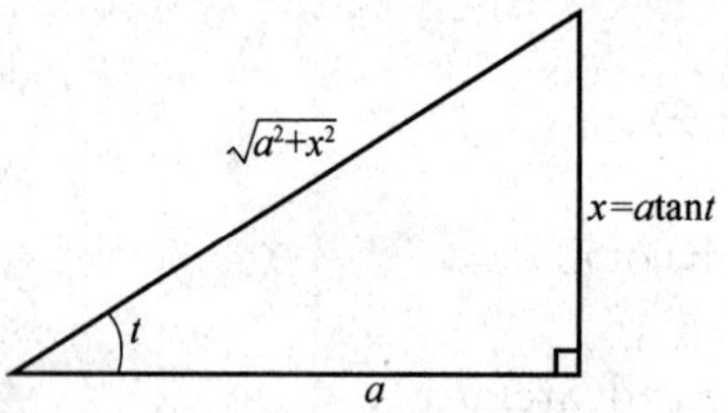

图 4-2

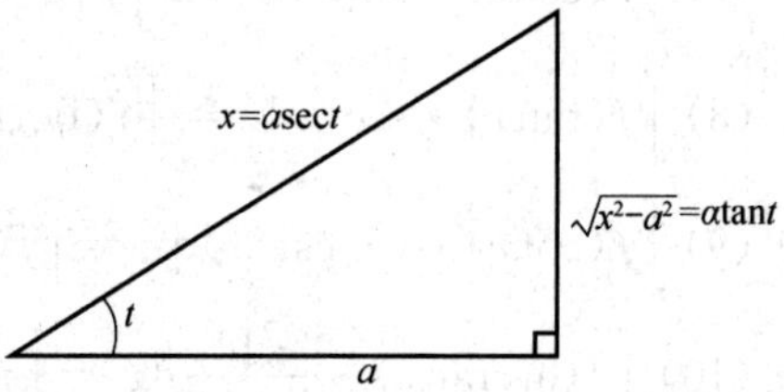

图 4-3

例 10 $\int\frac{\sqrt{a^2-x^2}}{x^4}\mathrm{d}x\xlongequal[\mathrm{d}x=-\frac{\mathrm{d}t}{t^2}]{x=\frac{1}{t}}\int\frac{\sqrt{a^2t^2-1}\left(-\frac{\mathrm{d}t}{t^2}\right)\sqrt{\frac{1}{t^2}}}{\frac{1}{t^4}}$

$$\xlongequal[|t|=t]{x>0}-\frac{1}{2a^2}\int(a^2t^2-1)^{\frac{1}{2}}\mathrm{d}(a^2t^2-1)$$

$$=-\frac{1}{3a^2}(a^2t^2-1)^{\frac{3}{2}}+C$$

$$=-\frac{(a^2-x^2)^{\frac{3}{2}}}{3a^2x^3}+C.$$

$x<0$ 时，$|t|=-t$，

原式$=\frac{1}{2a^2}\int(a^2t^2-1)^{\frac{1}{2}}\mathrm{d}(a^2t^2-1)$

$$=\frac{1}{3a^2}(a^2t^2-1)^{\frac{3}{2}}+C$$

$$\xlongequal{x<0}\frac{|t|^3}{3a^2}\left(a^2-\frac{1}{t^2}\right)^{\frac{3}{2}}+C$$

$$=-\frac{1}{3a^2x^3}(a^2-x^2)^{\frac{3}{2}}+C.$$

例 11　$\displaystyle\int\frac{\mathrm{d}x}{\sqrt{(x^2+1)^3}}\xlongequal{x=\tan t}\int\frac{\sec^2 t\mathrm{d}t}{\sec^3 t}$（图 4-4）

$$=\int\cos t\mathrm{d}t$$

$$=\sin t+C$$

$$=\frac{x}{\sqrt{x^2+1}}+C.$$

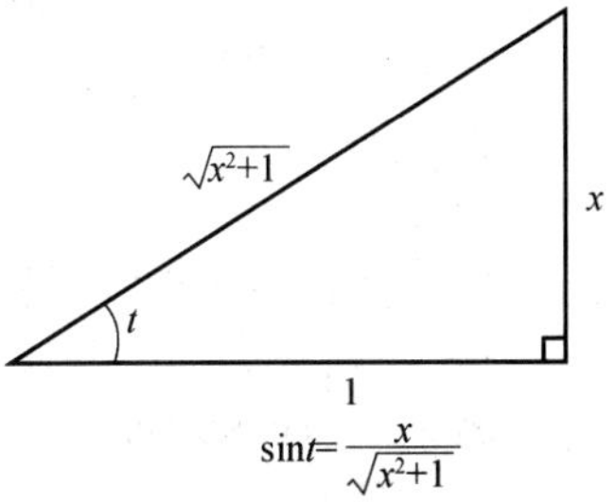

$\sin t=\frac{x}{\sqrt{x^2+1}}$

图 4-4

例 12　$\displaystyle\int\frac{\mathrm{d}x}{1+\sqrt{2x}}\xlongequal[\mathrm{d}x=t\mathrm{d}t]{2x=t^2}\int\frac{t}{1+t}\mathrm{d}t$

$$=\int\left(1-\frac{1}{1+t}\right)\mathrm{d}t$$

$$=t-\ln(1+t)+C$$

$$=\sqrt{2x}-\ln(1+\sqrt{2x})+C.$$

除前面的基本积分公式（见 110～111 页）外，还有下面几个作为常用的公式，以便计算方便.

(14) $\displaystyle\int\tan x\mathrm{d}x=-\ln|\cos x|+C$；

(15) $\displaystyle\int\cot x\mathrm{d}x=\ln|\sin x|+C$；

(16) $\displaystyle\int\sec x\mathrm{d}x=\ln|\sec x+\tan x|+C$；

(17) $\displaystyle\int\csc x\mathrm{d}x=\ln|\csc x-\cot x|+C$；

(18) $\displaystyle\int\frac{1}{a^2+x^2}\mathrm{d}x=\frac{1}{a}\arctan\frac{x}{a}+C$；

(19) $\displaystyle\int\frac{1}{x^2-a^2}\mathrm{d}x=\frac{1}{2a}\ln\left|\frac{x-a}{x+a}\right|+C$；

(20) $\displaystyle\int\frac{1}{\sqrt{a^2-x^2}}\mathrm{d}x=\arcsin\frac{x}{a}+C$；

(21) $\displaystyle\int\frac{1}{\sqrt{x^2\pm a^2}}\mathrm{d}x=\ln|x+\sqrt{x^2\pm a^2}|+C.$

第三节　分部积分法

上节是由复合函数法则得到换元求解不定积分的一种方法，本节利用两个函数乘积的导数法则得到求解不定积分的另一种重要方法.

设 $u=u(x)$，$v=v(x)$具有连续导数

$$(uv)' = u'v + uv',$$

$$uv' = (uv)' - u'v,$$

对两边作不定积分

$$\int uv'\mathrm{d}x = \int (uv)'\mathrm{d}x - \int u'v\mathrm{d}x,$$

$$\int u\mathrm{d}v = uv - \int v\mathrm{d}u.$$

这个公式在于将"不易求原函数的$\int u\mathrm{d}v$"转化为"容易求出原函数的$\int v\mathrm{d}u$".

例 1 $\int x\cos x\mathrm{d}x$.

解: $\int x\cos x\mathrm{d}x = \int x\mathrm{d}(\sin x)$

$$= x\sin x - \int \sin x\mathrm{d}x$$

$$= x\sin x + \cos x + C.$$

例 2 $\int x\ln x\mathrm{d}x$.

解: $\int x\ln x\mathrm{d}x = \frac{1}{2}\int \ln x\mathrm{d}(x^2)$

$$= \frac{1}{2}x^2\ln x - \frac{1}{2}\int x^2 \cdot \mathrm{d}\ln x$$

$$= \frac{x^2}{2}\ln x - \frac{1}{2}\int x^2 \cdot \frac{\mathrm{d}x}{x}$$

$$= \frac{x^2}{2}\ln x - \frac{1}{2}\int x\mathrm{d}x$$

$$= \frac{x^2}{2}\ln x - \frac{x^2}{4} + C.$$

例 3 $\int x^2\mathrm{e}^x\mathrm{d}x$.

解: $\int x^2\mathrm{e}^x\mathrm{d}x = \int x^2\mathrm{d}(\mathrm{e}^x)$

$$= x^2\mathrm{e}^x - 2\int x\mathrm{e}^x\mathrm{d}x$$

$$\xlongequal{\text{再分部积分一次}} x^2\mathrm{e}^x - 2x\mathrm{e}^x + 2\int \mathrm{e}^x\mathrm{d}x$$

$$= (x^2 - 2x + 2)\mathrm{e}^x + C.$$

例 4 $\int \sec^3 x\mathrm{d}x$.

解: $\int \sec^3 x\mathrm{d}x = \int \sec x\mathrm{d}(\tan x)$

$$= \sec x \cdot \tan x - \int \sec x\tan^2 x\mathrm{d}x \quad (\tan^2 x = \sec^2 x - 1)$$

$$= \sec x \cdot \tan x - \int \sec^3 x\mathrm{d}x + \int \sec x\mathrm{d}x.$$

移项、合并、整理得

$$\int \sec^3 x\mathrm{d}x = \frac{1}{2}[\sec x\tan x + \ln|\sec x + \tan x|] + C.$$

例 5 $\int \mathrm{e}^{ax}\sin bx\mathrm{d}x$.

解: $\int \mathrm{e}^{ax}\sin bx\mathrm{d}x = \frac{1}{a}\int \sin bx\mathrm{d}(\mathrm{e}^{ax})$

$$= \frac{1}{a}\mathrm{e}^{ax}\sin bx - \frac{b}{a}\int \cos bx \cdot \mathrm{e}^{ax}\mathrm{d}x$$

$$= \frac{1}{a}\mathrm{e}^{ax}\sin bx - \frac{b}{a^2}\int \cos bx\mathrm{d}(\mathrm{e}^{ax})$$

$$= \frac{1}{a}\mathrm{e}^{ax}\sin bx - \frac{b}{a^2}\mathrm{e}^{ax}\cos bx - \frac{b^2}{a^2}\int \sin bx\mathrm{e}^{ax}\mathrm{d}x.$$

移项、合并、整理得

$$\int \mathrm{e}^{ax}\sin bx\mathrm{d}x = \frac{\mathrm{e}^{ax}}{a^2+b^2}(a\sin bx - b\cos bx) + C.$$

$$\text{记为}\frac{1}{a^2+b^2}\begin{vmatrix} (\mathrm{e}^{ax})' & (\sin bx)' \\ \mathrm{e}^{ax} & \sin bx \end{vmatrix} + C$$

例 6 $\int \mathrm{e}^{ax}\cos bx\mathrm{d}x$.

解: $\int \mathrm{e}^{ax}\cos bx\mathrm{d}x = \frac{\mathrm{e}^{ax}}{a^2+b^2}(a\cos bx + b\sin bx) + C.$

$$\text{记为}\frac{1}{a^2+b^2}\begin{vmatrix} (\mathrm{e}^{ax})' & (\cos bx)' \\ \mathrm{e}^{ax} & \cos bx \end{vmatrix} + C$$

换元与分部积分兼用的例子如下.

例 7 $\int \mathrm{e}^{\sqrt{x}}\mathrm{d}x$.

解: $\int \mathrm{e}^{\sqrt{x}}\mathrm{d}x \xlongequal{x=t^2} \int \mathrm{e}^t \cdot 2t\mathrm{d}t$

$$= 2\left[t\mathrm{e}^t - \int \mathrm{e}^t\mathrm{d}t\right]$$

$$= 2[te^t - e^t] + C$$
$$= 2\sqrt{x}e^{\sqrt{x}} - 2e^{\sqrt{x}} + C.$$

例 8 $\int \cos\ln x \mathrm{d}x$.

解：$\int \cos\ln x \mathrm{d}x \xlongequal[x = e^u]{\ln x = u} \int e^u \underset{\sim\sim\sim}{\cos u \mathrm{d}u}$

$$= e^u \sin u - \int e^u \underset{\sim\sim\sim}{\sin u \mathrm{d}u}$$
$$= e^u \sin u + e^u \cos u - \int e^u \cos u \mathrm{d}u.$$

原式$=\dfrac{1}{2}e^u(\sin u + \cos u) + C$

$$= \frac{x}{2}(\sin\ln x + \cos\ln x) + C.$$

从前面几个例子中，我们可以总结出以下几个关于分部积分法，关于 u,v 的选择规则，以便更好地完成这类的积分计算.

(1) 形如$\int x^n e^{ax} \mathrm{d}x$，令 $u = x^n, \mathrm{d}v = e^{ax}\mathrm{d}x$.

形如$\int x^n \sin x \mathrm{d}x$ 令 $u = x^n, \mathrm{d}v = \sin x \mathrm{d}x$.

形如$\int x^n \cos x \mathrm{d}x$ 令 $u = x^n, \mathrm{d}v = \cos x \mathrm{d}x$.

(2) 形如$\int x^n \arctan x \mathrm{d}x$，令 $u = \arctan x, \mathrm{d}v = x^n \mathrm{d}x$.

形如$\int x^n \ln x \mathrm{d}x$，令 $u = \ln x, \mathrm{d}v = x^n \mathrm{d}x$.

(3) 形如$\int e^{ax}\sin x \mathrm{d}x$，$\int e^{ax}\cos x \mathrm{d}x$ 令 $u = e^{ax}, \sin x, \cos x$ 均可.

第四节　复杂不定积分举例

1. 有理函数的积分

有理函数是指形如 $R(x) = \dfrac{P_n(x)}{Q_m(x)} = \dfrac{a_0x^n + a_1x^{n-1} + \cdots + a_n}{b_0x^m + b_1x^{m-1} + \cdots + b_m}$，其中，$m,n$ 为正整数或者 0. $a_0, \cdots, a_n; b_0, \cdots, b_m$ 都是常数，且 $a_0 \neq 0, b_0 \neq 0$，当 $n < m$ 是真分式，当 $n \geqslant m$ 时是假分式，但总可以通过多项式除法写成一个多项式与一个真分式的和，因此，问题就集中在解决真分式的积分问题.

(1) 任何实多项式都可以分解成为一次因式与二次因式的乘积.

(2) 有理分式的分解：

$$\frac{P(x)}{Q(x)}=\frac{A_1}{(x-a)^{\alpha}}+\frac{A_2}{(x-a)^{\alpha-1}}+\cdots+\frac{A_{\alpha}}{(x-a)}$$
$$+\frac{B_1}{(x-b)^{\beta}}+\frac{B_2}{(x-b)^{\beta-1}}+\cdots+\frac{B_{\beta}}{(x-b)}$$
$$+\frac{M_1x+N_1}{(x^2+px+q)^{\gamma}}+\frac{M_2x+N_2}{(x^2+px+q)^{\gamma-1}}+\cdots+\frac{M_3x+N_3}{(x^2+px+q)}$$
$$+\frac{R_1x+S_1}{(x^2+rx+s)^{\mu}}+\frac{R_2x+S_2}{(x^2+rx+s)^{\mu-1}}+\cdots+\frac{R_{\mu}x+S_{\mu}}{(x^2+rx+s)}.$$

其中，$A_1,\cdots,A_{\alpha},B_i,M_i,N_i,\cdots,R_i,S_i$ 都是常数.

例 1　$\int\frac{x+1}{x^2-x-12}\mathrm{d}x$.

解:$\frac{x+1}{x^2-x-12}=\frac{x+1}{(x-4)(x+3)}=\frac{A}{x-4}+\frac{B}{x+3}$

$$=\frac{A(x+3)+B(x-4)}{(x-4)(x+3)}.$$

$A(x+3)+B(x-4)=x+1.$

令　$x=4,A=\frac{5}{7}$，

令　$x=-3,B=\frac{2}{7}$.

$\therefore$　$\int\frac{x+1}{x^2+3x+5}\mathrm{d}x=\frac{1}{7}\int\left(\frac{5}{x-4}+\frac{2}{x+3}\right)\mathrm{d}x$

$$=\frac{5}{7}\ln|x-4|+\frac{2}{7}\ln|x+3|+C.$$

例 2　$\int\frac{x^3}{x+3}\mathrm{d}x$.

解:$\because$ $\frac{x^3}{x+3}=\frac{x^3+27-27}{x+3}=x^2-3x+9-\frac{27}{x+3}$.

$\therefore\int\frac{x^3}{x+3}\mathrm{d}x=\int\left(x^2-3x+9-\frac{27}{x+3}\right)\mathrm{d}x=\int(x^2-3x+9)\mathrm{d}x-\int\frac{27}{x+3}\mathrm{d}x$

$$=\frac{1}{3}x^3-\frac{3}{2}x^2+9x-27\ln|x+3|+C.$$

例 3　$\int\frac{3}{x^3+1}\mathrm{d}x$.

解:$\because x^3+1=(x+1)(x^2-x+1)$，令$\frac{3}{x^3+1}=\frac{A}{x+1}+\frac{Bx+C}{x^2-x+1}$等式右边通分后比较两边分子 x 的同次项的系数得：

$$\begin{cases}A+B=0\\B+C-A=0\\A+C=3\end{cases}\text{解此方程组得：}\begin{cases}A=1\\B=-1\\C=2\end{cases}$$

$$\therefore \frac{3}{x^3+1}=\frac{1}{x+1}+\frac{-x+2}{x^2-x+1}=\frac{1}{x+1}-\frac{\frac{1}{2}(2x-1)-\frac{3}{2}}{\left(x-\frac{1}{2}\right)^2+\left(\frac{\sqrt{3}}{2}\right)^2}$$

$$=\frac{1}{x+1}-\frac{\frac{1}{2}(2x-1)}{\left(x-\frac{1}{2}\right)^2+\frac{3}{4}}+\frac{3}{2}\frac{1}{\left(x-\frac{1}{2}\right)^2+\left(\frac{\sqrt{3}}{2}\right)^2}.$$

$$\therefore \int\frac{3}{x^3+1}\mathrm{d}x=\int\frac{1}{x+1}\mathrm{d}x-\int\frac{\frac{1}{2}(2x-1)}{\left(x-\frac{1}{2}\right)^2+\frac{3}{4}}\mathrm{d}x+\frac{3}{2}\int\frac{1}{\left(x-\frac{1}{2}\right)^2+\left(\frac{\sqrt{3}}{2}\right)^2}\mathrm{d}x$$

$$=\ln|x+1|-\frac{1}{2}\int\frac{1}{\left(x-\frac{1}{2}\right)^2+\frac{3}{4}}\mathrm{d}\left(\left(x-\frac{1}{2}\right)^2+\frac{3}{4}\right)$$

$$+\sqrt{3}\int\frac{1}{\left(\frac{x-\frac{1}{2}}{\frac{\sqrt{3}}{2}}\right)^2+1}\mathrm{d}\left(\frac{x-\frac{1}{2}}{\frac{\sqrt{3}}{2}}\right)$$

$$=\ln|x+1|-\frac{1}{2}\ln(x^2-x+1)+\sqrt{3}\arctan\left(\frac{2x-1}{\sqrt{3}}\right)+C.$$

2. 可化为有理函数积分举例

三角万能公式如下：

$$\sin x=2\sin\frac{x}{2}\cos\frac{x}{2}=\frac{2\tan\frac{x}{2}}{\sec^2\frac{x}{2}}=\frac{2\tan\frac{x}{2}}{1+\tan^2\frac{x}{2}}\overset{u=\tan\frac{x}{2}}{=\!=\!=}\frac{2u}{1+u^2}.$$

$$\cos x=\cos^2\frac{x}{2}-\sin^2\frac{x}{2}=\frac{1-\tan^2\frac{x}{2}}{1+\tan^2\frac{x}{2}}=\frac{1-u^2}{1+u^2}$$

$$x=2\arctan u$$

$$\mathrm{d}x=\frac{2\mathrm{d}u}{1+u^2}.$$

例 4 $\int\frac{\mathrm{d}x}{3+\sin^2 x}$.

解:$\int \frac{\mathrm{d}x}{3+\sin^2 x}=\int \frac{\csc^2 x\mathrm{d}x}{3\csc^2 x+1}=-\int \frac{\mathrm{d}\cot x}{3\cot^2 x+4}=-\frac{\sqrt{3}}{6}\int \frac{\mathrm{d}\left(\frac{\sqrt{3}}{2}\cot x\right)}{\left(\frac{\sqrt{3}}{2}\cot x\right)^2+1}$

$$=-\frac{\sqrt{3}}{6}\arctan\left(\frac{\sqrt{3}}{2}\cot x\right)+C_0=\frac{\sqrt{3}}{6}\arctan\left(\frac{2}{\sqrt{3}}\tan x\right)+C.$$

例 5 $\int \frac{\sin x\mathrm{d}x}{1+\sin x}=\int\left(1-\frac{1}{1+\sin x}\right)\mathrm{d}x=x-\int \frac{\mathrm{d}x}{1+\sin x}$

$$\xlongequal{u=\tan\frac{x}{2}} x-\int \frac{\frac{2\mathrm{d}u}{1+u^2}}{1+\frac{2u}{1+u^2}}=x-2\int \frac{\mathrm{d}u}{(1+u)^2}$$

$$=x+\frac{2}{1+u}+C$$

$$=x+\frac{2}{1+\tan\frac{x}{2}}+C.$$

解法二 $\int \frac{\sin x}{1+\sin x}\mathrm{d}x=\int \mathrm{d}x-\int \frac{\mathrm{d}x}{1+\sin x}=x-\int \frac{1-\sin x}{1-\sin^2 x}\mathrm{d}x$

$$=x-\int \frac{\mathrm{d}x}{\cos^2 x}-\int \frac{\sin x}{\cos^2 x}\mathrm{d}x$$

$$=x-\tan x+\sec x+C.$$

3. 其他不定积分举例

例 6 $\int \frac{\mathrm{d}x}{1+\tan x}$.

解:令 $t=\tan x$,则 $x=\arctan t$,$\mathrm{d}x=\frac{\mathrm{d}t}{1+t^2}$.

$$\therefore \int \frac{\mathrm{d}x}{1+\tan x}=\int \frac{\mathrm{d}t}{(1+t)(1+t^2)}.$$

$\because \frac{1}{(1+t)(1+t^2)}=\frac{1}{2}\left(\frac{1}{1+t}-\frac{t-1}{1+t^2}\right)=\frac{1}{2}\left(\frac{1}{1+t}-\frac{t}{1+t^2}+\frac{1}{1+t^2}\right).$

$$\therefore \int \frac{\mathrm{d}t}{(1+t)(1+t^2)}=\frac{1}{2}\left(\int \frac{1}{1+t}\mathrm{d}t-\int \frac{t}{1+t^2}\mathrm{d}t+\int \frac{1}{1+t^2}\mathrm{d}t\right)$$

$$=\frac{1}{2}\left[\ln|1+t|-\frac{1}{2}\ln(1+t^2)+\arctan t\right]+C.$$

$$\therefore \int \frac{\mathrm{d}x}{1+\tan x}=\frac{1}{2}\left[\ln|1+\tan x|-\frac{1}{2}\ln(1+\tan^2 x)+x\right]+C.$$

例 7 $\int \frac{\mathrm{d}x}{\sin x}$.

解:$\int \frac{\mathrm{d}x}{\sin x}=\int \frac{\sin x}{\sin^2 x}=\int \frac{-\mathrm{d}(\cos x)}{1-\cos^2 x}$

$$=\frac{1}{2}\int\left(\frac{1}{1-\cos x}+\frac{1}{1+\cos x}\right)\mathrm{d}(-\cos x)$$

$$=\frac{1}{2}\ln\frac{1-\cos x}{1+\cos x}+C$$

$$=\frac{1}{2}\ln\frac{(1-\cos x)^2}{1-\cos^2 x}+C$$

$$=\ln\left|\frac{1-\cos x}{\sin x}\right|+C$$

$$=\ln|\csc x-\cot x|+C.$$

例 8 $\int \frac{x+\sin x}{1+\cos x}\mathrm{d}x.$

解:$\int \frac{x+\sin x}{1+\cos x}\mathrm{d}x=\int \frac{x+2\sin\frac{x}{2}\cos\frac{x}{2}}{2\cos^2\frac{x}{2}}\mathrm{d}x$

$$=\int x\mathrm{d}\left(\tan\frac{x}{2}\right)+\int\tan\frac{x}{2}\mathrm{d}x$$

$$=x\tan\frac{x}{2}-\int\tan\frac{x}{2}\mathrm{d}x+\int\tan\frac{x}{2}\mathrm{d}x+C$$

$$=x\tan\frac{x}{2}+C.$$

例 9 $\int \frac{\sqrt{1-x^2}}{x}\mathrm{d}x.$

解:$\int \frac{\sqrt{1-x^2}}{x}\mathrm{d}x \xlongequal[\mathrm{d}x=\cos t\mathrm{d}t]{x=\sin t}\int\frac{\cos^2 t}{\sin t}\mathrm{d}t$

$$=\int\frac{1-\sin^2 t}{\sin t}\mathrm{d}t$$

$$=\int\csc t\mathrm{d}t-\int\sin t\mathrm{d}t$$

$$=\ln|\csc t-\cot t|+\cos t$$

$$=\ln\left|\frac{1-\sqrt{1-x^2}}{x}\right|+\sqrt{1-x^2}+C.$$

例 10 $\int\frac{\mathrm{d}x}{a^2\cos^2 x+b^2\sin^2 x}.$

解:$\int\frac{\mathrm{d}x}{a^2\cos^2 x+b^2\sin^2 x}=\int\frac{1}{a^2\cos^2 x}\cdot\frac{\mathrm{d}x}{1+\left(\frac{b\sin x}{a\cos x}\right)^2}$

$$=\frac{1}{ab}\int\left(\frac{b}{a}\sec^2 x\right)\frac{dx}{1+\left(\frac{b}{a}\tan x\right)^2}$$

$$=\frac{1}{ab}\int\frac{d\left(\frac{b}{a}\tan x\right)}{1+\left(\frac{b}{a}\tan x\right)^2}$$

$$=\frac{1}{ab}\arctan\left(\frac{b}{a}\tan x\right)+C.$$

例 11　$\int\sqrt{\frac{1-x}{1+x}}dx.$

解：$\int\sqrt{\frac{1-x}{1+x}}dx=\int\sqrt{\frac{(1-x)(1-x)}{(1+x)(1-x)}}dx$

$$=\int\frac{1-x}{\sqrt{1-x^2}}dx$$

$$=\int\frac{1}{\sqrt{1-x^2}}dx-\int\frac{x}{\sqrt{1-x^2}}dx$$

$$=\arcsin x+\sqrt{1-x^2}+C.$$

*第五节　综合训练

1. 分部积分

(1) 多项式：$\int P_n(x)e^{kx}dx=\int u dv \qquad u=P_n(x), dv=e^{kx}dx$

易积分的选作 dv（$dv=e^{kx}dx, dv=\sin ax dx, dv=\cos ax dx$）

求导简单的选作 u（$u=P_n(x)$ 多项式）.

例 1　求$\int(2x^2-3x+1)e^{-2x}dx.$

解：求导对象　$2x^2-3x+1^{(+)}$　　$4x-3^{(-)}$　　$4^{(+)}$　　$0^{(-)}$

积分对象　　e^{-2x}　　$-\frac{1}{2}e^{-2x}$　　$\frac{1}{4}e^{-2x}$　　$-\frac{1}{8}e^{-2x}$

直接写结果

$$I=e^{-2x}\left[-\frac{1}{2}(2x^2-3x+1)-\frac{1}{4}(4x-3)-4\times\frac{1}{8}\right]+C$$

$$=-e^{-2x}\left(x^2-\frac{x}{2}+\frac{1}{4}\right)+C.$$

例 2　求$\int(x^2+x-2)\sin 2x dx.$

解: 求导对象 $x^2+x-2^{(+)}$ $\quad 2x+1^{(-)}$ $\quad 2^{(+)}$

积分对象 $\sin 2x$ $\quad -\frac{1}{2}\cos 2x$ $\quad -\frac{1}{4}\sin 2x$ $\quad \frac{1}{8}\cos 2x$

$$I=-\frac{1}{2}\cos 2x(x^2+x-2)+\frac{1}{4}(2x+1)\sin 2x+\frac{1}{4}\cos 2x+C.$$

(2) 混合式

$$\int e^{kx}\sin ax\,dx=\frac{1}{k^2+a^2}\begin{vmatrix}(e^{kx})' & (\sin ax)' \\ e^{kx} & \sin ax\end{vmatrix}+C$$

$$\int e^{kx}\cos ax\,dx=\frac{1}{k^2+a^2}\begin{vmatrix}(e^{kx})' & (\cos ax)' \\ e^{kx} & \cos ax\end{vmatrix}+C$$

$\int P_n(x)\ln x\,dx$ 　　　　$u=\ln x \quad dv=P_n(x)dx$

　　　　　　　　其中

$\int P_n(x)\arcsin x\,dx$ 　$u=\arcsin x \quad dv=P_n(x)dx.$

例 3 $\int \frac{\arctan x}{x^3}dx.$

解: $$\int \frac{\arctan x}{x^3}dx=\frac{-1}{2x^2}\arctan x+\frac{1}{2}\int \frac{1}{x^2}\cdot\frac{1}{1+x^2}dx$$
$$=\frac{-1}{2x^2}\arctan x+\frac{1}{2}\int\left(\frac{1}{x^2}-\frac{1}{1+x^2}\right)dx$$
$$=\frac{-1}{2x^2}\arctan x-\frac{1}{2x}-\frac{1}{2}\arctan x+C$$

例 4 $I=\int x^{\mu}\ln x\,dx.$

解: $\mu\neq -1$ 时 $\quad I=\frac{x^{\mu+1}}{\mu+1}\ln x-\frac{x^{\mu+1}}{(\mu+1)^2}+C$

$\mu=-1$ 时 $\quad I=\frac{1}{2}(\ln x)^2+C.$

例 5 $I=\int \sin(\ln x)dx.$

解: $$I=\int \sin(\ln x)dx$$
$$=x\sin\ln x-\int x\cos\ln x\cdot\frac{1}{x}dx$$
$$=x\sin(\ln x)-x\cos(\ln x)-\int x\sin(\ln x)\frac{dx}{x}$$

移项,整理得

$$I=\frac{x}{2}[\sin(\ln x)-\cos(\ln x)]+C.$$

例 6　$I = \int (\arcsin x)^2 \mathrm{d}x.$

解: 令 $t = \arcsin x$　则 $x = \sin t$

求导对象　$t^{2(+)}$　$2t^{(-)}$　$2^{(+)}$　0

积分对象　$\cos t$　$\sin t$　$-\cos t$　$-\sin t$

$$I = \int t^2 \cos t \mathrm{d}t$$

$$I = t^2 \sin t + 2t\cos t - 2\sin t + C$$

$$= x(\arcsin x)^2 + 2\sqrt{1-x^2}\arcsin x - 2x + C.$$

2. 第二类换元

(1) 三角代换(图 4-5)

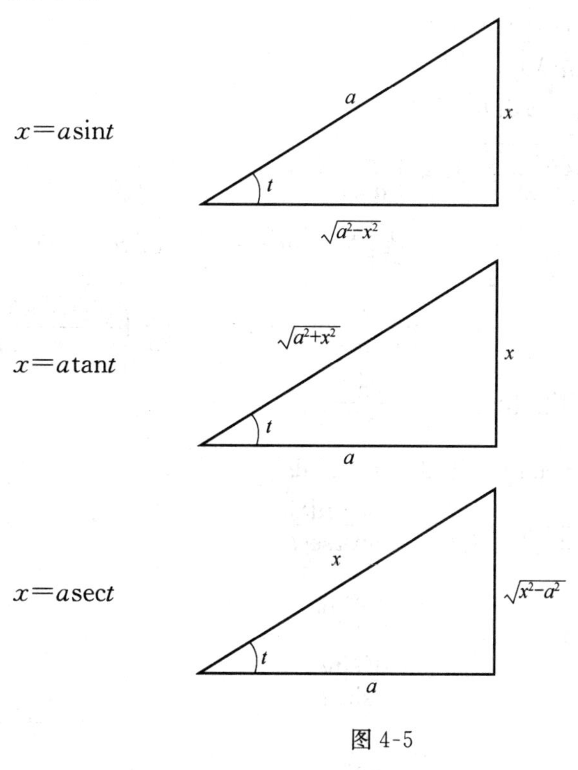

图 4-5

(2) 倒代换

$$x = \frac{1}{t}$$

被积函数分母的幂次高才可使用此代换.

(3) 指数代换

$$\mathrm{e}^x = t.$$

例 7 求 $\int \frac{\sqrt{a^2-x^2}}{x^4}\mathrm{d}x$.

解: $\int \frac{\sqrt{a^2-x^2}}{x^4}\mathrm{d}x$

$$\xlongequal{\text{令 } x=\frac{1}{t}} \int t^4\sqrt{a^2-\frac{1}{t^2}}\left(-\frac{\mathrm{d}t}{t^2}\right)$$

$$=-\int t\sqrt{a^4t^2-1}\mathrm{d}t$$

$$=-\frac{1}{2a^2}\int\sqrt{a^2t^2-1}\mathrm{d}(a^2t^2-1)$$

$$=-\frac{1}{3a^2}(a^2t^2-1)^{\frac{3}{2}}+C$$

$$=-\frac{1}{3a^2}\left(\frac{a^2}{x^2}-1\right)^{\frac{3}{2}}+C.$$

另解:令 $x=a\sin t$

$$\int\frac{\sqrt{a^2-x^2}}{x^4}\mathrm{d}x=\int\frac{a\cos t}{a^4\sin^4 t}\cdot a\cos t\mathrm{d}t$$

$$=\frac{1}{a^2}\int\frac{\cot^2 t}{\sin^2 t}\mathrm{d}t=-\frac{1}{a^2}\int\cot^2 t\mathrm{d}(\cot t)$$

$$=-\frac{1}{3a^2}\cot^3 t+C=-\frac{1}{3a^2}\left(\frac{\sqrt{a^2-x^2}}{x}\right)^3+C.$$

例 8 求不定积分 $\int\frac{\mathrm{d}x}{x^2\sqrt{1+x^2}}$.

解:令 $x=\tan t$ 则 $\mathrm{d}x=\sec^2 t\mathrm{d}t$

$$\int\frac{\mathrm{d}t}{x^2\sqrt{1+x^2}}=\int\frac{\sec^2 t\mathrm{d}t}{\tan^2 t\sec t}$$

$$=\int\frac{\cos t}{\sin^2 t}\mathrm{d}t$$

$$=\int\frac{\mathrm{d}(\sin t)}{\sin^2 t}$$

$$=-\frac{1}{\sin t}+C$$

$$=-\frac{1}{\frac{\cos t}{\tan t}}+C$$

$$=-\frac{\sqrt{1+x^2}}{x}+C.$$

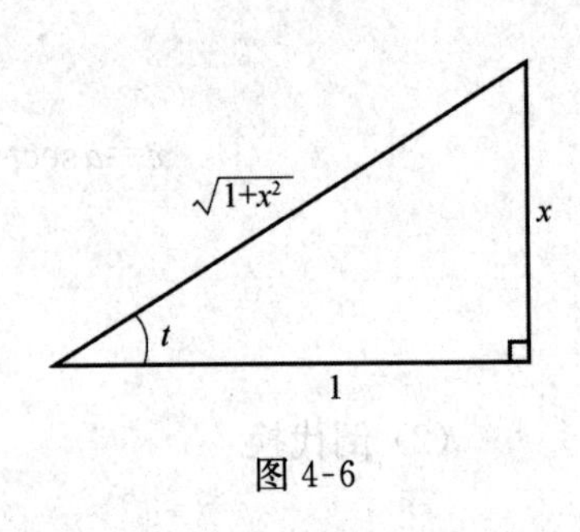

图 4-6

例 9　求 $\int \frac{\sqrt{x^2-a^2}}{x}\mathrm{d}x$.

解: 令 $x=a\sec t$

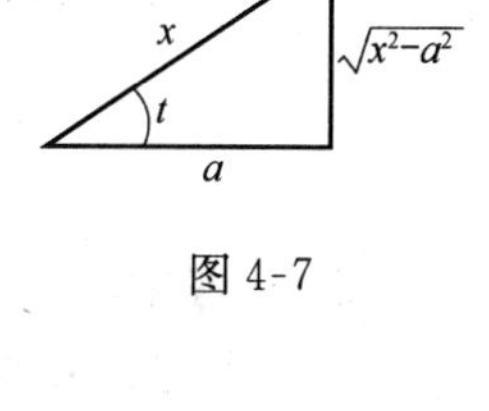

图 4-7

$$\int \frac{\sqrt{x^2-a^2}}{x}\mathrm{d}x$$

$$=\int \frac{a\tan t}{a\sec t}a\sec t\tan t\mathrm{d}t$$

$$=a\int(\sec^2 t-1)\mathrm{d}t$$

$$=a(\tan t-t)+C$$

$$=a\left(\frac{\sqrt{x^2-a^2}}{a}-\arccos\frac{a}{x}\right)+C$$

$$=\sqrt{x^2-a^2}-a\cdot\arccos\frac{a}{x}+C$$

注:此题不宜用倒代换 $t=\frac{1}{x}$.

例 10　求 $I=\int\frac{2^x}{1+2^x+(2^x)^2}\mathrm{d}x$.

解: 令 $2^x=t\qquad x\cdot\ln 2=\ln t\qquad \mathrm{d}x=\frac{\mathrm{d}t}{t\ln 2}$

$$I=\frac{1}{\ln 2}\frac{\mathrm{d}t}{1+t+t^2}$$

$$=\frac{1}{\ln 2}\int\frac{\mathrm{d}t}{\left(t+\frac{1}{2}\right)^2+\frac{3}{4}}$$

$$=\frac{1}{\ln 2}\cdot\frac{2}{\sqrt{3}}\arctan\frac{2t+1}{\sqrt{3}}+C$$

$$=\frac{1}{\ln 2}\cdot\frac{2}{\sqrt{3}}\arctan\frac{2\cdot 2^x+1}{\sqrt{3}}+C.$$

例 11　求 $I=\int\frac{\sqrt{x-1}\arctan\sqrt{x-1}}{x}\mathrm{d}x$.

解: 令 $\arctan\sqrt{x-1}=t$　则 $\sqrt{x-1}=\tan t$

$$x=\tan^2 t+1=\sec^2 t$$

$$\mathrm{d}x=2\sec^2 t\tan t\mathrm{d}t$$

$$I=\int\frac{\tan t\cdot t\cdot 2\sec^2 t\cdot\tan t\mathrm{d}t}{\sec^2 t}$$

$$=2\int t(\sec^2 t-1)\mathrm{d}t$$

$$= 2\int t\mathrm{d}(\tan t) - \int 2t\mathrm{d}t$$

$$= 2t \cdot \tan t - 2\int \frac{\sin t}{\cos t}\mathrm{d}t - t^2$$

$$= 2t(\tan t) + 2\ln\cos t - t^2 + C$$

$$= 2\sqrt{x-1} \cdot \arctan\sqrt{x-1} - \ln x - (\arctan\sqrt{x-1})^2 + C.$$

3. 一般求不定积分举例

(1) 不定积分题

例 12 $\int x\tan^2 x\mathrm{d}x.$

解: $\int x\tan^2 x\mathrm{d}x = \int x(\sec^2 x - 1)\mathrm{d}x$

$$= \int x\sec^2 x\mathrm{d}x - \int x\mathrm{d}x$$

$$= \int x\mathrm{d}(\tan x) - \frac{x^2}{2}$$

$$= x\tan x - \int \frac{\sin x}{\cos x}\mathrm{d}x - \frac{x^2}{2}$$

$$= x\tan x + \ln|\cos x| - \frac{x^2}{2} + C.$$

例 13 $\int \frac{(\ln x)^2}{x^2}\mathrm{d}x.$

解: $\int \frac{(\ln x)^2}{x^2}\mathrm{d}x = -\frac{(\ln x)^2}{x} + 2\int \frac{\ln x}{x^2}\mathrm{d}x$

$$= -\frac{(\ln x)^2}{x} - \frac{2}{x}\ln x + \int \frac{2}{x^2}\mathrm{d}x$$

$$= \frac{-(\ln x)^2}{x} - \frac{2\ln x}{x} - \frac{2}{x} + C.$$

例 14 求$\int \frac{\mathrm{d}x}{\cos^3 x\sin x}.$

解: $\int \frac{\mathrm{d}x}{\cos^3 x\sin x}$

$$= \int \frac{\cos^2 x + \sin^2 x}{\cos^3 x\sin x}\mathrm{d}x$$

$$= \int \frac{\sin x}{\cos^3 x}\mathrm{d}x + \int \frac{1}{\cos x\sin x}\mathrm{d}x$$

$$= -\int \frac{\mathrm{d}(\cos x)}{\cos^3 x} + 2\int \csc 2x\mathrm{d}x$$

$$= \frac{1}{2\cos^2 x} + \ln|\csc 2x - \cot 2x| + C.$$

例 15 求不定积分$\int x(\ln x)^2\mathrm{d}x$.

解： $\int x(\ln x)^2\mathrm{d}x$

$=\int(\ln x)^2\mathrm{d}\left(\frac{x^2}{2}\right)$

$=\frac{x^2}{2}(\ln x)^2-\int\frac{x^2}{2}\cdot 2\ln x\cdot\frac{\mathrm{d}x}{x}$

$=\frac{x^2}{2}(\ln x)^2-\int x\ln x\mathrm{d}x$

$=\frac{x^2}{2}(\ln x)^2-\int\ln x\mathrm{d}\left(\frac{x^2}{2}\right)$

$=\frac{x^2}{2}(\ln x)^2-\frac{x^2}{2}\ln x+\int\frac{x^2}{2}\cdot\frac{\mathrm{d}x}{x}$

$=\frac{x^2}{2}(\ln x)^2-\frac{x^2}{2}\ln x+\frac{x^2}{4}+C.$

验： $\left[\frac{x^2}{2}(\ln x)^2-\frac{x^2}{2}\ln x+\frac{x^2}{4}+C\right]'$

$=x(\ln x)^2+\frac{x^2}{2}\cdot 2\ln x\cdot\frac{1}{x}-x\ln x-\frac{x^2}{2}\cdot\frac{1}{x}+\frac{x}{2}$

$=x(\ln x)^2.$

例 16 $\int x^2\cos x\mathrm{d}x$.

解：$\int x^2\cos x\mathrm{d}x=\int x^2\mathrm{d}(\sin x)$

$=x^2\sin x-2\int x\sin x\mathrm{d}x$

$=x^2\sin x+2\int x\mathrm{d}(\cos x)$

$=x^2\sin x+2x\cos x-2\int\cos x\mathrm{d}x$

$=x^2\sin x+2x\cos x-2\sin x+C.$

例 17 求不定积分$\int\frac{\mathrm{d}x}{x\ln x\ln\ln x}$.

解： $\int\frac{\mathrm{d}x}{x\ln x[\ln(\ln x)]}$

$=\int\frac{\mathrm{d}(\ln x)}{\ln x\cdot[\ln(\ln x)]}$

$=\int\frac{\mathrm{d}[\ln(\ln x)]}{\ln(\ln x)}$

$= \ln[\ln(\ln x)] + C.$

例 18 求不定积分$\int \frac{\ln(1+x)}{\sqrt{x}}\mathrm{d}x$.

解: $\int \frac{\ln(1+x)}{\sqrt{x}}\mathrm{d}x$

$$\xlongequal[\text{则 } \mathrm{d}x = 2t\mathrm{d}t]{\text{令 } x = t^2} \int \frac{\ln(1+t^2)2t\mathrm{d}t}{t}$$

$$= 2t\ln(1+t^2) - 2\int \frac{t \cdot 2t}{1+t^2}\mathrm{d}t$$

$$= 2t\ln(1+t^2) - 4\int \left(1 - \frac{1}{1+t^2}\right)\mathrm{d}t$$

$$= 2t\ln(1+t^2) - 4t + \arctan t + C$$

$$= 2\sqrt{x}\ln(1+x) - 4\sqrt{x} + \arctan\sqrt{x} + C.$$

例 19 求不定积分$\int \frac{x}{x^2+2x+2}\mathrm{d}x$.

解: $\int \frac{x}{x^2+2x+2}\mathrm{d}x$

$$= \frac{1}{2}\int \frac{2x+2-2}{x^2+2x+2}\mathrm{d}x$$

$$= \frac{1}{2}\int \frac{\mathrm{d}(x^2+2x+2)}{x^2+2x+2} - \int \frac{\mathrm{d}x}{x^2+2x+1+1}$$

$$= \frac{1}{2}\ln(x^2+2x+2) - \int \frac{\mathrm{d}(x+1)}{(x+1)^2+1}$$

$$= \frac{1}{2}\ln(x^2+2x+2) - \arctan(x+1) + C.$$

例 20 求不定积分$\int \frac{x+1}{\sqrt{2x+1}}\mathrm{d}x$.

解:解法一

$$\text{原式} = \int \frac{\frac{1}{2}(2x+1) + \frac{1}{2}}{\sqrt{2x+1}}\mathrm{d}x$$

$$= \frac{1}{2}\int \sqrt{2x+1}\mathrm{d}x + \frac{1}{2}\int (2x+1)^{-\frac{1}{2}}\mathrm{d}x$$

$$= \frac{1}{4}\int [(2x+1)^{\frac{1}{2}} + (2x+1)^{-\frac{1}{2}}]\mathrm{d}(2x+1)$$

$$= \frac{1}{4}\left[\frac{2}{3}(2x+1)^{\frac{3}{2}} + 2(2x+1)^{\frac{1}{2}}\right] + C$$

$$= \frac{1}{6}(2x+1)^{\frac{3}{2}} + \frac{1}{2}(2x+1)^{\frac{1}{2}} + C.$$

解法二

$$原式=\int(x+1)\mathrm{d}(\sqrt{2x+1})$$
$$=(x+1)\sqrt{2x+1}-\int\sqrt{2x+1}\mathrm{d}x$$
$$=(x+1)\sqrt{2x+1}-\frac{1}{3}(2x+1)^{\frac{3}{2}}+C.$$

注意到$\left(\frac{2x+1}{6}+\frac{1}{2}\right)(2x+1)^{\frac{1}{2}}=\left(\frac{x+2}{3}\right)(2x+1)^{\frac{1}{2}}$

$$\left(x+1-\frac{2x+1}{3}\right)(2x+1)^{\frac{1}{2}}=\left(\frac{x+2}{3}\right)(2x+1)^{\frac{1}{2}}$$

上述解是一样的.

例 21 求不定积分$\int x^2\sin x\mathrm{d}x$.

解:原式$=-\int x^2\mathrm{d}(\cos x)$

$$=-x^2\cos x+2\int x\cos x\mathrm{d}x$$
$$=-x^2\cos x+2x\sin x-2\int\sin x\mathrm{d}x$$
$$=-x^2\cos x+2x\sin x+2\cos x+C.$$

例 22 求$I=\int\frac{x+5}{x^2-6x+13}\mathrm{d}x$.

解:$I=\int\frac{x+5}{x^2-6x+13}\mathrm{d}x$

$$=\int\frac{(x-3)+8}{(x-3)^2+4}\mathrm{d}x$$
$$=\frac{1}{2}\int\frac{\mathrm{d}((x-3)^2+4)}{(x-3)^2+4}+8\int\frac{\mathrm{d}x}{(x-3)^2+4}$$
$$=\frac{1}{2}\ln[(x-3)^2+4]+4\arctan\left(\frac{x-3}{2}\right)+C.$$

例 23 计算不定积分$\int\mathrm{e}^x\sqrt{4+3\mathrm{e}^x}\mathrm{d}x$.

解: $\int\mathrm{e}^x\sqrt{4+3\mathrm{e}^x}\mathrm{d}x$

$$=\frac{1}{3}\sqrt{4+3\mathrm{e}^x}\mathrm{d}(4+3\mathrm{e}^x)$$
$$=\frac{1}{3}\cdot\frac{2}{3}(4+3\mathrm{e}^x)^{\frac{3}{2}}+C$$
$$=\frac{2}{9}(4+3\mathrm{e}^x)\sqrt{4+3\mathrm{e}^x}+C$$

例 24 求$\int \frac{dx}{\sqrt{4-x^2}\arcsin\frac{x}{2}}$.

解: $\int \frac{dx}{\sqrt{4-x^2}\arcsin\frac{x}{2}}$

$$=\int \frac{d\left(\frac{x}{2}\right)}{\sqrt{1-\left(\frac{x}{2}\right)^2}\arcsin\frac{x}{2}}$$

$$=\int \frac{d\left(\arcsin\frac{x}{2}\right)}{\arcsin\frac{x}{2}}$$

$$=\ln\left(\arcsin\frac{x}{2}\right)+C.$$

例 25 设 $f(x)$ 的一个原函数是 x,求$\int f(x)\cos x dx$.

解: $f(x)$ 的一个原函数是 x,$(x+C)'_x=1=f(x)$

$\therefore \int f(x)\cos x dx=\int \cos x dx=\sin x+C.$

例 26 求不定积分$\int \frac{x dx}{1+\cos 2x}$.

解: $\int \frac{x dx}{1+\cos 2x}$

$$=\int \frac{x dx}{2\cos^2 x}$$

$$=\int \frac{x}{2} d(\tan x)$$

$$=\frac{x}{2}\tan x-\frac{1}{2}\int \frac{\sin x}{\cos x}dx$$

$$=\frac{1}{2}[x\tan x+\ln|\cos x|]+C.$$

例 27 求 $I=\int \frac{1}{1+\cos x+\sin x}dx$.

解: $I=\int \frac{dx}{1+\cos x+\sin x}$

$$=\int \frac{dx}{2\cos^2\frac{x}{2}+2\cos\frac{x}{2}\sin\frac{x}{2}}$$

$$=\int\frac{\mathrm{d}x}{2\cos^2\frac{x}{2}\left(1+\tan\frac{x}{2}\right)}$$

$$=\int\frac{\mathrm{d}\left(1+\tan\frac{x}{2}\right)}{1+\tan\frac{x}{2}}$$

$$=\ln\left(1+\tan\frac{x}{2}\right)+C$$

例 28　求$\int\frac{xe^x}{(x+1)^2}\mathrm{d}x$.

解： $\int\frac{xe^x\mathrm{d}x}{(x+1)^2}$

$$=\frac{-xe^x}{(x+1)}+\int\frac{e^x+xe^x}{x+1}\mathrm{d}x$$

$$=\frac{-xe^x}{x+1}+\int e^x\mathrm{d}x$$

$$=\frac{-xe^x}{x+1}+e^x+C$$

$$=\frac{e^x}{x+1}+C$$

例 29　求$I=\int\frac{\ln[(x+a)^{x+a}(x+b)^{x+b}]}{(x+a)(x+b)}\mathrm{d}x$.

解：$I=\int\frac{(x+a)\ln(x+a)+(x+b)\ln(x+b)}{(x+a)(x+b)}\mathrm{d}x$

$$=\int\frac{\ln(x+a)}{x+b}\mathrm{d}x+\int\frac{\ln(x+b)}{x+a}\mathrm{d}x$$

$$=[\ln(x+a)]\cdot[\ln(x+b)]+C$$

例 30　求$\int\sqrt{1-\sin x}\mathrm{d}x$.

解： $\int\sqrt{1-\sin x}\mathrm{d}x$

$$=\int\sqrt{\cos^2\frac{x}{2}+\sin^2\frac{x}{2}-2\sin\frac{x}{2}\cos\frac{x}{2}}\mathrm{d}x$$

$$=\int\sqrt{\left(\sin\frac{x}{2}-\cos\frac{x}{2}\right)^2}\mathrm{d}x$$

$$=\int\left(\sin\frac{x}{2}-\cos\frac{x}{2}\right)\mathrm{d}x\quad\left(\text{设}\sin\frac{x}{2}-\cos\frac{x}{2}\geqslant 0\right)$$

$$=-2\cos\frac{x}{2}-2\sin\frac{x}{2}+C.$$

例 31 求 $I=\int \frac{1+\sin x}{1+\cos x}e^x dx$.

解:$I=\int \frac{1+2\sin\frac{x}{2}\cos\frac{x}{2}}{2\cos^2\frac{x}{2}}e^x dx$

$=\int \frac{e^x}{2\cos^2\frac{x}{2}}dx+\int \tan\frac{x}{2}\cdot e^x dx$

$=e^x\tan\frac{x}{2}-\int \tan\frac{x}{2}\cdot e^x dx+\int \tan\frac{x}{2}\cdot e^x dx+C$

$=e^x\tan\frac{x}{2}+C.$

例 32 求不定积分$\int \frac{\arctan\sqrt{x}}{\sqrt{x}(1+x)}dx$.

解:$[\arctan\sqrt{x}]'=\frac{1}{(1+x)\cdot 2\sqrt{x}}$

$\therefore \int \frac{\arctan\sqrt{x}}{\sqrt{x}(1+x)}dx$

$=\int 2(\arctan\sqrt{x})d(\arctan\sqrt{x})$

$=[\arctan\sqrt{x}]^2+C.$

例 33 求不定积分$\int \frac{x}{\sqrt{1+x^2}\sqrt{1+\sqrt{1+x^2}}}dx$.

解:$[1+\sqrt{1+x^2}]'=\frac{x}{\sqrt{1+x^2}}$

$[\sqrt{1+\sqrt{1+x^2}}]'=\frac{\frac{x}{\sqrt{1+x^2}}}{2\sqrt{1+\sqrt{1+x^2}}}=\frac{x}{2\sqrt{1+x^2}\sqrt{1+\sqrt{1+x^2}}}$

$\therefore \int \frac{x}{\sqrt{1+x^2}\sqrt{1+\sqrt{1+x^2}}}dx=2\sqrt{1+\sqrt{1+x^2}}+C.$

例 34 求$\int \sqrt{\frac{\ln(x+\sqrt{1+x^2})}{1+x^2}}dx$.

解:$[\ln(x+\sqrt{1+x^2})]'=\frac{1}{\sqrt{1+x^2}}$

$\therefore \int \sqrt{\frac{\ln(x+\sqrt{1+x^2})}{1+x^2}}dx$

$$=\int\sqrt{\ln(x+\sqrt{1+x^2})}\,\mathrm{d}[\ln(x+\sqrt{1+x^2})]$$

$$=\frac{2}{3}[\ln(x+\sqrt{1+x^2})]^{\frac{3}{2}}+C$$

例 35　求不定积分$\int\frac{\sin2x}{(a\cos^2x+b\sin^2x)^2}\mathrm{d}x$.

解: $(a\cos^2x+b\sin^2x)'=a\cdot2\cos x(-\sin x)+b\cdot2\sin x\cos x$

$$=(b-a)\sin2x$$

$$\therefore\quad\int\frac{\sin2x\mathrm{d}x}{(a\cos^2x+b\sin^2x)^2}$$

$$=\frac{1}{b-a}\int\frac{\mathrm{d}(a\cos^2x+b\sin^2x)}{(a\cos^2x+b\sin^2x)^2}$$

$$=\frac{-1}{b-a}\cdot\frac{1}{a\cos^2x+b\sin^2x}+C$$

例 36　求$\int\frac{1}{1+\mathrm{e}^x}\mathrm{d}x$.

解: 原式$=\int\frac{1+\mathrm{e}^x-\mathrm{e}^x}{1+\mathrm{e}^x}\mathrm{d}x$

$$=\int\mathrm{d}x-\int\frac{\mathrm{e}^x}{1+\mathrm{e}^x}\mathrm{d}x$$

$$=x-\int\frac{\mathrm{d}(1+\mathrm{e}^x)}{1+\mathrm{e}^x}$$

$$=x-\ln(1+\mathrm{e}^x)+C.$$

例 37　求$\int\frac{x^2+1}{x^4+1}\mathrm{d}x$.

解: $\int\frac{x^2+1}{x^4+1}\mathrm{d}x$

$$=\int\frac{1+\frac{1}{x^2}}{x^2+\frac{1}{x^2}}\mathrm{d}x$$

$$=\int\frac{\mathrm{d}\left(x-\frac{1}{x}\right)}{\left(x-\frac{1}{x}\right)^2+2}$$

$$=\frac{1}{\sqrt{2}}\arctan\frac{x-\frac{1}{x}}{\sqrt{2}}+C.$$

例 38　求$\int\frac{1-x^5}{x(1+x^5)}\mathrm{d}x$.

解: $\int \frac{1-x^5}{x(1+x^5)}\mathrm{d}x$

$$=\int \frac{(1-x^5)x^4}{x^5(1+x^5)}\mathrm{d}x$$

$$=\frac{1}{5}\int \frac{(1-x^5)\mathrm{d}(x^5)}{x^5(1+x^5)}$$

$$\xlongequal{令 u=x^5}\frac{1}{5}\int \frac{1-u}{u(1+u)}\mathrm{d}u$$

$$=\frac{1}{5}\int\left[\frac{1}{u(1+u)}-\frac{1}{1+u}\right]\mathrm{d}u$$

$$=\frac{1}{5}\int\left[\frac{1}{u}-\frac{2}{1+u}\right]\mathrm{d}u$$

$$=\frac{1}{5}[\ln u-2\ln(1+u)]+C$$

$$=\frac{1}{5}\ln\frac{x^5}{(1+x^5)^2}+C.$$

例 39 求$\int \frac{1-\ln x}{(x-\ln x)^2}\mathrm{d}x$.

解: $\int \frac{1-\ln x}{(x-\ln x)^2}\mathrm{d}x$

$$=\int \frac{\frac{1-\ln x}{x^2}}{\left(1-\frac{\ln x}{x}\right)^2}\mathrm{d}x \qquad \left(\left(1-\frac{\ln x}{x}\right)'=-\frac{\frac{1}{x}\cdot x-\ln x}{x^2}\right)$$

$$=-\int \frac{\mathrm{d}\left(1-\frac{\ln x}{x}\right)}{\left(1-\frac{\ln x}{x}\right)^2}$$

$$=\frac{1}{1-\frac{\ln x}{x}}+C$$

$$=\frac{x}{x-\ln x}+C.$$

验: $\left(\frac{x}{x-\ln x}\right)'=\frac{x-\ln x-x\left(1-\frac{1}{x}\right)}{(x-\ln x)^2}=\frac{1-\ln x}{(x-\ln x)^2}.$

例 40 求$\int \frac{x+1}{x(1+x\mathrm{e}^x)}\mathrm{d}x$.

解: $(x\mathrm{e}^x)'=\mathrm{e}^x(x+1)$

$$\int \frac{x+1}{x(1+xe^x)}dx$$

$$=\int \frac{(x+1)e^x}{xe^x(1+xe^x)}dx$$

$$=\int \frac{d(xe^x)}{xe^x(1+xe^x)}$$

$$\xlongequal{令 u=xe^x}\int \frac{du}{u(1+u)}$$

$$=\int\left(\frac{1}{u}-\frac{1}{1+u}\right)du$$

$$=\ln\frac{u}{1+u}+C$$

$$=\ln\frac{xe^x}{1+xe^x}+C$$

(2) 填空及单项选择题

例 41 设 $f(x)=e^{-x}$ 则 $\int \frac{f'(\ln x)}{x}dx=(\quad)$.

A. $-\frac{1}{x}+C$ B. $-\ln x+C$ C. $\frac{1}{x}+C$ D. $\ln x+C$

解: $\int \frac{f'(\ln x)}{x}dx=\int f'(\ln x)d(\ln x)$

$=f(\ln x)+C$

$=e^{-\ln x}+C$

$=\frac{1}{x}+C$

选(C).

例 42 $\int d(1-\cos x)=(\quad)$.

A. $1-\cos x$ B. $x-\sin x+C$ C. $-\cos x+C$ D. $\sin x+x$

解: $\int d(1-\cos x)$ 是不定积分,必含任意常数,故 A 错.

事实上 $\int d(1-\cos x)=1-\cos x+C_1=-\cos x+C$

选(C).

或 $\int d(1-\cos x)=\int d(-\cos x)=-\cos x+C$.

例 43 设 $\sec^2 x$ 是 $f(x)$ 的一个原函数,则 $\int xf(x)dx=$ ________.

解: $\int xf(x)dx$

$=\int x\mathrm{d}(\sec^2 x)$

$=x\sec^2 x-\int\sec^2 x\mathrm{d}x$

$=x\sec^2 x-\tan x+C.$

例 44 计算 $I=\int\left(\frac{f}{f'}-\frac{f^2 f''}{f'^3}\right)\mathrm{d}x=$ ______.

解: $I=\int\left(\frac{f}{f'}-\frac{f^2 f''}{f'^3}\right)\mathrm{d}x$

$=\int\frac{ff'^2-f^2 f''}{f'^3}\mathrm{d}x$

$=\int\frac{f}{f'}\frac{f'^2-ff''}{f'^2}\mathrm{d}x$

$=\int\frac{f}{f'}\mathrm{d}\left(\frac{f}{f'}\right)$

$=\frac{1}{2}\left(\frac{f}{f'}\right)^2+C.$

例 45 若 $\int f(x)\mathrm{d}x=x^3+C$ 则 $\int xf(1-x^2)\mathrm{d}x=($ $)$.

A. $(1-x^2)^3+C$　　B. $-(1-x^2)^3+C$

C. $\frac{1}{2}(1-x^2)^3+C$　　D. $-\frac{1}{2}(1-x^2)^3+C$

解: $\int xf(1-x^2)\mathrm{d}x$

$=\frac{-1}{2}\int f(1-x^2)\mathrm{d}(1-x^2)$

$=-\frac{1}{2}(1-x^2)^3+C$

选(D).

例 46 设 $f(x^2-1)=\ln\frac{x^2}{x^2-2},f(\varphi(x))=\ln x$

计算 $\int\varphi(x)\mathrm{d}x=$ ______.

解: 令 $x^2-1=t$　$x^2=t+1,x^2-2=t-1$

$\therefore f(t)=\ln\frac{t+1}{t-1}\Longrightarrow f[\varphi(x)]=\ln\frac{\varphi(x)+1}{\varphi(x)-1}=\ln x$

$\frac{\varphi(x)+1}{\varphi(x)-1}=x$　　$\varphi(x)+1=x\varphi(x)-x$　　$\varphi(x)=\frac{x+1}{x-1}$

$$\int\varphi(x)\mathrm{d}x=\int\frac{x+1}{x-1}\mathrm{d}x=\int\left(1+\frac{2}{x-1}\right)\mathrm{d}x$$

$$\int\varphi(x)\mathrm{d}x=x+2\ln(x-1)+C.$$

例 47 设 $f(x)=\begin{cases}x^2 & x\leqslant 0\\ \sin x & x>0\end{cases}$ 求 $\int f(x)\mathrm{d}x=$ ________.

解: $\lim\limits_{x\to0^-}f(x)=\lim\limits_{x\to0^+}f(x)=\lim\limits_{x\to0}f(x)=0=f(0)$，$f(x)$ 连续.

$x\leqslant0$ 时

$$\int f(x)\mathrm{d}x=\int x^2\mathrm{d}x=\frac{x^3}{3}+C_1$$

$x>0$ 时

$$\int f(x)\mathrm{d}x=\int\sin x\mathrm{d}x=-\cos x+C_2$$

由原函数的连续性

$$\lim_{x\to0^-}\left(\frac{x^3}{3}+C_1\right)=C_1=\lim_{x\to0^+}(-\cos x+C_2)=C_2-1$$

令 $C_1=C$，则 $C_2=1+C$

$$\therefore\int f(x)\mathrm{d}x=\begin{cases}\dfrac{x^3}{3}+C & x\leqslant0\\ 1-\cos x+C & x>0.\end{cases}$$

例 48 若 $f(x)$ 有一个原函数是 $\sin x$ 则 $\int f'(x)\mathrm{d}x=$ ________.

解: $f(x)$ 有一个原函数是 $\sin x$

即 $f(x)=(\sin x)'=\cos x$

而 $\int f'(x)\mathrm{d}x=f(x)+C=\cos x+C$ （C 为任意常数）

填 $\int f'(x)\mathrm{d}x=\underline{\cos x+C}$.

例 49 设 $\int f(x)\mathrm{d}x=F(x)+C$. 则 $\int\mathrm{e}^{-x}f(\mathrm{e}^{-x})\mathrm{d}x=$ (　　).

A. $F(\mathrm{e}^x)+C$　　　　B. $-F(\mathrm{e}^{-x})+C$

C. $F(\mathrm{e}^{-x})+C$　　　　D. $\dfrac{F(\mathrm{e}^{-x})}{x}+C$

解: $\int\mathrm{e}^{-x}f(\mathrm{e}^{-x})\mathrm{d}x$

$=-\int f(\mathrm{e}^{-x})\mathrm{d}(\mathrm{e}^{-x})$

$=-F(\mathrm{e}^{-x})+C$

选(B).

习 题 四

1. 若 $f(x)$的导函数为 $\sin x$,则 $f(x)$的一个原函数是(　　).

A. $1+\sin x$　　B. $1-\sin x$　　C. $1+\cos x$　　D. $1-\cos x$

2. 下列式子中,正确的结果是(　　).

A. $\int f(x)\mathrm{d}x = f(x)$　　B. $\int \mathrm{d}f(x) = f(x)$

C. $\frac{\mathrm{d}}{\mathrm{d}x}\int f(x)\mathrm{d}x = f(x)$　　D. $\mathrm{d}\int f(x)\mathrm{d}x = f(x)$

3. 设 $f(x)$ 的一个原函数是$\frac{\sin x}{x}$,则$\int xf'(x)\mathrm{d}x =$ ________.

4. 一条曲线过点(2,3),且曲线上任意一点(x,y)斜率为$2x$,求此曲线的方程.

5. 设$F(x)$是$f(x)$的原函数,$F(1)=\frac{\sqrt{2}\pi}{4}$,若$x>0$时,$f(x)F(x)=\frac{\arctan\sqrt{x}}{\sqrt{x}(1+x)}$,试求 $f(x)$.

6. 计算下列积分.

(1) $\int(\sqrt{x}+1)(\sqrt{x^3}-1)\mathrm{d}x$　　(2) $\int\frac{1}{\sin^2 x\cos^2 x}\mathrm{d}x$

(3) $\int\frac{x^2}{1+x}\mathrm{d}x$　　(4) $\int\frac{x^3}{(x-1)^{100}}\mathrm{d}x$

7. 利用换元法计算下列不定积分.

(1) $\int\frac{x^3}{\sqrt{4-x^2}}\mathrm{d}x$　　(2) $\int\frac{1}{\sqrt{x^2-2x+5}}\mathrm{d}x$

(3) $\int\sqrt{\frac{x-a}{x+a}}\mathrm{d}x$　　(4) $\int\frac{x^5}{\sqrt{1+x^2}}\mathrm{d}x$

8. 利用分部积分计算下列不定积分.

(1) $\int x^3\mathrm{e}^{-x^2}\mathrm{d}x$　　(2) $\int\mathrm{e}^{2x}\cos 3x\mathrm{d}x$

(3) $\int\frac{1}{\cos^3 x}\mathrm{d}x$　　(4) $\int\left(\frac{\ln x}{x}\right)^2\mathrm{d}x$

9. 求下列不定积分.

(1) $\int\frac{x^3+x^2+2}{x(x^2+2)^2}\mathrm{d}x$　　(2) $\int\frac{1}{(5+4\sin x)\cos x}\mathrm{d}x$

(3) $\int\frac{\sqrt{x(1+x)}}{\sqrt{x}+\sqrt{1+x}}\mathrm{d}x$　　(4) $\int\sqrt{\frac{1-x}{1+x}}\cdot\frac{1}{x}\mathrm{d}x$

10. $I_n=\int\frac{1}{\sin^n x}\mathrm{d}x$,导出递推公式,$I_n=\frac{n-2}{n-1}I_{n-2}-\frac{\cos x}{(n-1)\sin^{n-1}x}$.

11. 已知 $f'(\mathrm{e}^x)=1+x$,求 $f(x)$.

12. 若$\int\frac{f'(\ln x)}{x}\mathrm{d}x=x^2+C$,求 $f(x)$.

13. 已知 $f(x)$ 在 $x=-1$ 处有极大值,在 $x=1$ 处有极小值 -1,且有 $f'(x)=3x^2+bx+c$,求 $f(x)$.

14. 计算下列不定积分.

(1) $\int\frac{x+\sin x}{1+\cos x}\mathrm{d}x$　　(2) $\int\ln^2(x+\sqrt{1+x^2})\mathrm{d}x$

(3) $\int\frac{\mathrm{e}^{3x}+\mathrm{e}^x}{\mathrm{e}^{4x}-\mathrm{e}^{2x}+1}\mathrm{d}x$　　(4) $\int\frac{1}{(a^2+x^2)^{\frac{3}{2}}}\mathrm{d}x\quad(a>0)$

15. 确定系数 A、B,使下式成立.

$$\int\frac{\mathrm{d}x}{(a+b\cos x)^2}=\frac{A\sin x}{a+b\cos x}+B\int\frac{\mathrm{d}x}{a+b\cos x}$$

16. 求积分$\int\frac{\mathrm{e}^x(x^2-2x-1)}{(x^2-1)^2}\mathrm{d}x$.

第五章　定　积　分

第一节　定积分概念与性质

1. 曲边梯形的面积

设 $f(x)$ 在 $[a,b]$ 上连续（先考虑 $f(x)>0$）. 由 $x=a, x=b, y=0$ 及 $y=f(x)$ 围成图形称为曲边（$y=f(x)$）梯形（$x=a$，$x=b$ 平行）（图 5-1）. 求曲边梯形的面积用以下四个步骤：

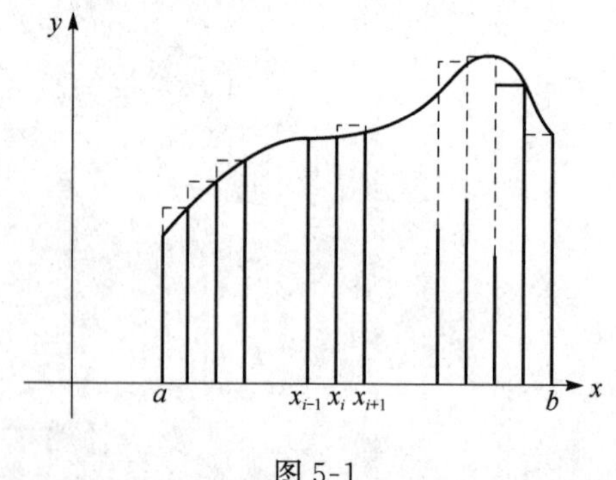

图 5-1

(1) 划分

在 $[a,b]$ 中任意插入若干个分点：

$$a=x_0<x_1<x_2<\cdots<x_{i-1}<x_i<\cdots<x_{n-1}<x_n=b.$$

将 $[a,b]$ 划分成 n 个小区间：

$$[x_0,x_1],\cdots,[x_{i-1},x_i],\cdots,[x_{n-1},x_n].$$

长度依次为 $\Delta x_1=x_1-x_0,\cdots,\Delta x_i=x_i-x_{i-1},\cdots,\Delta x_n=x_n-x_{n-1}$.

(2) 近似代替

第 i 个窄曲边梯形，任取一点 $\xi_i\in[x_{i-1},x_i]$，以 $[x_{i-1},x_i]$ 为底，$f(\xi_i)$ 为高. 得窄曲边梯形面积近似值 $f(\xi_i)\Delta x_i=\Delta S_i$.（矩形面积）.

(3) 求和

$$S=\sum_{i=1}^{n}f(\xi_i)\Delta x_i.$$

(4) 取极限

当划分无限细密，即小区间的最大长度 $\lambda=\max\limits_{i}\{\Delta x_i\}$ 趋于零时得到曲边梯形面积的精确值（极限要求存在），即

$$\lim_{\lambda\to 0}\sum_{i=1}^{n} f(\xi_i)\Delta x_i \xlongequal{\text{记作}} \int_a^b f(x)\mathrm{d}x.$$

2. 定积分定义

定义 5.1 设函数 $\boldsymbol{f(x)}$在$[\boldsymbol{a},\boldsymbol{b}]$上有界，不论对$[a,b]$怎样划分，也不论 ξ_i 在区间$[x_{i-1},x_i]$上怎样选取，只要当 $\lambda=\max\limits_i\{\Delta x_i\}$趋于零时，和 $S=\sum\limits_{i=1}^{n}f(\xi_i)\Delta x_i$ 总趋于确定的极限 A，称 A 为函数 $f(x)$ 在区间$[a,b]$ 上的定积分，记作$\int_a^b f(x)\mathrm{d}x=\lim\limits_{\lambda\to 0}\sum\limits_{i=1}^{n}f(\xi_i)\Delta x_i$.

其中 $f(x)$叫**被积函数**，x 叫**积分变量**，a 叫**积分下限**，b 叫**积分上限**，$[a,b]$叫**积分区间**.

注：(1) 定积分存在称 $f(x)$在$[a,b]$上可积.

(2) 定积分是一个实数值，它与积分变量选用什么字母无关

$$\int_a^b f(x)\mathrm{d}x=\int_a^b f(t)\mathrm{d}t=\int_a^b f(u)\mathrm{d}u.$$

(3) $f(x)$在$[a,b]$上连续，$f(x)$在$[a,b]$上可积.

(4) $f(x)$在$[a,b]$上有界，且只有有限个间断点，$f(x)$在$[a,b]$上可积.

(5) 定积分的几何意义：当 $f(x)\geqslant 0$，$\int_a^b f(x)\mathrm{d}x$ 表示由 $y=f(x)$，$y=0$，$x=a$，$x=b$ 所围成区域的曲边梯形面积.

若 $f(x)<0$，则表示 $y=f(x)$，$x=a$，$x=b$，$y=0$ 围成的在 x 轴下方的图形面积的负值.

一般情况下，定积分表示曲边梯形面积的代数和.

3. 定积分性质(假定所列出的定积分都存在)

规定 $\int_a^a f(x)\mathrm{d}x=0$，

$\int_b^a f(x)\mathrm{d}x=-\int_a^b f(x)\mathrm{d}x$. （此时 $\mathrm{d}x$ 反号）

性质：(1) $\int_a^b[f(x)\pm g(x)]\mathrm{d}x=\int_a^b f(x)\mathrm{d}x\pm\int_a^b g(x)\mathrm{d}x$.

(2) $\int_a^b kf(x)\mathrm{d}x=k\int_a^b f(x)\mathrm{d}x$ （k 是常数）.

以上由定积分是和的极限，极限存在时的性质可知.

(3) 设 $a<c<b$ 则

$$\int_a^b f(x)\mathrm{d}x=\int_a^c f(x)\mathrm{d}x+\int_c^b f(x)\mathrm{d}x.$$

将 c 永远作为分点当然属于任意划分. 故上式成立. 这表明定积分对于积分区间具有可加性. 并且由规定 $\int_b^a f(x)\mathrm{d}x=-\int_a^b f(x)\mathrm{d}x$ 知上述性质对 c 在任何位置都是正确的. 例如 $a<b<c$ 时,

$$\int_a^c f(x)\mathrm{d}x=\int_a^b f(x)\mathrm{d}x+\int_b^c f(x)\mathrm{d}x,$$

$$\int_a^b f(x)\mathrm{d}x=\int_a^c f(x)\mathrm{d}x-\int_b^c f(x)\mathrm{d}x=\int_a^c f(x)\mathrm{d}x+\int_c^b f(x)\mathrm{d}x.$$

(4) $\int_a^b \mathrm{d}x=b-a,\int_a^b 0\mathrm{d}x=0.$

(5) 在 $[a,b]$ 上 $f(x)\geqslant 0(a<b)$ 则 $\int_a^b f(x)\mathrm{d}x\geqslant 0.$

由定积分的几何意义是曲边梯形面积的代数和. 上述性质(4)(5)是显然的. 由此推出:

a. 在 $[a,b]$ 上 $f(x)\leqslant g(x)$ 恒成立. 则 $\int_a^b f(x)\mathrm{d}x\leqslant\int_a^b g(x)\mathrm{d}x$ 称为积分不等式.

b. 由 $-|f(x)|\leqslant f(x)\leqslant|f(x)|$,故有

$$-\int_a^b |f(x)|\mathrm{d}x\leqslant\int_a^b f(x)\mathrm{d}x\leqslant\int_a^b |f(x)|\mathrm{d}x.$$

即 $$\left|\int_a^b f(x)\mathrm{d}x\right|\leqslant\int_a^b |f(x)|\mathrm{d}x.$$

其实由曲边梯形面积代数和抵扣知这是显然的.

(6) 记 M 与 m 分别为 $f(x)$ 在 $[a,b]$ 上的最大值与最小值,则

$$m(b-a)\leqslant\int_a^b f(x)\mathrm{d}x\leqslant M(b-a).$$

(7) 积分中值定理:函数 $f(x)$ 在 $[a,b]$ 上连续. 则至少存在一点 $\xi\in[a,b]$ 使下式成立:

$$\int_a^b f(x)\mathrm{d}x=f(\xi)(b-a).$$

证明:(i) 因为 $f(x)$ 在闭区间 $[a,b]$ 上连续,由最值定理

$$m\leqslant f(x)\leqslant M.$$

(ii) 由积分不等式

$$m(b-a)\leqslant\int_a^b f(x)\mathrm{d}x\leqslant M(b-a)$$

即 $$m\leqslant\frac{1}{b-a}\int_a^b f(x)\mathrm{d}x\leqslant M$$

(iii) 这表明 $\frac{1}{b-a}\int_a^b f(x)\mathrm{d}x$ 是 m 与 M 之间的值,由连续函数的介值定理,至少

存在一点 $\xi \in [a,b]$ 使

$$f(\xi) = \frac{1}{b-a}\int_a^b f(x)\mathrm{d}x,$$

即 $\int_a^b f(x)\mathrm{d}x = f(\xi)(b-a)$.

称 $\frac{1}{b-a}\int_a^b f(x)\mathrm{d}x = f(\xi)$ 为函数 $f(x)$ 在区间 $[a,b]$ 上的平均值，如图 5-2 所示.

上述性质最常用的是积分区域的可加性与积分不等式.

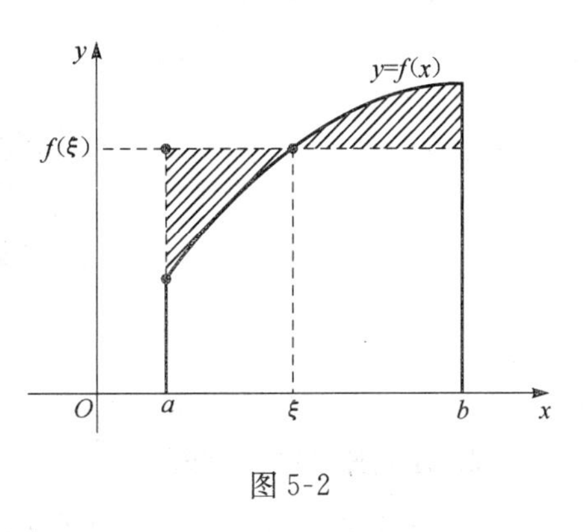

图 5-2

第二节 微积分学基本定理

设 $f(x)$ 在 $[a,b]$ 上连续，不定积分 $\int f(x)\mathrm{d}x$ 与定积分 $\int_a^b f(x)\mathrm{d}x$ 存在. 我们希望得到两者的关系.

1. 一个新函数 $\boldsymbol{\Phi(x)}$

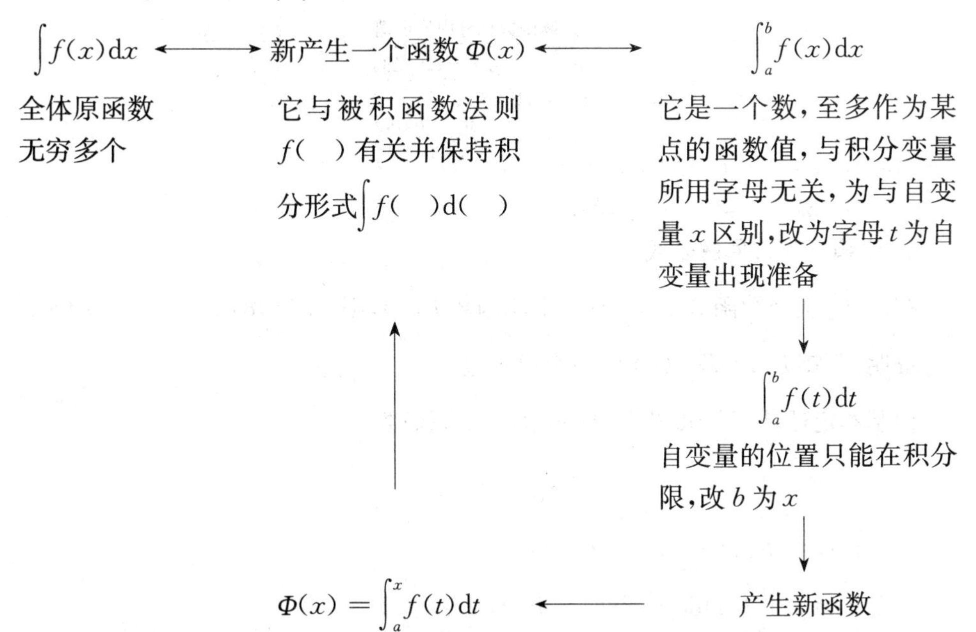

综上：$\int_a^b f(x)\mathrm{d}x \xleftrightarrow[\text{改}x\text{为}t]{} \int_a^b f(t)\mathrm{d}t \xrightarrow[\text{改}b\text{为}x]{} \int_a^x f(t)\mathrm{d}t = \Phi(x)$

称它为变上限定积分 $\Phi(x)$（图 5-3）.

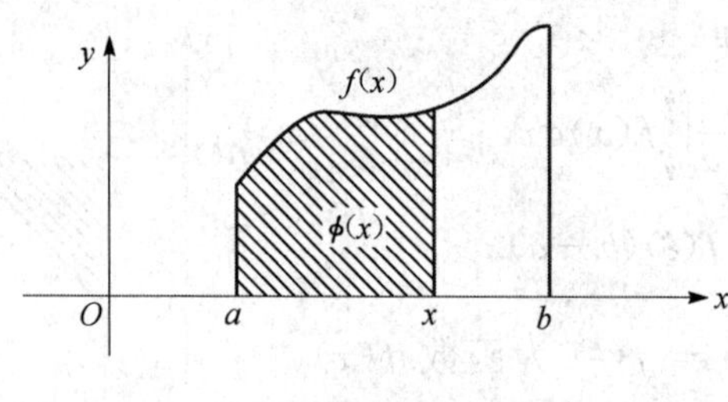

图 5-3

2. 微积分学基本定理

设 $f(x)$ 在 $[a,b]$ 上连续,则 $\int_a^x f(t)\mathrm{d}t$ 是 $f(x)$ 的一个原函数,即 $\left[\int_a^x f(t)\mathrm{d}t\right]_x' = f(x)$(最重要的求导公式).

$$\text{证明}:\Phi'(x) = \left[\int_a^x f(t)\mathrm{d}t\right]_x' \xlongequal{\text{导数定义}} \lim_{\Delta x\to 0}\frac{\int_a^{x+\Delta x} f(t)\mathrm{d}t - \int_a^x f(t)\mathrm{d}t}{\Delta x}$$

$$\xlongequal{\text{积分区域可加性}} \lim_{\Delta x\to 0}\frac{\int_x^{x+\Delta x} f(t)\mathrm{d}t}{\Delta x}$$

$$\xlongequal[\xi\text{介于}x\text{与}x+\Delta x\text{之间}]{\text{连续函数积分中值定理}} \lim_{\Delta x\to 0}\frac{f(\xi)\cdot\Delta x}{\Delta x}$$

$$\xlongequal{f(x)\text{的连续性}} f(x)$$

若 $x=a,\Delta x>0,\Phi_+'(a)=f(a)$

$x=b,\Delta x<0,\Phi_-'(b)=f(b)$.

3. 牛顿—莱布尼兹公式

在 $[a,b]$ 上连续函数 $f(x)$ 有一个原函数 $F(x)$,则 $\int_a^b f(x)\mathrm{d}x = F(b) - F(a)$.

证明: 已知 $F(x)$ 是 $f(x)$ 的一个原函数

由基本定理,$\int_a^x f(t)\mathrm{d}t$ 也是 $f(x)$ 的一个原函数

$$\int_a^x f(t)\mathrm{d}t = F(x) + c$$

令 $x=a,0=F(a)+c,c=-F(a)$

再令 $x=b,\int_a^b f(t)\mathrm{d}t = F(b) - F(a)$.

例 1 计算 $\int_0^1 x^2\mathrm{d}x$.

解:(1) 用定义求:$\int_0^1 x^2\mathrm{d}x \xlongequal[\text{将}[0,1]\,n\text{等分}]{} \lim_{n\to\infty}\frac{1}{n}\cdot\sum_{i=1}^n\left(\frac{i}{n}\right)^2 = \lim_{n\to\infty}\frac{1}{n^3}\sum_{i=1}^n i^2$

$$=\lim_{n\to\infty}\frac{1}{n^3}\cdot\frac{n(n+1)(2n+1)}{6}=\frac{1}{3}.$$

这里用到$\sum_{i=1}^{n}i^2=\frac{n(n+1)(2n+1)}{6}$,但这样的求和公式少得可怜.

(2) 用基本公式 $\int_0^1 x^2\mathrm{d}x=\frac{x^3}{3}\bigg|_0^1=\frac{1}{3}-\frac{0}{3}=\frac{1}{3}.$

例 2 计算 $y=\sin x$ 在$[0,\pi]$上与 x 轴所围图形面积(图 5-4).

解:$S=\int_0^{\pi}\sin x\mathrm{d}x=-\cos x\bigg|_0^{\pi}=-(\cos\pi-\cos 0)=2.$

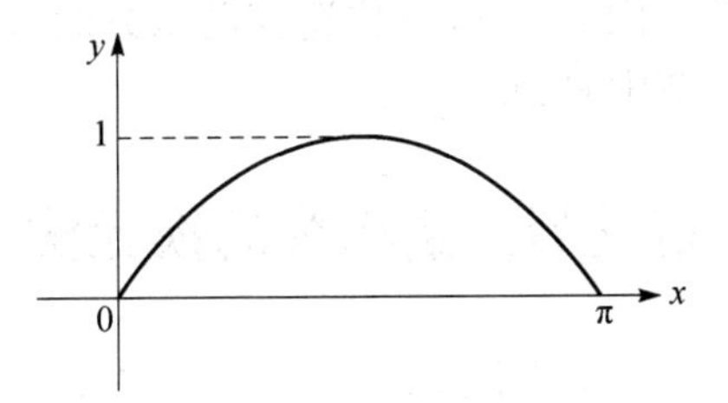

图 5-4

例 3 求$\lim\limits_{x\to 0}\frac{\int_{\cos x}^{1}\mathrm{e}^{-t^2}\mathrm{d}t}{x^2}$.

解:$\lim\limits_{x\to 0}\frac{\int_{\cos x}^{1}\mathrm{e}^{-t^2}\mathrm{d}t}{x^2}\xlongequal[\text{法则}]{\text{用罗比达}}\lim\limits_{x\to 0}\frac{\mathrm{e}^{-\cos^2 x}(-\cos x)'_x}{2x}$

$$=\lim_{x\to 0}\frac{\mathrm{e}^{-\cos^2 x}\cdot\sin x}{2x}=\lim_{x\to 0}\frac{1}{2}\mathrm{e}^{-\cos^2 x}=\frac{1}{2\mathrm{e}}.$$

例 4 设 $f(x)$在$[0,+\infty]$内连续,且$\lim\limits_{x\to+\infty}f(x)=1$. 证明函数 $y=\mathrm{e}^{-x}\int_0^x \mathrm{e}^t f(t)\mathrm{d}t$ 满足方程$\frac{\mathrm{d}y}{\mathrm{d}x}+y=f(x)$,并求$\lim\limits_{x\to+\infty}y(x)$.

解:$\frac{\mathrm{d}y}{\mathrm{d}x}=-\mathrm{e}^{-x}\int_0^x \mathrm{e}^t f(t)\mathrm{d}t+\mathrm{e}^{-x}\cdot\mathrm{e}^x f(x)=-y+f(x).$

即 $\frac{\mathrm{d}y}{\mathrm{d}x}+y=f(x).$

$$\lim_{x\to+\infty}y(x)=\lim_{x\to+\infty}\frac{\int_0^x \mathrm{e}^t f(t)\mathrm{d}t}{\mathrm{e}^x}\xlongequal{\text{罗比达法则}}\lim_{x\to+\infty}\frac{\mathrm{e}^x f(x)}{\mathrm{e}^x}$$

$$=\lim_{x\to+\infty}f(x)\xlongequal{\text{已知}}1.$$

例 5 计算$\lim\limits_{n\to\infty}\sum\limits_{i=1}^{n}\dfrac{n}{n^2+i^2}$.

解:$\lim\limits_{n\to\infty}\sum\limits_{i=1}^{n}\dfrac{n}{n^2+i^2}=\lim\limits_{n\to\infty}\dfrac{1}{n}\sum\limits_{i=1}^{n}\dfrac{1}{1+\left(\dfrac{i}{n}\right)^2}$

$$=\int_0^1\frac{1}{1+x^2}\mathrm{d}x=\arctan x\Big|_0^1=\frac{\pi}{4}.$$

事实上 $\dfrac{1}{2}=\sum\limits_{i=1}^{n}\dfrac{n}{2n^2}<\sum\limits_{i=1}^{n}\dfrac{n}{n^2+i^2}<\sum\limits_{i=1}^{n}\dfrac{1}{n}=\dfrac{n}{n}=1,\dfrac{1}{2}<\dfrac{\pi}{4}<1.$

注:积分变量用 t,改上限 b 为 x,是构造辅助函数的基本手法,用以解决许多问题,这将在综合训练一节中看到.

第三节 定积分的换元法

定理 3.1 设 $f(x)$在$[a,b]$上连续,$x=\varphi(t)$满足(1) $\varphi(\alpha)=a,\varphi(\beta)=b$,(2) $\varphi(t)$在$[\alpha,\beta]$上连续可导且值域为$[a,b]$,则有公式

$$\int_a^b f(x)\mathrm{d}x\xlongequal[\substack{b=\varphi(\beta)\\a=\varphi(\alpha)}]{x=\varphi(t)}\int_\alpha^\beta f[\varphi(t)]\varphi'(t)\mathrm{d}t=\Phi(\beta)-\Phi(\alpha).$$

积分变量字母换,上下限也要换,但不用再回到原积分变量所用字母;如果积分变量字母未换,直接凑出原函数,上下限也不应换,注意 $F(b)-F(a)=\Phi(\beta)-\Phi(\alpha)$.

例 1 计算$\int_0^a\sqrt{a^2-x^2}\mathrm{d}x(a>0)$.

解:原式$\xlongequal[\substack{x=a\longleftrightarrow t=\frac{\pi}{2}\\ \mathrm{d}x=a\cos t\mathrm{d}t\\ \sqrt{a^2-x^2}=a\cos t}]{令\ x=a\sin t}\int_0^{\frac{\pi}{2}}a^2\cos^2t\mathrm{d}t$

$$=\frac{a^2}{2}\int_0^{\frac{\pi}{2}}(1+\cos2t)\mathrm{d}t$$

$$=\frac{a^2}{2}\left(t+\frac{1}{2}\sin2t\right)\Big|_0^{\frac{\pi}{2}}$$

$$=\frac{\pi}{4}a^2.$$

例 2 计算$\int_0^{\frac{\pi}{2}}\cos^8x\sin x\mathrm{d}x$.

解:设 $\cos x=u$,则 $\mathrm{d}u=-\sin x\mathrm{d}x$.

$$\cos\frac{\pi}{2}=0,\quad \cos0=1.$$

原式 $=-\int_1^0 u^8\mathrm{d}u=\int_0^1 u^8\mathrm{d}u=\frac{u^9}{9}\Big|_0^1=\frac{1}{9}$.

由定积分的几何意义是曲边梯形面积的代数和，从图像（图 5-5）上可直接得到对称区间 $[-a,a]$ 上奇函数与偶函数的积分公式：

$$\int_{-a}^{a} f(x)\mathrm{d}x=\begin{cases}0 & f(-x)\xlongequal{\text{奇}}-f(x)\text{ 时}\\ 2\int_0^a f(x)\mathrm{d}x & f(-x)\xlongequal{\text{偶}}f(x)\text{ 时}\end{cases}$$

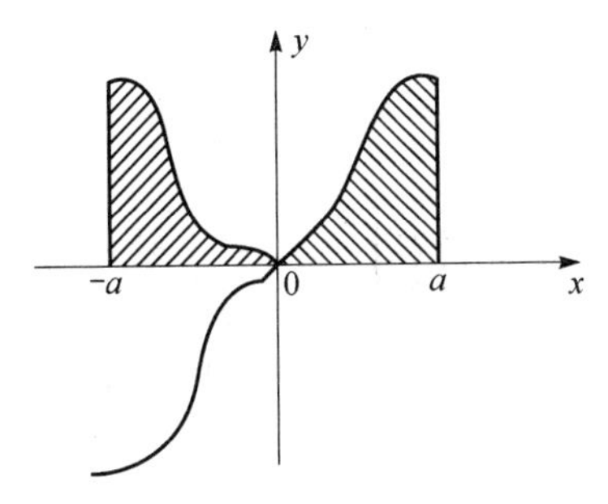

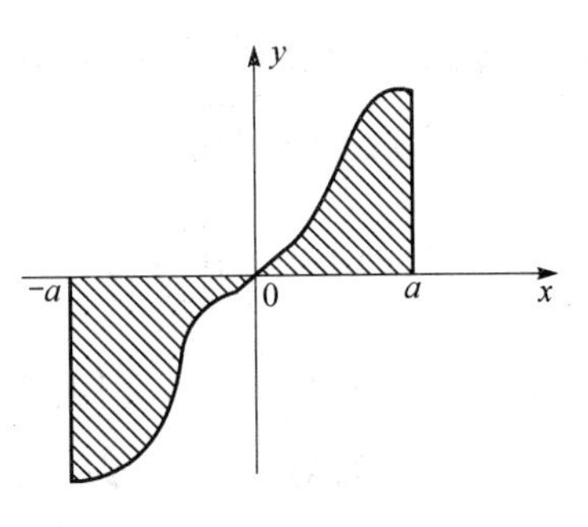

图 5-5

例 3　计算(1) $\int_{-\frac{\pi}{2}}^{\frac{\pi}{2}}\cos^{11}x\sin x\mathrm{d}x$；　(2) $\int_{-\frac{\pi}{2}}^{\frac{\pi}{2}}\sin^{10}x\cos x\mathrm{d}x$.

解:(1) $\cos^{11}(-x)\sin(-x)=-\cos^{11}x\sin x$.

$\therefore\int_{-\frac{\pi}{2}}^{\frac{\pi}{2}}\cos^{11}x\sin x\mathrm{d}x=0$.

(2) $\sin^{10}(-x)\cos(-x)=\sin^{10}x\cos x$.

$$\int_{-\frac{\pi}{2}}^{\frac{\pi}{2}}\sin^{10}x\cos x\mathrm{d}x=2\int_0^{\frac{\pi}{2}}\sin^{10}x\mathrm{d}(\sin x)=\frac{2}{11}\sin^{11}x\Big|_0^{\frac{\pi}{2}}=\frac{2}{11}.$$

正弦函数 $y=\sin x$ 与余弦函数 $y=\cos x$ 在一个周期 $[0,2\pi]$ 上积分为零，这从图像（图 5-6）上可以得到. 当然在整周期的 k 倍上，积分仍为零.

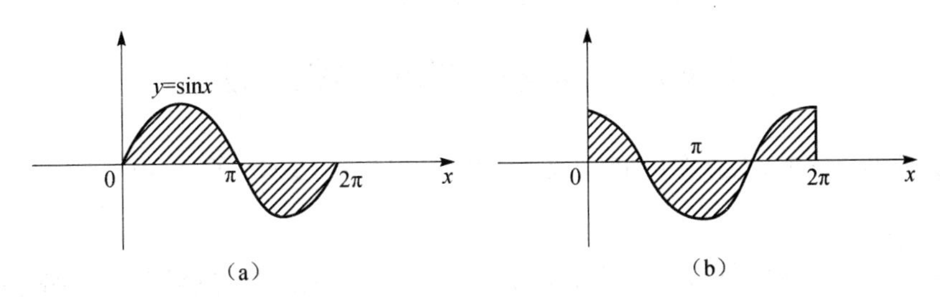

图 5-6

例 4　$\int_0^{\pi}\sin^4 x\mathrm{d}x$.

解: $\int_0^{\pi}\sin^4 x\mathrm{d}x=\int_0^{\pi}\left(\frac{1-\cos 2x}{2}\right)^2\mathrm{d}x$

$$=\frac{1}{4}\int_0^{\pi}\left(1-2\cos 2x+\frac{1+\cos 4x}{2}\right)\mathrm{d}x$$

$$=\frac{1}{4}\cdot\frac{3}{2}\pi=\frac{3}{8}\pi.$$

$\left(\text{其中}\int_0^{\pi}(-2\cos 2x)\mathrm{d}x=0,\int_0^{\pi}\frac{1}{2}\cos 4x\mathrm{d}x=0\right).$

例 5 设 $f(x)$是周期为 T 的函数,证明

(1) $\int_a^{a+T}f(x)\mathrm{d}x=\int_0^T f(x)\mathrm{d}x$;

(2) $\int_a^{a+nT}f(x)\mathrm{d}x=n\int_0^T f(x)\mathrm{d}x,(n\in N)$ 由此计算$\int_0^{n\pi}\sqrt{1+\sin 2x}\mathrm{d}x.$

证明:(1) 记 $\Phi(a)=\int_a^{a+T}f(x)\mathrm{d}x,\Phi'(a)=f(a+T)-f(a)=0.$

故 $\Phi(a)$与 a 无关,$\Phi(a)=\Phi(0)$即

$$\int_a^{a+T}f(x)\mathrm{d}x=\int_0^T f(x)\mathrm{d}x.$$

(2) $\int_{a+kT}^{a+kT+T}f(x)\mathrm{d}x=\int_0^T f(x)\mathrm{d}t$(将 $a+kT$ 看作(1) 中的 a).

$$\int_a^{a+nT}f(x)\mathrm{d}x=\sum_{k=0}^{n-1}\int_{a+kT}^{a+kT+T}f(x)\mathrm{d}x=n\int_0^T f(x)\mathrm{d}x.$$

$$\int_0^{n\pi}\sqrt{1+\sin 2x}\mathrm{d}x=n\int_0^{\pi}\sqrt{\cos^2 x+\sin^2 x+2\sin x\cos x}\mathrm{d}x=n\int_0^{\pi}|\cos x+\sin x|\mathrm{d}x$$

$$=\sqrt{2}n\int_0^{\pi}\left|\sin\left(x+\frac{\pi}{4}\right)\right|\mathrm{d}x=\sqrt{2}n\int_{\frac{\pi}{4}}^{5\frac{\pi}{4}}|\sin t|\mathrm{d}t$$

$$\overline{\overline{\,|\sin t|\text{以}\pi\text{为周期}\,}}\sqrt{2}n\int_0^{\pi}\sin t\mathrm{d}t=2\sqrt{2}n.$$

第四节 定积分的分部积分法

设函数 $u(x),v(x)$在区间$[a,b]$上连续可导,$u'(x),v'(x)$. 由$(uv)'=u'v+uv'$.

有 $\int_a^b u(x)v'(x)\mathrm{d}x=u(x)v(x)\Big|_a^b-\int_a^b u'(x)v(x)\mathrm{d}x$,这就是定积分的分部积分法.

例 1 $\int_0^{\frac{1}{2}}\arcsin x\mathrm{d}x=x\arcsin x\Big|_0^{\frac{1}{2}}-\int_0^{\frac{1}{2}}\frac{x}{\sqrt{1-x^2}}\mathrm{d}x$

$$= \frac{1}{2} \cdot \frac{\pi}{6} + \sqrt{1-x^2}\Big|_0^{\frac{1}{2}}$$

$$= \frac{\pi}{12} + \frac{\sqrt{3}}{2} - 1.$$

例 2 $\int_0^2 \frac{x\mathrm{d}x}{(x^2-2x+2)^2} \xlongequal{\text{令 } x-1=t} \int_{-1}^1 \frac{(t+1)\mathrm{d}t}{(t^2+1)^2}$

$$= 2\int_0^1 \frac{\mathrm{d}t}{(t^2+1)^2} \left(\text{其中}\frac{t}{(t^2+1)^2}\text{是奇函数}\right)$$

$$\xlongequal[\mathrm{d}t = \sec^2 u\mathrm{d}u]{t=\tan u} 2\int_0^{\frac{\pi}{4}} \frac{\sec^2 u\mathrm{d}u}{\sec^4 u}$$

$$= 2\int_0^{\frac{\pi}{4}} \cos^2 u\mathrm{d}u$$

$$= \int_0^{\frac{\pi}{4}} (1+\cos 2u)\mathrm{d}u = \frac{\pi}{4} + \frac{1}{2}\sin 2u\Big|_0^{\frac{\pi}{4}} = \frac{\pi}{4} + \frac{1}{2}.$$

例 3 证明定积分公式 $I_n = \int_0^{\frac{\pi}{2}} \sin^n x\mathrm{d}x = \int_0^{\frac{\pi}{2}} \cos^n x\mathrm{d}x.$

$$I_n = \frac{n-1}{n} I_{n-2} = \begin{cases} \frac{n-1}{n} \cdot \frac{n-3}{n-2} \cdot \cdots \cdot \frac{2}{3} \cdot I_1 (n \text{ 为大于 1 正奇数}) I_1 = 1 \\ \frac{n-1}{n} \cdot \cdots \cdot \frac{1}{2} \cdot I_0 (n \text{ 为大于 1 正偶数}) I_0 = \frac{\pi}{2} \end{cases}$$

证明： $\int_0^{\frac{\pi}{2}} \sin^n x\mathrm{d}x \xlongequal[-\mathrm{d}t = \mathrm{d}x]{\frac{\pi}{2}-t=x} \int_{\frac{\pi}{2}}^0 \cos^n t(-\mathrm{d}t) = \int_0^{\frac{\pi}{2}} \cos^n x\mathrm{d}x.$

$$I_1 = \int_0^{\frac{\pi}{2}} \sin x\mathrm{d}x = \int_0^{\frac{\pi}{2}} \cos x\mathrm{d}x = \sin x\Big|_0^{\frac{\pi}{2}} = 1.$$

$$I_0 = \int_0^{\frac{\pi}{2}} \mathrm{d}x = \frac{\pi}{2}.$$

$$I_n \xlongequal[(n \geqslant 2)]{} \int_0^{\frac{\pi}{2}} \sin^n x\mathrm{d}x = -\int_0^{\frac{\pi}{2}} \sin^{n-1} x\mathrm{d}(\cos x)$$

$$= -\cos x\sin^{n-1} x\Big|_0^{\frac{\pi}{2}} + (n-1)\int_0^{\frac{\pi}{2}} \sin^{n-2} x\cos^2 x\mathrm{d}x$$

$$= (n-1)\int_0^{\frac{\pi}{2}} \sin^{n-2} x(1-\sin^2 x)\mathrm{d}x$$

$$= (n-1)I_{n-2} - (n-1)I_n.$$

移项整理得 $I_n = \frac{n-1}{n} I_{n-2}.$

递推得 $I_n = \begin{cases} \frac{n-1}{n} \cdot \cdots \cdot \frac{2}{3} & (n \text{ 奇}) \\ \frac{n-1}{n} \cdot \cdots \cdot \frac{1}{2} \cdot \frac{\pi}{2} & (n \text{ 偶}). \end{cases}$

定积分重要公式

(1) ① $\int_{a}^{a+2k\pi}\sin x\mathrm{d}x=0$

② $\int_{a}^{a+2k\pi}\cos x\mathrm{d}x=0$;

(2) $\int_{-a}^{a}f(x)\mathrm{d}x=\begin{cases}0 & (f(x)\text{ 奇函数})\\ 2\int_{0}^{a}f(x)\mathrm{d}x & (f(x)\text{ 偶函数})\end{cases}$;

(3) $\int_{0}^{\frac{\pi}{2}}\sin^{n}x\mathrm{d}x=\int_{0}^{\frac{\pi}{2}}\cos^{n}x\mathrm{d}x=\begin{cases}\frac{n-1}{n}\cdots\frac{2}{3} & (n\text{ 奇数})\\ \frac{n-1}{n}\cdots\frac{1}{2}\cdot\frac{\pi}{2} & (n\text{ 偶数})\end{cases}$;

(4) $\int_{0}^{\pi}xf(\sin x)\mathrm{d}x=\frac{\pi}{2}\int_{0}^{\pi}f(\sin x)\mathrm{d}x$.

证明:令 $x=\pi-t$

$$\begin{aligned}\int_{0}^{\pi}xf(\sin x)\mathrm{d}x&=-\int_{\pi}^{0}(\pi-t)f(\sin t)\mathrm{d}t\\&=\pi\int_{0}^{\pi}f(\sin t)\mathrm{d}t-\int_{0}^{\pi}tf(\sin t)\mathrm{d}t\end{aligned}$$

移项,合并,除以 2 得公式(4).

*第五节 综合训练

1. 定积分用于构造辅助函数 $F(x)$

作法

(1) 将欲证结论中的 ξ 或 x_0 改写成 x,并进行恒等变形,移项使一端为 0,另一端记为 $F^{*}(x)$;

(2) 验证 $F^{*}(x)$ 是否满足命题;若满足,令 $F(x)=F^{*}(x)$ 命题得证;否则,改令 $F'(x)=F^{*}(x)$,通过一次积分得到 $F(x)$;

(3) 验证 $F(x)$ 是否满足罗尔定理;若满足,$F(x)=\int F^{*}(x)\mathrm{d}x$,命题得证;否则改令 $F''=F^{*}(x)\xrightarrow{\text{再次积分}}F(x)$;

(4) 将 $F(x)$(二次可导)在指定点展成一阶泰乐公式即可得到命题.

例 1 设 $f(x)$ 在 $[a,b]$ 上单调增,连续,正函数,$a>0$ 证明存在一个 $\xi\in(a,b)$ 使 $a^{2}f(b)+b^{2}f(a)=2\xi^{2}f(\xi)$.

证明:令 $F(x)=2x^{2}f(x)-a^{2}f(b)-b^{2}f(a)$,$F(x)$ 连续.

$$F(a)=2a^{2}f(a)-a^{2}f(b)-b^{2}f(a)=a^{2}(f(a)-f(b))+f(a)(a^{2}-b^{2})<0$$

$$F(b)=2b^2f(b)-a^2f(b)-b^2f(a)=b^2(f(b)-f(a))+f(b)(b^2-a^2)>0$$

由零点存在定理，存在一个 $\xi\in(a,b)$ 使 $F(\xi)=0$

即 $a^2f(b)+b^2f(a)=2\xi^2f(\xi)$.

例 2 设 $f(x)$ 在 $[a,b]$ 上连续，$f(x)>0$，证明存在 $\xi\in(a,b)$，使 $\int_a^{\xi}f(x)\mathrm{d}x=\int_{\xi}^{b}f(x)\mathrm{d}x=\frac{1}{2}\int_a^b f(x)\mathrm{d}x$.

证明： 令 $F(x)=\int_a^x f(t)\mathrm{d}t-\int_x^b f(t)\mathrm{d}t$，$F(x)$ 连续.

$$F(a)=0-\int_a^b f(t)\mathrm{d}t<0\quad(f(x)>0)$$

$$F(b)=\int_a^b f(t)\mathrm{d}t>0$$

由零点存在定理，存在 $\xi\in(a,b)$ 使 $F(\xi)=0$

即 $\int_a^{\xi}f(t)\mathrm{d}t=\int_{\xi}^{b}f(t)\mathrm{d}t$

又 $\because$ $\int_a^b f(t)\mathrm{d}t=\int_a^{\xi}f(t)\mathrm{d}t+\int_{\xi}^{b}f(t)\mathrm{d}t=2\int_a^{\xi}f(t)\mathrm{d}t$

$\therefore$ $\int_a^{\xi}f(x)\mathrm{d}x=\int_{\xi}^{b}f(x)\mathrm{d}x=\frac{1}{2}\int_a^b f(x)\mathrm{d}x$.

例 3 设 $f(x),g(x)$ 在 $[a,b]$ 上连续，证明存在 $\xi\in(a,b)$ 使

$$f(\xi)\int_{\xi}^{b}g(x)\mathrm{d}x=g(\xi)\int_a^{\xi}f(x)\mathrm{d}x.$$

分析：若令 $F(x)=g(x)\int_a^x f(t)\mathrm{d}t-f(x)\int_x^b g(t)\mathrm{d}t$

$F(a)=-f(a)\int_a^b g(t)\mathrm{d}t$

$F(b)=g(b)\int_a^b f(t)\mathrm{d}t$

不易应用零点定理

改令 $F'(x)=g(x)\int_a^x f(t)\mathrm{d}t-f(x)\int_x^b g(t)\mathrm{d}t$

$$=\left[\left(\int_a^x f(t)\mathrm{d}t\right)\left(\int_b^x g(t)\mathrm{d}t\right)\right]'$$

证明： 令 $F(x)=\left(\int_a^x f(t)\mathrm{d}t\right)\left(\int_b^x g(t)\mathrm{d}t\right)$

在 $[a,b]$ 上连续，(a,b) 内可导，且有 $F(a)=F(b)=0$ 由罗尔定理，至少存在一点 $\xi\in(a,b)$ 使

$$0=F'(\xi)=f(\xi)\int_b^{\xi}g(t)\mathrm{d}t+g(\xi)\int_a^{\xi}f(t)\mathrm{d}t$$

$$= -f(\xi)\int_\xi^b g(x)\mathrm{d}x + g(\xi)\int_a^\xi f(x)\mathrm{d}x$$

即 $f(\xi)\int_\xi^b g(x)\mathrm{d}x = g(\xi)\int_a^\xi f(x)\mathrm{d}x.$

例 4 设 $f(x)$ 在[0,1]上连续，$\int_0^1 f(x)\mathrm{d}x = \int_0^1 xf(x)\mathrm{d}x$，证明存在 $\xi \in (0,1)$ 使 $\int_0^\xi f(x)\mathrm{d}x = 0.$

证明: 令 $F'(x) = \int_0^x f(t)\mathrm{d}t$，

$$\int_0^x F'(t)\mathrm{d}t = \int_0^x \left[\int_0^t f(u)\mathrm{d}u\right]\mathrm{d}t$$

$$F(t)\Big|_0^x = \left[t\int_0^t f(u)\mathrm{d}u\right]\Big|_0^x - \int_0^x tf(t)\mathrm{d}t$$

$$F(x) - F(0) = x\int_0^x f(u)\mathrm{d}u - \int_0^x tf(t)\mathrm{d}t$$

令 $F(0)=0$　由已知

$$F(1) = \int_0^1 f(u)\mathrm{d}u - \int_0^1 tf(t)\mathrm{d}t \xlongequal{\text{已知}} 0$$

由罗尔定理，存在 $\xi\in(0,1)$ 使 $F'(\xi)=0$

即 $\int_0^\xi f(t)\mathrm{d}t = 0.$

例 5 设 $f(x)$ 在 $[a,b]$ 上连续，且单调增↗，证明

$$\int_a^b xf(x)\mathrm{d}x \geqslant \frac{1}{2}\left[b\int_0^b f(x)\mathrm{d}x - a\int_0^a f(x)\mathrm{d}x\right].$$

证明: 改 b 为 x，积分变量改为 t，作辅助函数

$$F(x) = \int_a^x tf(t)\mathrm{d}t - \frac{1}{2}\left[x\int_0^x f(t)\mathrm{d}t - a\int_0^a f(t)\mathrm{d}t\right]$$

$$\begin{aligned} F'(x) &= xf(x) - \frac{1}{2}\int_0^x f(t)\mathrm{d}t - \frac{1}{2}xf(x) \\ &= \frac{1}{2}\left[xf(x) - \int_0^x f(t)\mathrm{d}t\right] \\ &= \frac{1}{2}\int_0^x [f(x) - f(t)]\mathrm{d}t \\ &\geqslant 0 \end{aligned}$$

已知 $f(x)$↗单调增

$$0 \leqslant t \leqslant x$$

$$f(x) - f(t) \geqslant 0$$

$\therefore F(x)$↗，单调增　$\therefore F(b) \geqslant F(a) = 0$

$$F(b)=\int_a^b xf(x)\mathrm{d}x-\frac{1}{2}\left[b\int_0^b f(x)\mathrm{d}x-a\int_0^a f(x)\mathrm{d}x\right]$$（积分变量用 x 也可以）

$$\geqslant 0$$

即 $\int_a^b xf(x)\mathrm{d}x\geqslant\frac{1}{2}\left[b\int_0^b f(x)\mathrm{d}x-a\int_0^a f(x)\mathrm{d}x\right]$.

例 6 设 $f(x)$ 在 $[a,b]$ 上连续，$a<\alpha<\beta<b$，求极限 $I=\lim\limits_{\Delta x\to 0}\frac{1}{\Delta x}\int_\alpha^\beta[f(x+\Delta x)-f(x)]\mathrm{d}x$.

解：只能应用 $f(x)$ 的连续性，不知 $f(x)$ 是否可导.

令 $F(x)=\int_\alpha^x f(t)\mathrm{d}t$，$F(x)$ 可导，$F(\alpha)=0$

$$F'(x)=f(x)\quad(a<x<b,\text{基本定理})$$

$$\begin{aligned}\int_\alpha^\beta f(x+\Delta x)\mathrm{d}x &\xlongequal{u=x+\Delta x}\int_{\alpha+\Delta x}^{\beta+\Delta x}f(u)\mathrm{d}u\\ &=\int_{\alpha+\Delta x}^{\alpha}f(u)\mathrm{d}u+\int_\alpha^{\beta+\Delta x}f(u)\mathrm{d}u\\ &=-\int_\alpha^{\alpha+\Delta x}f(u)\mathrm{d}u+\int_\alpha^{\beta+\Delta x}f(u)\mathrm{d}u\\ &=F(\beta+\Delta x)-F(\alpha+\Delta x)\end{aligned}$$

当然 $\int_\alpha^\beta f(x)\mathrm{d}x=F(\beta)-F(\alpha)$

$$\begin{aligned}I&=\lim_{\Delta x\to 0}\frac{1}{\Delta x}\int_\alpha^\beta[f(x+\Delta x)-f(x)]\mathrm{d}x\\ &=\lim_{\Delta x\to 0}\frac{1}{\Delta x}[F(\beta+\Delta x)-F(\alpha+\Delta x)-(F(\beta)-F(\alpha))]\\ &=F'(\beta)-F'(\alpha)\\ &=f(\beta)-f(\alpha).\end{aligned}$$

例 7 设 $f(x)$ 在 $[0,1]$ 上连续，在 $(0,1)$ 内可导，且 $f(1)=k\int_0^{\frac{1}{k}}x\mathrm{e}^{1-x}f(x)\mathrm{d}x$ $k>1$，证明存在一个 $\xi\in(0,1)$，使 $f'(\xi)=(1-\xi^{-1})f(\xi)$.

分析：$f'(x)=\left(1-\frac{1}{x}\right)f(x)$

$$\frac{f'(x)}{f(x)}=1-\frac{1}{x}$$

$$\ln f(x)=x-\ln x+\ln c$$

$$x\mathrm{e}^{-x}f(x)=c.$$

证明：令 $F(x)=x\mathrm{e}^{-x}f(x)$，$F(x)$ 在 $[0,1]$ 上连续，$F(x)$ 在 $(0,1)$ 内可导，由中值定理，存在 $0\leqslant\eta\leqslant\frac{1}{k}$ 使

$$f(1)=k\int_0^{\frac{1}{k}} x\mathrm{e}^{1-x}f(x)\mathrm{d}x=\eta\mathrm{e}^{1-\eta}f(\eta)$$

$$F(1)=1\cdot \mathrm{e}^{-1}f(1)=\eta\mathrm{e}^{-\eta}f(\eta)=F(\eta)$$

由罗尔定理,存在$\xi\in(\eta,1)\subset(0,1)$使

$$0=F'(\xi)=\mathrm{e}^{-\xi}f(\xi)-\xi\mathrm{e}^{-\xi}f(\xi)+\xi\mathrm{e}^{-\xi}f'(\xi)$$

即 $f'(\xi)=f(\xi)\left(1-\dfrac{1}{\xi}\right)$.

例 8 设$f(x)$在$[0,1]$上连续,$f(0)=0$,在$[0,1]$内,$0<f'(x)\leqslant 1$证明$\left(\int_0^1 f(x)\mathrm{d}x\right)^2\geqslant\int_0^1 f^3(x)\mathrm{d}x$.

证明:将1改为x,积分变量字母用t.

令 $F(x)=\left(\int_0^x f(t)\mathrm{d}t\right)^2-\int_0^x f^3(t)\mathrm{d}t$

则 $F'(x)=2\int_0^x f(t)\mathrm{d}t\cdot f(x)-f^3(x)$

$$=f(x)\left[2\int_0^x f(t)\mathrm{d}t-f^2(x)\right]$$

为专门研究,令 $\varphi(x)=2\int_0^x f(t)\mathrm{d}t-f^2(x),x\in(0,1)$

$$\varphi'(x)=2f(x)-2f(x)f'(x)=2f(x)[1-f'(x)]\geqslant 0$$

(因为当$x>0$时,$0<f'(x)\leqslant 1$,$f(x)\nearrow$单调增,$f(0)=0<f(x)$)

$\therefore$ $\varphi(x)\nearrow$单调增,而$\varphi(0)=0\Rightarrow\varphi(x)>\varphi(0)=0$

于是,$F'(x)\geqslant 0$,$F(x)\nearrow$单调增.

$$F(0)=0,\quad F(x)\geqslant F(0)=0,\quad \text{特别 } F(1)\geqslant F(0)$$

即$\left(\int_0^1 f(x)\mathrm{d}x\right)^2\geqslant\int_0^1 f^3(x)\mathrm{d}x$ (将t换为x是可以的)

定积分中积分变量用什么字母不影响定积分的值.

2. 定积分用于不等式证明举例

例 9 设$f(x)$在$[0,2]$上连续,在$(0,2)$内二阶可导,极限$\lim\limits_{x\to\frac{1}{2}}\dfrac{\cos\pi x}{x-\frac{1}{2}}$存在,$\lim\limits_{x\to\frac{1}{2}}\dfrac{f(x)}{\cos\pi x}=0$,且$f(2)=2\int_1^{\frac{3}{2}}f(x)\mathrm{d}x$证明:存在$\xi\in(0,2)$使$f''(\xi)=0$.

证明:记$A=\lim\limits_{x\to\frac{1}{2}}\dfrac{\cos\pi x}{x-\frac{1}{2}}$,由$\lim\limits_{x\to\frac{1}{2}}\dfrac{f(x)}{\cos\pi x}=0$知$f\left(\dfrac{1}{2}\right)=0$

$$f'\left(\frac{1}{2}\right)=\lim_{x\to\frac{1}{2}}\frac{f(x)-f\left(\frac{1}{2}\right)}{x-\frac{1}{2}}$$

$$= \lim_{x\to\frac{1}{2}} \frac{f(x)}{\cos\pi x} \cdot \frac{\cos\pi x}{x-\frac{1}{2}}$$

$$= 0 \cdot A$$

$$= 0.$$

已知 $f(2) = 2\int_1^{\frac{3}{2}} f(x)\mathrm{d}x$，由积分中值定理

$$f(2) \xlongequal[\text{存在 } 1\leqslant\eta\leqslant\frac{3}{2}]{} 2\left(\frac{3}{2}-1\right)f(\eta) = f(\eta)$$

在$[\eta,2]$上满足罗尔定理，存在 $\tau\in(\eta,2)$使 $f'(\tau)=0$

$\frac{1}{2}<1\leqslant\eta\leqslant\frac{3}{2}<2$，$\eta<\tau<2$，前已求出 $f'\left(\frac{1}{2}\right)=0$

$f'(x)$在$\left[\frac{1}{2},\tau\right]$上满足罗尔定理，存在 $\xi\in\left(\frac{1}{2},\tau\right)\subset(0,2)$，使 $f''(\xi)=0$.

例 10 设 $f(x)$连续，当 $0\leqslant x\leqslant\frac{a}{2}$时 $f(x)+f(a-x)>0$ 证明 $\int_0^a f(x)\mathrm{d}x>0$.

证明： $\int_0^a f(x)\mathrm{d}x = \int_0^{\frac{a}{2}} f(x)\mathrm{d}x + \int_{\frac{a}{2}}^a f(x)\mathrm{d}x$

$$\int_{\frac{a}{2}}^a f(x)\mathrm{d}x \xlongequal[x=\frac{a}{2}\leftrightarrow u=\frac{a}{2},\,x=a\leftrightarrow u=0]{\text{令 } x=a-u,\,\mathrm{d}x=-\mathrm{d}u} \int_{\frac{a}{2}}^0 f(a-u)(-\mathrm{d}u)$$

$$= \int_0^{\frac{a}{2}} f(a-x)\mathrm{d}x$$

$\therefore \int_0^a f(x)\mathrm{d}x = \int_0^{\frac{a}{2}}[f(x)+f(a-x)]\mathrm{d}x > 0$

(已知 $f(x)+f(a-x)>0$).

例 11 设 $f(x)$在$[0,1]$上连续，导数连续，$f(0)=0$，$f'(x)\geqslant0$，$g'(x)\geqslant0$ 证明对任意 $\alpha\in[0,1]$有

$$\int_0^\alpha g(x)f'(x)\mathrm{d}x + \int_0^1 f(x)g'(x)\mathrm{d}x \geqslant f(\alpha)g(1).$$

证明： 改 α 为 x，积分变量用 t.

令$F(x) = \int_0^x g(t)f'(t)\mathrm{d}t + \int_0^1 f(t)g'(t)\mathrm{d}t - f(x)g(1)$

$F'(x) = g(x)f'(x) - f'(x)g(1) = f'(x)[g(x)-g(1)]$

由 $g'(x)\geqslant0$，$g(x)\nearrow$，$\therefore$ $g(x)\leqslant g(1)$，已知 $f'(x)\geqslant0$

$\therefore$ $F'(x)\leqslant0$　$F(x)\searrow$单调减.

$$F(1)=\int_0^1 g(t)f'(t)\mathrm{d}t + \int_0^1 f(t)g'(t)\mathrm{d}t - f(1)g(1)$$

$$=f(t)g(t)\Big|_0^1-f(1)g(1)=0\quad (f(0)=0)$$

$0\leqslant\alpha\leqslant1,F(\alpha)\geqslant F(1)=0$

$$\int_0^\alpha g(t)f'(t)\mathrm{d}t+\int_0^1 f(t)g'(t)\mathrm{d}t-f(\alpha)g(1)\geqslant 0$$

定积分变量用字母 x 也可以,即

$$\int_0^\alpha g(x)f'(x)\mathrm{d}x+\int_0^1 f(x)g'(x)\mathrm{d}x\geqslant f(\alpha)g(1).$$

例 12 设 $f(x)$在$[a,b]$上连续,在(a,b)内可导,$f(a)=f(b)=0$ $|f'(x)|\leqslant M$,证明$\int_a^b|f(x)|\mathrm{d}x\leqslant\frac{(b-a)^2}{4}M$.

证明:$f(x)=f(x)-f(a)=(x-a)f'(\xi)\quad a<\xi<x$

$|f(x)|=|x-a||f'(\xi)|\leqslant M(x-a)$

$|f(x)|=|x-b||f'(\eta)|\leqslant M(b-x)\quad x<\eta<b$

$$\begin{aligned}\int_a^b|f(x)|\mathrm{d}x&=\int_a^{\frac{a+b}{2}}|f(x)|\mathrm{d}x+\int_{\frac{a+b}{2}}^b|f(x)|\mathrm{d}x\\&\leqslant\frac{M}{2}(x-a)^2\Big|_a^{\frac{a+b}{2}}-\frac{M}{2}(b-x)^2\Big|_{\frac{a+b}{2}}^b\\&=M\left(\frac{b-a}{2}\right)^2\\&=\frac{M}{4}(b-a)^2.\end{aligned}$$

例 13 设 $f(x)$二阶可导,且 $f''(x)\geqslant0$,$u(t)$在$[0,a]$上处处连续,证明$\frac{1}{a}\int_0^a f[u(t)]\mathrm{d}t\geqslant f\left[\frac{1}{a}\int_0^a u(t)\mathrm{d}t\right]$.

证明:令 $x_0=\frac{1}{a}\int_0^a u(t)\mathrm{d}t$ 则 $ax_0=\int_0^a u(t)\mathrm{d}t$

在 x_0 处展成一阶泰乐公式:

$$f(x)=f(x_0)+f'(x_0)(x-x_0)+\frac{f''(\xi)}{2!}(x-x_0)^2$$

$$\because f''(x)\geqslant0\quad\therefore\frac{f''(\xi)}{2!}(x-x_0)^2\geqslant0$$

$$f(x)\geqslant f(x_0)+f'(x_0)(x-x_0)$$

令 $x=u(t)$

$$f(u(t))\geqslant f(x_0)+f'(x_0)[u(t)-x_0]$$

两边在$[0,a]$上积分

$$\int_0^a f[u(t)]\mathrm{d}t\geqslant af(x_0)+f'(x_0)\left[\int_0^a u(t)\mathrm{d}t-ax_0\right]$$

$$= af(x_0) + f'(x_0) \cdot 0$$
$$= af(x_0)$$

由 $a>0$

$$\frac{1}{a}\int_0^a f[u(t)]\mathrm{d}t \geqslant f\left[\frac{1}{a}\int_0^a u(t)\mathrm{d}t\right].$$

例 14 设 $f(x)$在$[a,b]$上连续,且单调增加,试证明

$$(a+b)\int_a^b f(x)\mathrm{d}x < 2\int_a^b xf(x)\mathrm{d}x.$$

证明:将上限 b 改为 x,积分变量改用字母 t

令 $F(x) = 2\int_a^x tf(t)\mathrm{d}t - (a+x)\int_a^x f(t)\mathrm{d}t \quad (a \leqslant x \leqslant b)$

它在$[a,b]$上连续,(a,b)内可导,并有

$$F'(x) = 2xf(x) - \int_a^x f(t)\mathrm{d}t - (a+x)f(x)$$
$$= (x-a)f(x) - \int_a^x f(t)\mathrm{d}t$$
$$= \int_a^x [f(x) - f(t)]\mathrm{d}t$$
$$> 0 \quad (f(x) \text{ 单调增加}, x \geqslant a)$$

$\therefore F(b)>F(a)=0$

即 $2\int_a^b tf(t)\mathrm{d}t > (a+b)\int_a^b f(t)\mathrm{d}t.$

例 15 设函数 $f(x)$在$[a,b]$$(b>a)$上连续,且在此区间上 $f(x)>0$,证明 $\int_a^b f(x)\mathrm{d}x > 0.$

证明:因为 $f(x)$在$[a,b]$上连续,由积分中值定理

在$[a,b]$上至少存在一点 ξ 使

$$\int_a^b f(x)\mathrm{d}x = f(\xi)(b-a)$$

而 $f(\xi)>0$,$b-a>0$,所以

$$\int_a^b f(x)\mathrm{d}x > 0.$$

例 16 证明 $\ln(n+1)<1+\frac{1}{2}+\frac{1}{3}+\cdots+\frac{1}{n}<1+\ln n.$

证明:$\ln(n+1) = \ln(n+1) - \ln 1 = \int_1^{n+1} \frac{1}{x}\mathrm{d}x$

$$= \int_1^2 \frac{1}{x}\mathrm{d}x + \int_2^3 \frac{1}{x}\mathrm{d}x + \cdots + \int_n^{n+1} \frac{1}{x}\mathrm{d}x$$

$$<\int_1^2 dx+\int_2^3 \frac{1}{2}dx+\cdots+\int_n^{n+1} \frac{1}{n}dx$$

$$=1+\frac{1}{2}+\frac{1}{3}+\cdots+\frac{1}{n}$$

$$\ln n=\ln n-\ln 1=\int_1^n \frac{1}{x}dx$$

$$=\int_1^2 \frac{1}{x}dx+\int_2^3 \frac{1}{x}dx+\cdots+\int_{n-1}^n \frac{1}{x}dx$$

$$>\int_1^2 \frac{1}{2}dx+\int_2^3 \frac{1}{3}dx+\cdots+\int_{n-1}^n \frac{1}{n}dx$$

$$=\frac{1}{2}+\frac{1}{3}+\cdots+\frac{1}{n}$$

$$\ln n+1>1+\frac{1}{2}+\frac{1}{3}+\cdots+\frac{1}{n}.$$

综上，$\ln(n+1)<1+\frac{1}{2}+\cdots+\frac{1}{n}<1+\ln n$.

3. 定积分用于等式证明

例 17 设 $f(x)$ 在 $[-a,a](a>0)$ 上连续，计算 $I=\int_{-a}^a[(x+e^{\cos x})f(x)+(x-e^{\cos x})f(-x)]dx$.

解:$I=\int_{-a}^a[(x+e^{\cos x})f(x)+(x-e^{\cos}x)f(-x)]dx$

$$=\int_a^a[x(f(x)+f(-x))+e^{\cos x}(f(x)-f(-x))]dx$$

$$=0$$

其中 $f(x)+f(-x)$ 是偶函数

$f(x)-f(-x)$ 是奇函数

所以 $x\cdot(f(x)+f(-x))$ 是奇函数

$e^{\cos x}\cdot(f(x)-f(-x))$ 也是奇函数.

例 18 设 $0<a<b$，证明存在一个 ξ 使 $\xi^2=\frac{b^2+ab+a^2}{3}$.

证明:$\xi^2=\frac{a^2+ba+b^2}{3}\Longleftrightarrow(b-a)\xi^2=\frac{b^3-a^3}{3}$

$$=\frac{x^3}{3}\Big|_a^b$$

$$=\int_a^b x^2 dx$$

由积分中值定理：存在 $\xi\in(a,b)$ 使

$$\int_a^b x^2 dx=\xi^2(b-a)$$

即 $\xi^2=\dfrac{1}{b-a}\int_a^b x^2\mathrm{d}x=\dfrac{b^2+ab+a^2}{3}$.

例 19 设 $f''(x)$ 在$[a,b]$上连续，证明$\int_a^b f(x)\mathrm{d}x=\dfrac{b-a}{2}[f(b)+f(a)]+\dfrac{1}{2}\int_a^b f''(x)(x-a)(x-b)\mathrm{d}x$.

证明： $\int_a^b f''(x)(x-a)(x-b)\mathrm{d}x$

$$=(x-a)(x-b)f'(x)\Big|_a^b-\left[\int_a^b(2x-a-b)f'(x)\mathrm{d}x\right]$$

$$=-(2x-a-b)f(x)\Big|_a^b+2\int_a^b f(x)\mathrm{d}x$$

$$=-(b-a)f(b)+(a-b)f(a)+2\int_a^b f(x)\mathrm{d}x$$

$$=-(b-a)[f(b)-f(a)]+2\int_a^b f(x)\mathrm{d}x$$

$\therefore\ \int_a^b f(x)\mathrm{d}x=\dfrac{b-a}{2}(f(b)-f(a))+\dfrac{1}{2}\int_a^b f''(x)(x-a)(x-b)\mathrm{d}x$.

例 20 设 $f(x)$在$[1,+\infty]$上连续，单调减，且 $f(x)>0$.

又设 $u_n=\sum\limits_{k=1}^{n}f(k)-\int_1^n f(x)\mathrm{d}x$，证明当 $n\to\infty$ 时 u_n 极限存在

证明：$u_{n+1}-u_n=f(n+1)-\int_n^{n+1}f(x)\mathrm{d}x$

$$=f(n+1)-f(\eta)\leqslant 0\quad(\eta\in(n,n+1))$$

$u_n\searrow$

又已知 $f(x)\searrow$，$u_n=\sum\limits_{k=1}^{n}f(k)-\int_1^n f(x)\mathrm{d}x$

$$=\sum_{k=1}^{n}f(k)-\left[\int_1^2 f(x)\mathrm{d}x+\int_2^3 f(x)\mathrm{d}x+\cdots+\int_{n-1}^n f(x)\mathrm{d}x\right]$$

$$\geqslant\sum_{k=1}^{n}f(k)-\left[\int_1^2 f(1)\mathrm{d}x+\int_2^3 f(2)\mathrm{d}x+\cdots+\int_{n-1}^n(n-1)\mathrm{d}x\right]$$

$$=\sum_{k=1}^{n}f(k)-[f(1)+f(2)+\cdots+f(n-1)]$$

$$=f(n)>0$$

u_n 有下界 0 故必有极限，

即$\lim\limits_{n\to\infty}u_n$ 存在.

例 21 证明$\int_0^{\frac{\pi}{2}}\dfrac{\sin x}{x}\mathrm{d}x=\int_0^1\dfrac{\mathrm{d}x}{\arccos x}$.

证明：令 $t=\arccos x$，则 $x=\cos t$，$\mathrm{d}x=-\sin t\mathrm{d}t$

且 $x=0$ 时，$t=\frac{\pi}{2}$；$x=1$ 时，$t=0$

$$\therefore \int_0^1 \frac{dx}{\arccos x} = -\int_{\frac{\pi}{2}}^0 \frac{\sin t dt}{t} = \int_0^{\frac{\pi}{2}} \frac{\sin t}{t} dt = \int_0^{\frac{\pi}{2}} \frac{\sin x}{x} dx$$

即 $\int_0^{\frac{\pi}{2}} \frac{\sin x}{x} dx = \int_0^1 \frac{dx}{\arccos x}$.

4. 定积分计算

例 22 计算 $\int_1^2 x(\ln x)^2 dx$.

解： $\int_1^2 x(\ln x)^2 dx$

$$= \int_1^2 (\ln x)^2 d\left(\frac{x^2}{2}\right)$$

$$= \frac{x^2}{2}(\ln x)^2\Big|_1^2 - \int_1^2 x\ln x dx$$

$$= 2(\ln 2)^2 - \frac{x^2}{2}\ln x\Big|_1^2 + \int_1^2 \frac{x}{2} dx$$

$$= 2(\ln 2)^2 - 2\ln 2 + \frac{x^2}{4}\Big|_1^2$$

$$= 2(\ln 2)^2 - 2\ln 2 + \frac{3}{4}.$$

例 23 计算定积分 $\int_3^8 \frac{dx}{\sqrt{x+1} - \sqrt{(x+1)^3}}$.

解： 令 $\sqrt{x+1}=t \quad x=t^2-1 \quad dx=2tdt$

$x=3 \to t=2, x=8 \to t=3$

$$\int_3^8 \frac{dx}{\sqrt{x+1} - (\sqrt{x+1})^3}$$

$$= \int_2^3 \frac{2tdt}{t-t^3}$$

$$= 2\int_2^3 \frac{dt}{1-t^2}$$

$$= 2\int_2^3 \frac{1}{2}\left(\frac{1}{1-t} + \frac{1}{1+t}\right) dt$$

$$= -\int_2^3 \frac{d(1-t)}{1-t} + \int_2^3 \frac{d(1+t)}{1+t}$$

$$= \ln\left|\frac{1+t}{1-t}\right|\Big|_2^3$$

$$= \ln 2 - \ln 3$$

$= \ln \dfrac{2}{3}.$

例 24　计算 $\int_{\frac{1}{\sqrt{2}}}^{1} \dfrac{\sqrt{1-x^2}}{x^2} dx.$

解: 令 $x=\sin t$ 则 $dx=\cos t dt$

$x=1$ 时 $t=\dfrac{\pi}{2}$；$x=\dfrac{1}{\sqrt{2}}$ 时，$t=\dfrac{\pi}{4}$

$$\int_{\frac{1}{\sqrt{2}}}^{1} \frac{\sqrt{1-x^2}}{x^2} dx = \int_{\frac{\pi}{4}}^{\frac{\pi}{2}} \frac{\cos^2 t dt}{\sin^2 t}$$

$$= \int_{\frac{\pi}{4}}^{\frac{\pi}{2}} \frac{1-\sin^2 t}{\sin^2 t} dt$$

$$= \int_{\frac{\pi}{4}}^{\frac{\pi}{2}} (\csc^2 t - 1) dt$$

$$= -\cot t \Big|_{\frac{\pi}{4}}^{\frac{\pi}{2}} - \left(\frac{\pi}{2} - \frac{\pi}{4}\right)$$

$$= -\frac{\cos t}{\sin t} \Big|_{\frac{\pi}{4}}^{\frac{\pi}{2}} - \frac{\pi}{4}$$

$$= 1 - \frac{\pi}{4}.$$

例 25　计算定积分 $\int_0^1 \dfrac{dx}{1+\sqrt[3]{x}}.$

解: 令 $x = t^3$ 则 $dx = 3t^2 dt$

$$\int_0^1 \frac{dx}{1+\sqrt[3]{x}} = \int_0^1 \frac{3t^2 dt}{1+t}$$

$$= \int_0^1 \frac{3t^2 - 3 + 3}{1+t} dt$$

$$= \int_0^1 \left(3t - 3 + \frac{3}{1+t}\right) dt$$

$$= \left[\frac{3}{2}t^2 - 3t + 3\ln(1+t)\right]_0^1$$

$$= 3\ln 2 - \frac{3}{2}.$$

例 26　$\int_1^e \dfrac{\ln x}{x^2} dx =$ (　　).

A. $-e^{-1}+e+1$　　B. $2e-1$　　C. $2e^{-1}-1$　　D. $1-2e^{-1}$

解:　$\int_1^e \dfrac{\ln x}{x^2} dx$

$$=-\int_1^{e}\ln x\mathrm{d}\left(\frac{1}{x}\right)$$

$$=-\frac{\ln x}{x}\Big|_1^{e}+\int_1^{e}\frac{\mathrm{d}x}{x^2}$$

$$=-\frac{1}{e}-\frac{1}{x}\Big|_1^{e}$$

$$=-\frac{1}{e}-\frac{1}{e}+1$$

$$=1-2e^{-1}.$$

选(D).

例 27 计算定积分$\int_{-1}^{1}\frac{x}{\sqrt{5-4x}}\mathrm{d}x$.

解: $\int_{-1}^{1}\frac{x}{\sqrt{5-4x}}\mathrm{d}x$

$$=\int_{-1}^{1}\frac{5-4x-5}{\sqrt{5-4x}}\left(-\frac{1}{4}\right)\mathrm{d}x$$

$$=-\frac{1}{4}\int_{-1}^{1}\sqrt{5-4x}\mathrm{d}x+\frac{5}{4}\int_{-1}^{1}\frac{\mathrm{d}x}{\sqrt{5-4x}}$$

$$=\frac{1}{16}\int_{-1}^{1}(5-4x)^{\frac{1}{2}}\mathrm{d}(5-4x)-\frac{5}{16}\int_{-1}^{1}(5-4x)^{-\frac{1}{2}}\mathrm{d}(5-4x)$$

$$=\frac{1}{16}\times\frac{2}{3}(5-4x)^{\frac{3}{2}}\Big|_{-1}^{1}-\frac{5}{16}\times 2\times(5-4x)^{\frac{1}{2}}\Big|_{-1}^{1}$$

$$=\frac{1}{24}(1-27)-\frac{5}{8}(1-3)$$

$$=\frac{-13}{12}+\frac{5}{4}$$

$$=\frac{2}{12}$$

$$=\frac{1}{6}.$$

例 28 计算$\int_1^{\sqrt{3}}\frac{\mathrm{d}x}{x^2\sqrt{1+x^2}}$.

解:令 $x=\tan\theta$ 则 $\mathrm{d}x=\sec^2\theta\mathrm{d}\theta$

当$x=1$时,$\theta=\frac{\pi}{4}$

$x=\sqrt{3}$时,$\theta=\frac{\pi}{3}$

$$\int_1^{\sqrt{3}}\frac{\mathrm{d}x}{x^2\sqrt{1+x^2}}=\int_{\frac{\pi}{4}}^{\frac{\pi}{3}}\frac{\sec^2\theta\mathrm{d}\theta}{\tan^2\theta\sec\theta}$$

$$=\int_{\frac{\pi}{4}}^{\frac{\pi}{3}}\cot\theta\csc\theta\mathrm{d}\theta$$

$$=-\csc\theta\Big|_{\frac{\pi}{4}}^{\frac{\pi}{3}}$$

$$=-\left(\frac{1}{\sin\frac{\pi}{3}}-\frac{1}{\sin\frac{\pi}{4}}\right)$$

$$=\frac{-2}{\sqrt{3}}+\sqrt{2}$$

$$=\sqrt{2}-\frac{2}{3}\sqrt{3}.$$

例 29　$\int_{-\frac{\pi}{2}}^{\frac{\pi}{2}}4\cos^4 x\mathrm{d}x.$

解: $\int_{-\frac{\pi}{2}}^{\frac{\pi}{2}}4\cos^4 x\mathrm{d}x=2\times 4\int_0^{\frac{\pi}{2}}\cos^4 x\mathrm{d}x$

$$=8\times\frac{3}{4}\times\frac{1}{2}\times\frac{\pi}{2}$$

$$=\frac{3\pi}{2}.$$

例 30　$\int_{-5}^{5}\frac{x^3\sin^2 x}{x^4+2x^2+1}\mathrm{d}x.$

解: $\int_{-5}^{5}\frac{x^3\sin^2 x}{x^4+2x^2+1}\mathrm{d}x\xlongequal[\text{奇函数}]{\text{被积函数是}}0.$

例 31　求定积分 $\int_0^4\frac{x+1}{\sqrt{2x+1}}\mathrm{d}x.$

解:　$\int_0^4\frac{x+1}{\sqrt{2x+1}}\mathrm{d}x$

$$=\frac{1}{2}\int_0^4\frac{\frac{1}{2}(2x+1)+\frac{1}{2}}{\sqrt{2x+1}}\mathrm{d}(2x+1)$$

$$\xlongequal[2\mathrm{d}x=2u\mathrm{d}u]{\text{令 }2x+1=u^2}\frac{1}{4}\int_1^3(u+u^{-1})\cdot 2u\mathrm{d}u$$

$$=\frac{1}{2}\int_1^3(u^2+1)\mathrm{d}u$$

$$=\frac{1}{2}\left[\frac{u^3}{3}\Big|_1^3+(3-1)\right]$$

$$=\frac{1}{2}\left[\frac{27-1}{3}+2\right]$$

$$=\frac{26}{6}+1$$

$= 5\frac{1}{3}$.

例 32 计算$\int_0^{\frac{\pi}{2}}\frac{dx}{1+\cos^2 x}$.

解： $\int_0^{\frac{\pi}{2}}\frac{dx}{1+\cos^2 x}$

$$=\int_0^{\frac{\pi}{2}}\frac{\frac{dx}{\cos^2 x}}{\frac{1}{\cos^2 x}+1}$$

$$=\int_0^{\frac{\pi}{2}}\frac{d(\tan x)}{\tan^2 x+2}$$

$$=\int_0^{+\infty}\frac{dt}{t^2+2}$$

$$=\int_0^{+\infty}\frac{\frac{1}{\sqrt{2}}d\left(\frac{t}{\sqrt{2}}\right)}{\left(\frac{t}{\sqrt{2}}\right)^2+1}$$

$$=\frac{1}{\sqrt{2}}\arctan\frac{t}{\sqrt{2}}\Big|_0^{+\infty}$$

$$=\frac{\pi}{2\sqrt{2}}.$$

例 33 计算$\int_0^2\sqrt{8-x^2}dx$.

解： $\int_0^2\sqrt{8-x^2}dx$

$$\xlongequal[\substack{dx=2\sqrt{2}\cos t dt\\ x=2\leftrightarrow t=\frac{\pi}{4}}]{\text{令 } x=2\sqrt{2}\sin t}\int_0^{\frac{\pi}{4}}8\cos^2 t dt$$

$$=4\int_0^{\frac{\pi}{4}}(1+\cos 2t)dt$$

$$=\pi+2\sin 2t\Big|_0^{\frac{\pi}{4}}$$

$$=\pi+2.$$

例 34 计算定积分$\int_0^2 x^3\sqrt{4-x^2}dx$.

解：$\int_0^2 x^3\sqrt{4-x^2}\,dx$

$$=\int_0^{\frac{\pi}{2}}8\sin^3t\cdot 2\cos t\cdot 2\cos t\,dt$$

$$=32\int_0^{\frac{\pi}{2}}(\sin^3t-\sin^5t)\,dt$$

$$=32\left(\frac{2}{3}-\frac{4}{5}\cdot\frac{2}{3}\right)$$

$$=\frac{64}{15}.$$

（令 $x=2\sin t$ 则 $dx=2\cos t\,dt$
$x=0\leftrightarrow t=0$
$x=2\leftrightarrow t=\frac{\pi}{2}$）

例 35 求 $\int_0^{2\pi}e^{2x}\cos x\,dx$ 的值.

解：$I=\int_0^{2\pi}e^{2x}\cos x\,dx$

$$=e^{2x}\sin x\Big|_0^{2\pi}-2\int_0^{2\pi}e^{2x}\sin x\,dx$$

$$=2\int_0^{2\pi}e^{2x}d(\cos x)$$

$$=2e^{2x}\cos x\Big|_0^{2\pi}-4\int_0^{2\pi}e^{2x}\cos x\,dx$$

移项，合并，整理

$$I=\frac{2}{5}(e^{4\pi}-1).$$

例 36 计算定积分 $I=\int_0^1(\arcsin x)^2dx$.

解：$I=\int_0^1(\arcsin x)^2dx$

$$=x(\arcsin x)^2\Big|_0^1-2\int_0^1\frac{x\arcsin x}{\sqrt{1-x^2}}dx$$

$$=\frac{\pi^2}{4}+2\int_0^1\arcsin x\,d(\sqrt{1-x^2})$$

$$=\frac{\pi^2}{4}+2\sqrt{1-x^2}\arcsin x\Big|_0^1-2\int_0^1\frac{\sqrt{1-x^2}}{\sqrt{1-x^2}}dx$$

$$=\frac{\pi^2}{4}-2.$$

例 37 计算 $\int_0^1\sqrt{4-x^2}\,dx$.

解：令 $x=2\sin t$ 则 $dx=2\cos t\,dt$

$$x=0\leftrightarrow t=0,x=1\leftrightarrow \sin t=\frac{1}{2},t=\frac{\pi}{6}$$

$\therefore$ 原式$=\int_0^{\frac{\pi}{6}}4\cos^2t\mathrm{d}t$

$$=2\int_0^{\frac{\pi}{6}}(1+\cos2t)\mathrm{d}t$$

$$=2\left[\frac{\pi}{6}+\frac{1}{2}\sin2t\Big|_0^{\frac{\pi}{6}}\right]$$

$$=\frac{\pi}{3}+\frac{\sqrt{3}}{2}.$$

例 38 计算$\int_0^{\frac{\pi}{2}}\frac{x}{1+\cos x}\mathrm{d}x$.

解:原式$=\int_0^{\frac{\pi}{2}}\frac{x}{2\cos^2\frac{x}{2}}\mathrm{d}x\quad\left(令\frac{x}{2}=u\quad \mathrm{d}x=2\mathrm{d}u\right)$

$$=2\int_0^{\frac{\pi}{4}}u\mathrm{d}(\tan u)$$

$$=2u\tan u\Big|_0^{\frac{\pi}{4}}-2\int_0^{\frac{\pi}{4}}\frac{\sin u}{\cos u}\mathrm{d}u$$

$$=\frac{\pi}{4}\times2+2\times\ln|\cos u|\Big|_0^{\frac{\pi}{4}}$$

$$=\frac{\pi}{4}\times2+2\left(\ln\left(\frac{\sqrt{2}}{2}\right)-\ln1\right)$$

$$=\frac{\pi}{2}-\ln2.$$

例 39 计算$\int_1^{\mathrm{e}}(\ln x)^2\mathrm{d}x$.

解:原式$=x(\ln x)^2\Big|_1^{\mathrm{e}}-2\int_1^{\mathrm{e}}\ln x\mathrm{d}x$

$$=\mathrm{e}-2x\ln x\Big|_1^{\mathrm{e}}+2\int_1^{\mathrm{e}}\mathrm{d}x$$

$$=\mathrm{e}-2\mathrm{e}+2(\mathrm{e}-1)$$

$$=\mathrm{e}-2.$$

例 40 计算定积分$I=\int_0^1x\arctan x\mathrm{d}x$.

解:$I=\int_0^1x\arctan x\mathrm{d}x$

$$=\int_0^1\arctan x\mathrm{d}\left(\frac{1+x^2}{2}\right)$$

$$=\frac{1+x^2}{2}\arctan x\Big|_0^1-\int_0^1\frac{1+x^2}{2}\cdot\frac{1}{1+x^2}\mathrm{d}x$$

$$=\frac{\pi}{4}-\frac{1}{2}.$$

例 41 设 $f(x)=\begin{cases}1+x^2 & x\leqslant 0\\ e^{-x} & x>0\end{cases}$计算$\int_1^3 f(x-2)\mathrm{d}x$.

解: $\int_1^3 f(x-2)\mathrm{d}x$

$$=\int_{-1}^1 f(t)\mathrm{d}t=\int_{-1}^0(1+t^2)\mathrm{d}t+\int_0^1 e^{-t}\mathrm{d}t$$

$$=1+\frac{t^3}{3}\Big|_{-1}^0+(-e^{-t})\Big|_0^1$$

$$=1-\frac{-1}{3}-e^{-1}-(-1)$$

$$=\frac{7}{3}-\frac{1}{e}.$$

例 42 设 $f(x)=\begin{cases}1+x^2 & x\geqslant 0\\ e^{-x} & x<0\end{cases}$,计算$\int_1^3 f(x-2)\mathrm{d}x$.

解: $\int_1^3 f(x-2)\mathrm{d}x$

$$=\int_{-1}^1 f(t)\mathrm{d}t$$

$$=\int_{-1}^0 e^{-x}\mathrm{d}x+\int_0^1(1+x^2)\mathrm{d}x$$

$$=-e^{-x}\Big|_{-1}^0+1+\frac{1}{3}$$

$$=-1-(-e)+1+\frac{1}{3}$$

$$=e+\frac{1}{3}.$$

例 43 $f(x)$ 有一个原函数为$\frac{\sin x}{x}$,求$\int_{\frac{\pi}{2}}^{\pi} xf'(x)\mathrm{d}x$.

解: $\int_{\frac{\pi}{2}}^{\pi} xf'(x)\mathrm{d}x$

$$=\int_{\frac{\pi}{2}}^{\pi} x\mathrm{d}(f(x))$$

$$=xf(x)\Big|_{\frac{\pi}{2}}^{\pi}-\int_{\frac{\pi}{2}}^{\pi} f(x)\mathrm{d}x$$

$$=x\left(\frac{\sin x}{x}\right)'\Big|_{\frac{\pi}{2}}^{\pi}-\frac{\sin x}{x}\Big|_{\frac{\pi}{2}}^{\pi}$$

$$=x\cdot\frac{x\cos x-\sin x}{x^2}\Big|_{\frac{\pi}{2}}^{\pi}-\frac{\sin x}{x}\Big|_{\frac{\pi}{2}}^{\pi}$$

$$= \cos x \Big|_{\frac{\pi}{2}}^{\pi} - \frac{2\sin x}{x}\Big|_{\frac{\pi}{2}}^{\pi}$$

$$= -1 + \frac{4}{\pi}.$$

例 44 计算定积分 $J = \int_{-\frac{\pi}{2}}^{\frac{\pi}{2}} \sin^2 x \cdot \arctan e^x \mathrm{d}x$.

解: 注意到 $\arctan x + \operatorname{arccot} x = \frac{\pi}{2}$

$$\operatorname{arccot} x = \arctan \frac{1}{x} = \beta$$

如图 $\arctan x = \alpha$

$$J = \int_{-\frac{\pi}{2}}^{\frac{\pi}{2}} \sin^2 x \cdot \arctan e^x \mathrm{d}x \qquad \text{令 } x = -t, \mathrm{d}x = -\mathrm{d}t$$

$$= \int_{-\frac{\pi}{2}}^{\frac{\pi}{2}} \sin^2 t \arctan e^{-t} \mathrm{d}t \qquad x = \frac{\pi}{2} \leftrightarrow t = -\frac{\pi}{2}$$

$$= \int_{-\frac{\pi}{2}}^{\frac{\pi}{2}} \sin^2 x \arctan e^{-x} \mathrm{d}x \qquad x = -\frac{\pi}{2} \leftrightarrow t = \frac{\pi}{2}$$

$$2J = J + J = \int_{-\frac{\pi}{2}}^{\frac{\pi}{2}} \sin^2 x [\arctan e^x + \arctan e^{-x}] \mathrm{d}x$$

$$= \frac{\pi}{2} \int_{-\frac{\pi}{2}}^{\frac{\pi}{2}} \sin^2 x \mathrm{d}x$$

$$= \frac{\pi}{2} \cdot 2 \int_{0}^{\frac{\pi}{2}} \sin^2 x \mathrm{d}x$$

$$= \pi \cdot \frac{1}{2} \cdot \frac{\pi}{2}$$

$$= \frac{\pi^2}{4}.$$

$\therefore J = \frac{\pi^2}{8}$.

例 45 计算定积分 $I = \int_0^{\pi} \frac{x \sin x}{1 + \cos^2 x} \mathrm{d}x$.

解: $I = \int_0^{\pi} \frac{x \sin x}{1 + \cos^2 x} \mathrm{d}x \qquad$ 令 $x = \pi - t$ 则 $\mathrm{d}x = -\mathrm{d}t$

$$= -\int_{\pi}^{0} \frac{(\pi - t)\sin t \mathrm{d}t}{1 + \cos^2 t} \qquad \begin{array}{l} x = 0 \leftrightarrow t = \pi \\ x = \pi \leftrightarrow t = 0 \end{array}$$

$$= \pi\int_0^{\pi} \frac{\sin t}{1+\cos^2 t}\mathrm{d}t - I \qquad \sin(\pi - t) = \sin t$$

$$\therefore\ 2I = \pi\int_0^{\pi} \frac{\sin x}{1+\cos^2 x}\mathrm{d}x$$

$$= \pi\int_0^{\pi} \frac{-\mathrm{d}(\cos x)}{1+\cos^2 x} \qquad 令\ u = \cos x$$

$$= \pi\int_{-1}^{1} \frac{\mathrm{d}u}{1+u^2} \qquad \begin{array}{l} x = \pi \leftrightarrow u = -1 \\ x = 0 \leftrightarrow u = 1 \end{array}$$

$$= \pi \arctan u \Big|_{-1}^{1}$$

$$= \pi\left[\frac{\pi}{4} - \left(-\frac{\pi}{4}\right)\right]$$

$$= \frac{\pi^2}{2}$$

$$\therefore\ I = \frac{\pi^2}{4}.$$

例 46 计算$\int_{-2}^{2} \min\left[\frac{1}{|x|}, x^2\right]\mathrm{d}x$ 的值.

解: $\int_{-2}^{2} \min\left[\frac{1}{|x|}, x^2\right]\mathrm{d}x$

$$= 2\int_0^1 \min\left[\frac{1}{x}, x^2\right]\mathrm{d}x$$

$$= 2\int_0^1 x^2\mathrm{d}x + 2\int_1^2 \frac{1}{x}\mathrm{d}x$$

$$= \frac{2}{3} + 2\ln 2.$$

例 47 计算$\int_{-2}^{2} \max[x, x^2]\mathrm{d}x$ 的值.

解: $\int_{-2}^{2} \max[x, x^2]\mathrm{d}x$

$$= \int_{-2}^{0} x^2\mathrm{d}x + \int_0^1 x\mathrm{d}x + \int_1^2 x^2\mathrm{d}x$$

$$= \frac{x^3}{3}\Big|_{-2}^{0} + \frac{x^2}{2}\Big|_0^1 + \frac{x^3}{3}\Big|_1^2$$

$$= \frac{8}{3} + \frac{1}{2} + \frac{7}{3}$$

$$= \frac{11}{2}.$$

例 48 计算$\int_0^3 [x]\sin\frac{\pi x}{6}\mathrm{d}x$,其中$[x]$表示不超过 x 的最大整数(图 5-7).

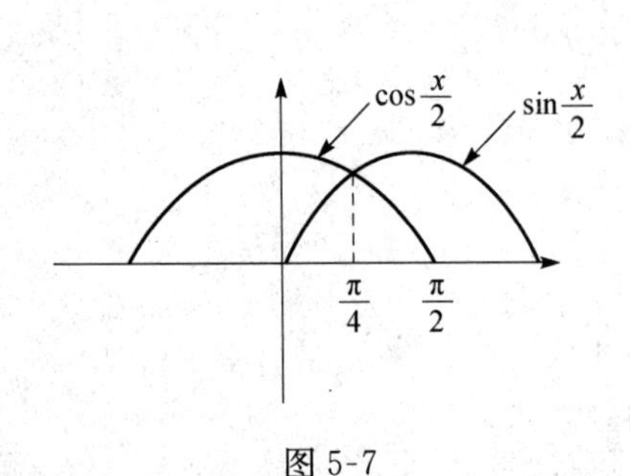

图 5-7

解: $\int_0^3 [x]\sin\frac{\pi x}{6}dx$

$$=\int_1^2 \sin\frac{\pi x}{6}dx+\int_2^3 2\sin\frac{\pi x}{6}dx$$

$$=-\frac{6}{\pi}\cos\frac{\pi x}{6}\Big|_1^2-\frac{12}{\pi}\cos\frac{\pi x}{6}\Big|_2^3$$

$$=\frac{6}{\pi}\left(\frac{\sqrt{3}}{2}-\frac{1}{2}\right)+\frac{12}{\pi}\cdot\frac{1}{2}$$

$$=\frac{3\sqrt{3}+3}{\pi}.$$

例 49 计算$\int_0^{\frac{\pi}{2}}\sqrt{1-\sin x}dx$.

解: $\int_0^{\frac{\pi}{2}}\sqrt{1-\sin x}dx$

$$=\int_0^{\frac{\pi}{2}}\sqrt{\cos^2\frac{x}{2}+\sin^2\frac{x}{2}-2\sin\frac{x}{2}\cos\frac{x}{2}}dx$$

$$=\int_0^{\frac{\pi}{2}}\sqrt{\left(\cos\frac{x}{2}-\sin\frac{x}{2}\right)^2}dx$$

$$=\int_0^{\frac{\pi}{4}}\left(\cos\frac{x}{2}-\sin\frac{x}{2}\right)dx+\int_{\frac{\pi}{4}}^{\frac{\pi}{2}}\left(\sin\frac{x}{2}-\cos\frac{x}{2}\right)dx$$

$$=\left(2\sin\frac{x}{2}+2\cos\frac{x}{2}\right)\Big|_0^{\frac{\pi}{4}}-\left(2\cos\frac{x}{2}+2\sin\frac{x}{2}\right)\Big|_{\frac{\pi}{4}}^{\frac{\pi}{2}}$$

$$=2\left(\sin\frac{\pi}{8}+\cos\frac{\pi}{8}-1\right)-2\left(\cos\frac{\pi}{4}+\sin\frac{\pi}{4}-\cos\frac{\pi}{8}-\sin\frac{\pi}{8}\right)$$

$$=4\left(\sin\frac{\pi}{8}+\cos\frac{\pi}{8}\right)-2-2\sqrt{2}.$$

例 50 计算$\int_{-5}^{6}|x^2+2x-3|dx$(图 5-8).

解: $x^2+2x-3=(x+3)(x-1)$ 极小值

$(-1+3)(-1-1)=-4$

$$I=\int_{-5}^{6}|x^2+2x-3|dx$$

$$=\int_{-5}^{-3}(x^2+2x-3)dx-\int_{-3}^{1}(x^2+2x-3)dx+\int_1^6(x^2+2x-3)dx$$

$$=\left(\frac{x^3}{3}+x^2-3x\right)\Big|_{-5}^{-3}-\left(\frac{x^3}{3}+x^2-3x\right)\Big|_{-3}^{1}+\left(\frac{x^3}{3}+x^2-3x\right)\Big|_1^6$$

$$=2\left(\frac{-27}{3}+9+9\right)-\left(\frac{-125}{3}+25+15\right)-2\left(\frac{1}{3}+1-3\right)+\left(\frac{216}{3}+36-18\right)$$

$$= 18 + \frac{5}{3} + \frac{10}{3} + 90$$

$$= 113.$$

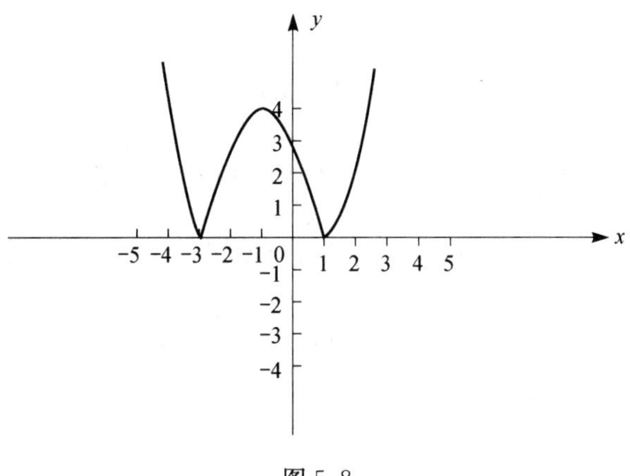

图 5-8

例 51 设 $f(x)=\begin{cases}\dfrac{1}{1+e^x} & x<0\\ \dfrac{1}{1+x} & x>0\end{cases}$，计算 $I=\int_1^3 f(2-x)\mathrm{d}x$.

解：$I=\int_1^3 f(2-x)\mathrm{d}x\left(令\ 2-x=t, \mathrm{d}x=-\mathrm{d}t\ \begin{matrix}x=1\leftrightarrow t=1\\ x=3\leftrightarrow t=-1\end{matrix}\right)$

$$=\int_{-1}^1 f(t)\mathrm{d}t$$

$$=\int_{-1}^0 \frac{1}{1+e^t}\mathrm{d}t+\int_0^1 \frac{\mathrm{d}t}{1+t}$$

$$=\int_{-1}^0 \frac{e^t\mathrm{d}t}{(e^t+1)e^t}+\ln(1+t)\Big|_0^1$$

$$=\int_{-1}^0 \frac{\mathrm{d}(e^t)}{e^t(e^t+1)}+\ln 2$$

$$=\int_{\frac{1}{e}}^1 \frac{\mathrm{d}u}{u(u+1)}+\ln 2$$

$$=\int_{\frac{1}{e}}^1 \left(\frac{1}{u}-\frac{1}{u+1}\right)\mathrm{d}u+\ln 2$$

$$=\ln\frac{u}{u+1}\Big|_{\frac{1}{e}}^1+\ln 2$$

$$=-\ln 2+\ln 2-\ln\frac{\frac{1}{e}}{\frac{1}{e}+1}$$

$=\ln(\mathrm{e}+1).$

例 52 设 $f(0)=0, f'(x)=\arcsin(x-1)^2$，计算 $I=\int_0^1 f(x)\mathrm{d}x$.

解: $\int_0^1 f(x)\mathrm{d}x$

$$=xf(x)\Big|_0^1-\int_0^1 x\arcsin[(x-1)^2]\mathrm{d}x$$

$$=f(1)-\frac{1}{2}\int_0^1 \arcsin[(x-1)^2]\mathrm{d}[(x-1)^2]-\int_0^1 f'(x)\mathrm{d}x$$

$$=f(1)-[f(1)-f(0)]+\frac{1}{2}\int_0^1 \arcsin u\mathrm{d}u$$

$$=\frac{u}{2}\arcsin u\Big|_0^1-\frac{1}{2}\int_0^1\frac{u}{\sqrt{1-u^2}}\mathrm{d}u$$

$$=\frac{\pi}{4}+\frac{1}{4}\int_0^1\frac{\mathrm{d}(1-u^2)}{\sqrt{1-u^2}}$$

$$=\frac{\pi}{4}+\frac{1}{2}\sqrt{1-u^2}\Big|_0^1$$

$$=\frac{\pi}{4}-\frac{1}{2}.$$

例 53 计算 $I=\int_0^1\frac{\ln(1+x)}{1+x^2}\mathrm{d}x$.

解: 令 $x=\tan t \quad \mathrm{d}x=\sec^2 t\mathrm{d}t, 1+x^2=\sec^2 t$

$$x=1\leftrightarrow t=\frac{\pi}{4}, x=0\leftrightarrow t=0$$

$$I=\int_0^1\frac{\ln(1+x)}{1+x^2}\mathrm{d}x$$

$$=\int_0^{\frac{\pi}{4}}\ln(1+\tan t)\mathrm{d}t$$

$$\xlongequal[\mathrm{d}u=-\mathrm{d}t]{\text{令 } u=\frac{\pi}{4}-t}\int_0^{\frac{\pi}{4}}\ln\left[1+\tan\left(\frac{\pi}{4}-u\right)\right]\mathrm{d}u$$

$$=\int_0^{\frac{\pi}{4}}\ln\left[1+\frac{\tan\frac{\pi}{4}-\tan u}{1+\tan u\cdot\tan\frac{\pi}{4}}\right]\mathrm{d}u$$

$$=\int_0^{\frac{\pi}{4}}\ln\left(1+\frac{1-\tan u}{1+\tan u}\right)\mathrm{d}u$$

$$=\int_0^{\frac{\pi}{4}}\ln\frac{2}{1+\tan u}\mathrm{d}u$$

$$= \int_0^{\frac{\pi}{4}} \ln 2 \mathrm{d}u - \int_0^{\frac{\pi}{4}} \ln(1+\tan u)\mathrm{d}u$$

$$= \frac{\pi}{4}\ln 2 - I$$ 移项，整理得

$$\therefore I = \int_0^1 \frac{\ln(1+x)}{1+x^2}\mathrm{d}x = \frac{\pi}{8}\ln 2.$$

例 54 计算 $I = \int_{100}^{100+\pi} \sin^2 2x(\tan x + 1)\mathrm{d}x$.

解:若 $f(x)$ 是以 T 为周期的函数，a 为任意数

$$\int_a^{a+T} f(x)\mathrm{d}x = \int_0^T f(x)\mathrm{d}x = \int_{-\frac{T}{2}}^{\frac{T}{2}} f(x)\mathrm{d}x$$

$$\therefore I = \int_{100}^{100+\pi} \sin^2 2x(\tan x + 1)\mathrm{d}x$$

$$= \int_0^{\pi} \sin^2 2x(\tan x + 1)\mathrm{d}x$$

$$= \int_{-\frac{\pi}{2}}^{\frac{\pi}{2}} \sin^2 2x(\tan x + 1)\mathrm{d}x$$

$$= \int_{-\frac{\pi}{2}}^{\frac{\pi}{2}} \sin^2 2x\mathrm{d}x \quad \left(\text{奇函数积分}, \int_{-\frac{\pi}{2}}^{\frac{\pi}{2}} \sin^2 2x + \tan x\mathrm{d}x = 0\right)$$

$$= 2\int_0^{\frac{\pi}{2}} \frac{1-\cos 4x}{2}\mathrm{d}x \quad (\text{余弦函数在一个完整周期上积分为 } 0)$$

$$= \frac{\pi}{2} \quad \left(\int_0^{\frac{\pi}{2}} \cos 4x\mathrm{d}x \xlongequal{T = \frac{2\pi}{w} = \frac{2\pi}{4}} 0\right).$$

例 55 计算 $\int_0^{\frac{\pi}{2}} \frac{x+\sin x}{1+\cos x}\mathrm{d}x$.

解: $\int_0^{\frac{\pi}{2}} \frac{x+\sin x}{1+\cos x}\mathrm{d}x$

$$= \int_0^{\frac{\pi}{2}} \frac{x}{2\cos^2\frac{x}{2}}\mathrm{d}x + \int_0^{\frac{\pi}{2}} \frac{\sin x}{1+\cos x}\mathrm{d}x$$

$$= x\tan\frac{x}{2}\Big|_0^{\frac{\pi}{2}} - \int_0^{\frac{\pi}{2}} \tan\frac{x}{2}\mathrm{d}x - \int_0^{\frac{\pi}{2}} \frac{\mathrm{d}(1+\cos x)}{1+\cos x}$$

$$= \frac{\pi}{2} + 2\ln\cos\frac{x}{2}\Big|_0^{\frac{\pi}{2}} - \ln(1+\cos x)\Big|_0^{\frac{\pi}{2}}$$

$$= \frac{\pi}{2} + 2\left(\ln\frac{\sqrt{2}}{2}\right) + \ln 2$$

$$= \frac{\pi}{2}.$$

例 56 计算$\int_0^{\frac{\pi}{2}}\frac{x+\cos x}{1+\cos x}dx$.

解: 原式$=\int_0^{\frac{\pi}{2}}\frac{x-1}{2\cos^2\frac{x}{2}}dx+\int_0^{\frac{\pi}{2}}\frac{1+\cos x}{1+\cos x}dx$

$$=\int_0^{\frac{\pi}{2}}(x-1)d\left(\tan\frac{x}{2}\right)+\frac{\pi}{2}$$

$$=(x-1)\tan\frac{x}{2}\Big|_0^{\frac{\pi}{2}}-\int_0^{\frac{\pi}{2}}\tan\frac{x}{2}dx+\frac{\pi}{2}$$

$$=\frac{\pi}{2}-1+2\ln\cos\frac{x}{2}\Big|_0^{\frac{\pi}{2}}+\frac{\pi}{2}$$

$$=\pi-1-\ln 2.$$

例 57 计算$\int_0^{\frac{\pi}{2}}\frac{dx}{1+\cos^2 x}$.

解: $\int_0^{\frac{\pi}{2}}\frac{dx}{1+\cos^2 x}=\int_0^{\frac{\pi}{2}}\frac{\sec^2 x}{\sec^2 x+1}dx$

$$=\int_0^{\frac{\pi}{2}}\frac{d(\tan x)}{\tan^2 x+2}$$

$$=\int_0^{+\infty}\frac{dt}{t^2+2}$$

$$=\frac{1}{\sqrt{2}}\int_0^{+\infty}\frac{d\left(\frac{t}{\sqrt{2}}\right)}{\left(\frac{t}{\sqrt{2}}\right)^2+1}$$

$$=\frac{1}{\sqrt{2}}\arctan\frac{t}{\sqrt{2}}\Big|_0^{+\infty}$$

$$=\frac{\pi}{2\sqrt{2}}.$$

5. 选择与填空

例 58 $\int_{-1}^{1}[x^3\sin(x^2)+2\sqrt{1-x^2}]dx=($ $)$.

A. π　　B. 2π

C. 3π　　D. 4π

解: $\int_{-1}^{1}[x^3\sin(x^2)+2\sqrt{1-x^2}]dx$

$$\xlongequal{\text{利用奇偶性}}4\int_0^1\sqrt{1-x^2}dx$$

$$\xlongequal[\text{图 5-9}]{\text{单位圆在第一象限}}4\times\frac{\pi}{4}$$

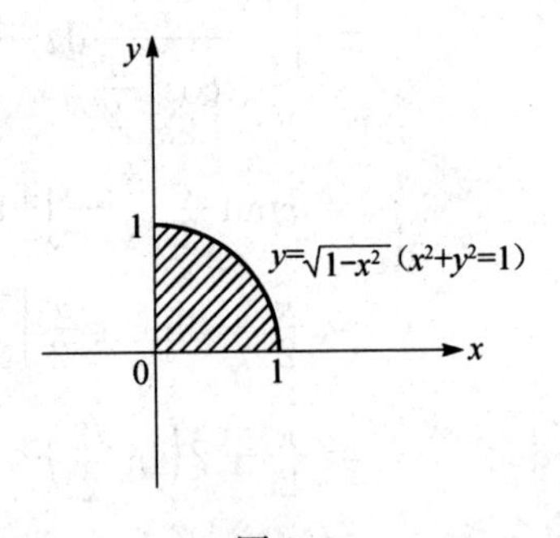

图 5-9

$=\pi$

选(A).

例 59 由定积分几何意义，$\int_0^1 \sqrt{1-x^2}\mathrm{d}x=($ $)$.

A. π　　B. $\frac{\pi}{2}$　　C. $\frac{\pi}{4}$　　D. 1

解: 如图 5-10

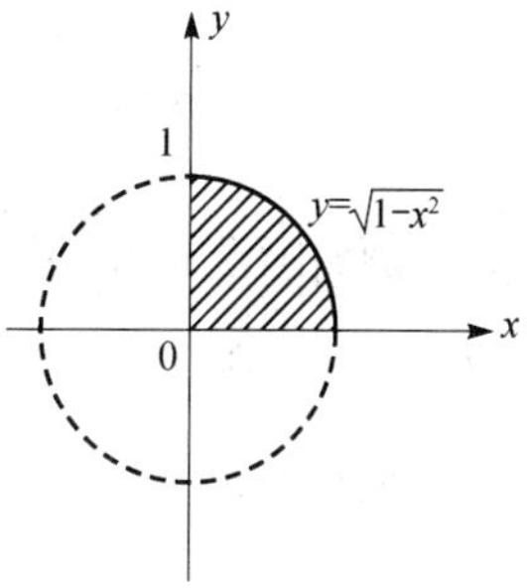

$\int_0^1 \sqrt{1-x^2}\mathrm{d}x$ 应为 $\frac{1}{4}$ 个单位圆面积，而半径为 1，面积 $\pi r^2=\pi$

$\therefore \int_0^1 \sqrt{1-x^2}\mathrm{d}x=\frac{\pi}{4}$

选(C).

图 5-10

例 60 若 $\int_0^a x(2-3x)\mathrm{d}x=2$ 求 $a=$ ________.

解: $2=\int_0^a x(2-3x)\mathrm{d}x=\int_0^a (2x-3x^2)\mathrm{d}x$

$=(x^2-x^3)\Big|_0^a=a^2-a^3=a^2(1-a)$

观察 $(-1)^2=1, 1-(-1)=2$

$\therefore a=-1$ 是解.

或者 $2-a^2+a^3=0$

$1-a^2+1+a^3=0$

$(1+a)(1-a)+(1+a)(1-a+a^2)=0$

$(1+a)[2-2a+a^2]=0$

$(1+a)[(1-a)^2+1]=0$

只能有 $1+a=0$

$\therefore a=-1$.

例 61 设 $f(x)$ 在 $[a,b]$ 上连续，下列等式正确的是(　　).

A. $\left[\int_a^b f(x)\mathrm{d}x\right]'=f(x)$　　B. $\left[\int f(x)\mathrm{d}x\right]'=f(x)+C$

C. $\left[\int_a^x f(t)\mathrm{d}t\right]'_x=f(x)$　　D. $\int f'(x)\mathrm{d}x=f(x)$

解: 由微积分学基本定理，$\left[\int_a^x f(t)\mathrm{d}t\right]'_x=f(x)$；C 正确

定积分 $\int_a^b f(x)\mathrm{d}x$ 是一个数值，$\therefore \left[\int_a^b f(x)\mathrm{d}x\right]'=0$，A 错；

$\left[\int f(x)\mathrm{d}x\right]'=f(x)$ 求导后不会再有任意常数，B 错；

$\int f'(x)\mathrm{d}x = f(x) + C$,不定移表示全体原函数,知D错

所以,选(C).

例 62 设函数 $f(x)$仅在区间$[0,3]$上可积,则必有$\int_0^2 f(x)\mathrm{d}x = ($ $)$.

A. $\int_0^{-1} f(x)\mathrm{d}x + \int_{-1}^2 f(x)\mathrm{d}x$　　B. $\int_0^4 f(x)\mathrm{d}x + \int_4^2 f(x)\mathrm{d}x$

C. $\int_0^3 f(x)\mathrm{d}x + \int_3^2 f(x)\mathrm{d}x$　　D. $\int_0^1 f(x)\mathrm{d}x + \int_2^1 f(x)\mathrm{d}x$

解:由已知,$\int_0^{-1} f(x)\mathrm{d}x, \int_1^2 f(x)\mathrm{d}x, \int_0^4 f(x)\mathrm{d}x, \int_4^2 f(x)\mathrm{d}x$都不可积,都无意义,故A与B错.

而$\int_0^1 f(x)\mathrm{d}x + \int_2^1 f(x)\mathrm{d}x = \int_0^1 f(x)\mathrm{d}x - \int_1^2 f(x)\mathrm{d}x$

$$\int_0^2 f(x)\mathrm{d}x = \int_0^1 f(x)\mathrm{d}x + \int_1^2 f(x)\mathrm{d}x$$

不一定等于$\int_0^1 f(x)\mathrm{d}x - \int_1^2 f(x)\mathrm{d}x = \int_0^1 f(x)\mathrm{d}x + \int_2^1 f(x)\mathrm{d}x$

故D错

而$\int_0^3 f(x)\mathrm{d}x + \int_3^2 f(x)\mathrm{d}x = \int_0^2 f(x)\mathrm{d}x$　∴ 选(C).

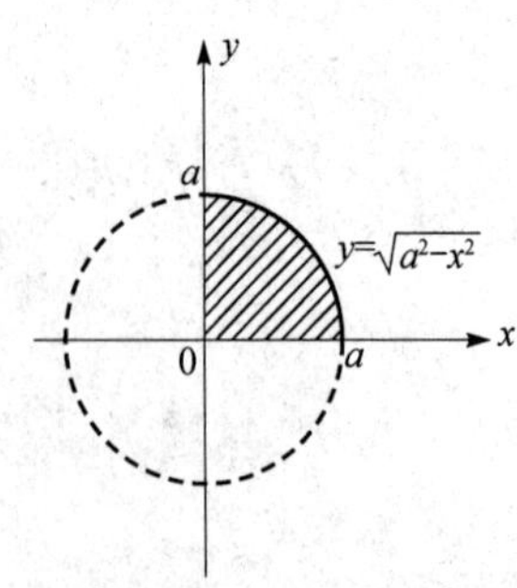

图 5-11

例 63 计算$\int_0^a \sqrt{a^2 - x^2}\mathrm{d}x =$ ______.

解:如图 5-11,由定积分几何意义:

$$\int_0^a \sqrt{a^2 - x^2}\mathrm{d}x = \frac{\pi a^2}{4}$$

例 64 计算$\int_0^1 \sqrt{2x - x^2}\mathrm{d}x =$ ______.

解: $\int_0^1 \sqrt{2x - x^2}\mathrm{d}x$

$$= \int_0^1 \sqrt{1 - (x-1)^2}\mathrm{d}x$$

$$= \int_0^1 \sqrt{1 - u^2}\mathrm{d}u \quad \begin{pmatrix} \text{令 } x - 1 = -u, \mathrm{d}x = -\mathrm{d}u \\ x = 0 \leftrightarrow u = 1, x = 1 \leftrightarrow u = 0 \end{pmatrix}$$

$$= \frac{\pi}{4}.$$

例 65 计算 $I = \int_{-\frac{\pi}{2}}^{\frac{\pi}{2}} (x^3 + \cos^3 x)\sin^2 x\mathrm{d}x =$ ______.

解:$I = \int_{-\frac{\pi}{2}}^{\frac{\pi}{2}} (x^3 + \cos^3 x)\sin^2 x\mathrm{d}x$

$$=2\int_0^{\frac{\pi}{2}}\cos^3x\sin^2x\mathrm{d}x$$

$$=2\int_0^{\frac{\pi}{2}}(\cos^3x-\cos^5x)\mathrm{d}x$$

$$=2\left(\frac{2}{3}-\frac{4}{5}\cdot\frac{2}{3}\right)$$

$$=2\times\frac{2}{3}\times\frac{1}{5}$$

$$=\frac{4}{15}.$$

例 66 当 $x>\frac{\pi}{2}$ 时，$\int_{\frac{\pi}{2}}^{x}\left(\frac{\sin t}{t}\right)'\mathrm{d}t=$（　　）.

A. $\frac{\sin x}{x}$　　B. $\frac{\sin x}{x}+C$　　C. $\frac{\sin x}{x}-\frac{2}{\pi}$　　D. $\frac{\sin x}{x}-\frac{2}{\pi}+C$

解：$\int_{\frac{\pi}{2}}^{x}\left(\frac{\sin t}{t}\right)'\mathrm{d}t=\left(\frac{\sin t}{t}\right)\Big|_{\frac{\pi}{2}}^{x}=\frac{\sin x}{x}-\frac{2}{\pi}$

选(C).

例 67 求极限 $\lim\limits_{n\to+\infty}\frac{1}{n}\sum\limits_{i=1}^{n}\sqrt{1+\frac{i}{n}}=$ ______.

解：将区间[0,1]分成 n 等分，记 $\mathrm{d}x_i=\frac{i}{n}-\frac{i-1}{n}=\frac{1}{n}$

$$x=\frac{i}{n}$$

$$\therefore\lim_{n\to+\infty}\frac{1}{n}\sum_{i=1}^{n}\sqrt{1+\frac{i}{n}}$$

$$=\int_0^1\sqrt{1+x}\mathrm{d}x$$

$$=\int_0^1(1+x)^{\frac{1}{2}}\mathrm{d}(1+x)$$

$$=\frac{2}{3}(1+x)^{\frac{3}{2}}\Big|_0^1$$

$$=\frac{2}{3}(2\sqrt{2}-1).$$

例 68 $\int_{-a}^{a}x[f(x)+f(-x)]\mathrm{d}x=$（　　）.

A. $4\int_0^a xf(x)\mathrm{d}x$　　B. $2\int_0^a x[f(x)+f(-x)]\mathrm{d}x$

C. 0　　D. 以上都不正确.

解：设 $F(x)=x[f(x)+f(-x)]$

$$F(-x)=-x[f(-x)+f(x)]=-F(x)$$

$F(x)$为奇函数

$$\therefore \int_{-a}^{a} x[f(x)+f(-x)]\mathrm{d}x=\int_{-a}^{a} F(x)\mathrm{d}x \xlongequal{F(x)\text{奇}} 0$$

选(C).

例 69 设 $F(x)=\dfrac{x}{x-a}\displaystyle\int_a^x f(t)\mathrm{d}t$，其中 $f(t)$ 是连续函数，则 $\lim\limits_{x\to a^+}F(x)=$ (　　).

A. 0　　B. a　　C. $af(a)$　　D. 不存在

解: $\lim\limits_{x\to a^+}F(x)=\lim\limits_{x\to a^+}\dfrac{x\displaystyle\int_a^x f(t)\mathrm{d}t}{x-a}$

$$\xlongequal{\text{用罗必达法则}} \lim_{x\to a^+}\frac{x\cdot f(x)+\int_a^x f(t)\mathrm{d}t}{1}$$

$$=af(a)$$

选(C)

例 70 $F(x)=\displaystyle\int_0^x f(y-x)\mathrm{d}y$，求 $F'(x)=$ ________，$F'(0)=$ ________.

解: 令 $u=y-x$　$\mathrm{d}u=\mathrm{d}y$　$y=0\leftrightarrow u=-x$

$y=x\leftrightarrow u=0$

$$F(x)=\int_{-x}^{0} f(u)\mathrm{d}u=-\int_0^{-x} f(u)\mathrm{d}u$$

$$F'(x)=-f(-x)(-x)'_x=f(-x)$$

$$F'(0)=f(0).$$

例 71 $F(x)=\displaystyle\int_0^1 f(xt)\mathrm{d}t$，求 $F'(x)=$ ________ 及 $F'(0)=$ ________.

解: 令 $u=xt$　$\mathrm{d}u=x\mathrm{d}t$　$t=0\leftrightarrow u=0$

$t=1\leftrightarrow u=x$

$$F(x)=\int_0^x f(u)\frac{\mathrm{d}u}{x}\quad F(0)=\int_0^1 f(0)\mathrm{d}t=f(0)$$

$$F'(x)=\frac{-1}{x^2}\int_0^x f(u)\mathrm{d}u+\frac{f(x)}{x}$$

$$F'(0)=\lim_{x\to 0}\frac{\frac{1}{x}\int_0^x f(u)\mathrm{d}u-f(0)}{x}=\lim_{x\to 0}\frac{\int_0^x f(u)\mathrm{d}u-xf(0)}{x^2}$$

$$=\lim_{x\to 0}\frac{f(x)-f(0)}{2x}=\frac{1}{2}f'(0).$$

例 72 求$\lim\limits_{n\to\infty}\left(\dfrac{3^{\frac{1}{n}}}{n+1}+\dfrac{3^{\frac{2}{n}}}{n+\frac{1}{2}}+\cdots+\dfrac{3^{\frac{n}{n}}}{n+\frac{1}{n}}\right)=$________.

解: $\dfrac{1}{n+1}(3^{\frac{1}{n}}+3^{\frac{2}{n}}+\cdots+3^{\frac{n}{n}})<\left(\dfrac{3^{\frac{1}{n}}}{n+1}+\dfrac{3^{\frac{2}{n}}}{n+\frac{1}{2}}+\cdots+\dfrac{3^{\frac{n}{n}}}{n+\frac{1}{n}}\right)$

$<\dfrac{1}{n}(3^{\frac{1}{n}}+3^{\frac{2}{n}}+\cdots+3^{\frac{n}{n}})$

$$\begin{aligned}&\lim_{n\to\infty}\frac{1}{n+1}(3^{\frac{1}{n}}+3^{\frac{2}{n}}+\cdots+3^{\frac{n}{n}})\\&=\lim_{n\to\infty}\frac{n}{n+1}\lim_{n\to\infty}\frac{1}{n}(3^{\frac{1}{n}}+3^{\frac{2}{n}}+\cdots+3^{\frac{n}{n}})\\&=\lim_{n\to\infty}\frac{1}{n}\sum_{i=1}^{1}3^{\frac{i}{n}}\\&=\int_0^1 3^x\mathrm{d}x\\&=\frac{3^x}{\ln 3}\Big|_0^1=\frac{2}{\ln 3}\end{aligned}$$

$\therefore\lim\limits_{n\to\infty}\left(\dfrac{3^{\frac{1}{n}}}{n+1}+\dfrac{3^{\frac{2}{n}}}{n+\frac{1}{2}}+\cdots+\dfrac{3^{\frac{n}{n}}}{n+\frac{1}{n}}\right)=\dfrac{2}{\ln 3}$.

例 73 求$\lim\limits_{n\to\infty}\left[\left(1+\dfrac{1}{n^2}\right)\left(1+\dfrac{2^2}{n^2}\right)\cdots\left(1+\dfrac{n^2}{n^2}\right)\right]^{\frac{1}{n}}=$________.

解: $\lim\limits_{n\to\infty}\left[\left(1+\dfrac{1}{n^2}\right)\left(1+\dfrac{2^2}{n^2}\right)\cdots\left(1+\dfrac{n^2}{n^2}\right)\right]^{\frac{1}{n}}$

$$\begin{aligned}&=e^{\lim\limits_{n\to\infty}\frac{1}{n}\sum\limits_{i=1}^{n}\ln\left(1+\frac{i^2}{n^2}\right)}\\&=e^{\int_0^1\ln(1+x^2)\mathrm{d}x}\\&=e^{x\ln(1+x^2)|_0^1-\int_0^1\frac{x\cdot 2x}{1+x^2}\mathrm{d}x}\\&=e^{\ln 2-2\int_0^1\mathrm{d}x+\int_0^1\frac{2}{1+x^2}\mathrm{d}x}\\&=2\cdot e^{-2+\frac{\pi}{2}}.\end{aligned}$$

例 74 求$\lim\limits_{n\to\infty}\dfrac{1}{n}\left(\sqrt{1+\sin\dfrac{\pi}{n}}+\sqrt{1+\sin\dfrac{2\pi}{n}}+\cdots+\sqrt{1+\sin\dfrac{n\pi}{n}}\right)=$________.

解: $\lim\limits_{n\to\infty}\dfrac{1}{n}\left(\sqrt{1+\sin\dfrac{\pi}{n}}+\sqrt{1+\sin\dfrac{2\pi}{n}}+\cdots+\sqrt{1+\sin\dfrac{n\pi}{n}}\right)$

$$=\frac{1}{\pi}\lim_{n\to\infty}\frac{\pi}{n}\sum_{i=1}^{n}\sqrt{1+\sin\frac{i\pi}{n}}$$

$$=\frac{1}{\pi}\int_0^{\pi}\sqrt{1+\sin x}\mathrm{d}x$$

$$=\frac{1}{\pi}\int_0^{\pi}\sqrt{\cos^2\frac{x}{2}+\sin^2\frac{x}{2}+2\sin\frac{x}{2}\cos\frac{x}{2}}\mathrm{d}x$$

$$=\frac{1}{\pi}\int_0^{\pi}\left(\cos\frac{x}{2}+\sin\frac{x}{2}\right)\mathrm{d}x$$

$$=\frac{2}{\pi}\int_0^{\frac{\pi}{2}}(\cos t+\sin t)\mathrm{d}t$$

$$=\frac{2}{\pi}\left(\sin t\Big|_0^{\frac{\pi}{2}}-\cos t\Big|_0^{\frac{\pi}{2}}\right)$$

$$=\frac{2}{\pi}[1-0-(0-1)]$$

$$=\frac{4}{\pi}.$$

例 75 求$\lim\limits_{n\to\infty}\frac{\sqrt[n]{n!}}{n}=$______.

解: $\lim\limits_{n\to\infty}\frac{\sqrt[n]{n!}}{n}$

$$=\lim_{n\to\infty}\frac{(n!)^{\frac{1}{n}}}{n}$$

$$=e^{\lim\limits_{n\to\infty}\frac{1}{n}\ln\left(\frac{n!}{n}\right)}$$

$$=e^{\lim\limits_{n\to\infty}\frac{1}{n}\sum\limits_{i=1}^{n}\left(\ln\frac{i}{n}\right)}$$

$$=e^{\int_0^1\ln x\mathrm{d}x}$$

$$=e^{x\ln x\big|_0^1-\int_0^1 x\cdot\frac{1}{x}\mathrm{d}x}$$

$$=e^{-1}.$$

例 76 设数列 $x_n=\frac{2^{\frac{1}{n}}}{n+1}+\frac{2^{\frac{2}{n}}}{n+\frac{1}{2}}+\cdots+\frac{2^{\frac{n}{n}}}{n+\frac{1}{n}}$，求$\lim\limits_{n\to\infty}x_n=$______.

解: ∵ $\frac{1}{n+1}(2^{\frac{1}{n}}+\cdots+2^{\frac{n}{n}})<x_n<\frac{1}{n}(2^{\frac{1}{n}}+\cdots+2^{\frac{n}{n}})$

$$\lim_{n\to\infty}\frac{1}{n}(2^{\frac{1}{n}}+\cdots+2^{\frac{n}{n}})=\int_0^1 2^x\mathrm{d}x=\frac{2^x}{\ln 2}\Big|_0^1$$

$$=\frac{2-1}{\ln 2}=\frac{1}{\ln 2}$$

$$\lim_{n\to\infty}\frac{1}{n+1}(2^{\frac{1}{n}}+\cdots+2^{\frac{n}{n}})=\frac{1}{\ln2}$$

∴ 由夹逼原则知

$$\lim_{n\to\infty}x_n=\frac{1}{\ln2}.$$

例 77 求$\lim\limits_{n\to\infty}\left(\frac{n}{n^2+1}+\frac{n}{n^2+2^2}+\cdots+\frac{n}{n^2+n^2}\right)=$________.

解： $\lim\limits_{n\to\infty}\left(\frac{n}{n^2+1}+\frac{n}{n^2+2^2}+\cdots+\frac{n}{n^2+n^2}\right)$

$$=\lim_{n\to\infty}\left[\frac{1}{1+\left(\frac{1}{n}\right)^2}+\frac{1}{1+\left(\frac{2}{n}\right)^2}+\cdots+\frac{1}{1+\left(\frac{n}{n}\right)^2}\right]\cdot\frac{1}{n}$$

$$=\lim_{n\to\infty}\frac{1}{n}\cdot\sum_{i=1}^{n}\frac{1}{1+\left(\frac{i}{n}\right)^2}$$

$$=\int_0^1\frac{\mathrm{d}x}{1+x^2}$$

$$=\arctan x\Big|_0^1$$

$$=\frac{\pi}{4}.$$

例 78 设 $f(x)$连续，$\lim\limits_{x\to0}\frac{f(x)}{x}=2$，$F(x)=\begin{cases}\int_0^1 f(xt)\mathrm{d}t & x<0\\ 0 & x=0\\ \int_0^x\frac{\sin t}{t}\mathrm{d}t & x>0\end{cases}$

求 $F'(x)=$________.

解：(i) $x<0$ 时 $F(x)=\int_0^1 f(xt)\mathrm{d}t\xlongequal{\text{令}u=xt}\int_0^x f(u)\frac{\mathrm{d}u}{x}$

$$F'(x)=\frac{-1}{x^2}\int_0^x f(u)\mathrm{d}u+\frac{1}{x}f(x)$$

(ii) $x>0$ 时 $F(x)=\int_0^x\frac{\sin t}{t}\mathrm{d}t$

$$F'(x)=\frac{\sin x}{x}$$

(iii) $F'_-(0)=\lim\limits_{x\to0^-}\frac{F(x)-F(0)}{x-0}=\lim\limits_{x\to0^-}\frac{\frac{1}{x}\int_0^x f(u)\mathrm{d}u}{x}$

$$= \lim_{x\to 0^-}\frac{\int_0^x f(u)\mathrm{d}u}{x^2} = \lim_{x\to 0^-}\frac{f(x)}{2x} = \frac{2}{2} = 1$$

$$F'_+(0) = \lim_{x\to 0^+}\frac{\int_0^x \frac{\sin t}{t}\mathrm{d}t - 0}{x} = \lim_{x\to 0^+}\frac{\sin x}{x} = 1$$

$\therefore F'(0) = 1$

综上，$F'(x) = \begin{cases} \frac{f(x)}{x} - \frac{1}{x^2}\int_0^x f(u)\mathrm{d}u & x < 0 \\ 1 & x = 0 \\ \frac{\sin x}{x} & x > 0. \end{cases}$

例 79 填空：$\frac{\mathrm{d}}{\mathrm{d}x}\int_0^x \sin(x-t)^2\mathrm{d}t =$ ________.

解： $\frac{\mathrm{d}}{\mathrm{d}x}\int_0^x \sin(x-t)^2\mathrm{d}t$

$$\xlongequal[\mathrm{d}u=-\mathrm{d}t]{令 u=x-t} \frac{\mathrm{d}}{\mathrm{d}x}\left[\int_x^0 \sin u^2(-\mathrm{d}u)\right]$$

$$= \frac{\mathrm{d}}{\mathrm{d}x}\int_0^x \sin u^2\mathrm{d}u$$

$$= \sin x^2.$$

例 80 设 $f(x)$ 连续，则 $\frac{\mathrm{d}}{\mathrm{d}x}\int_0^x tf(x^2-t^2)\mathrm{d}t = (\quad)$.

A. $xf(x^2)$　　B. $-xf(x^2)$　　C. $2xf(x^2)$　　D. $-2xf(x^2)$

解： 设 $u=x^2-t^2$　$\mathrm{d}u=-2t\mathrm{d}t$　$t=0$ 时　$u=x^2$

$t=x$ 时　$u=0$

$$\frac{\mathrm{d}}{\mathrm{d}x}\int_0^x tf(x^2-t^2)\mathrm{d}t$$

$$= \frac{\mathrm{d}}{\mathrm{d}x}\left[\int_{x^2}^0 f(u)\left(-\frac{1}{2}\mathrm{d}u\right)\right]$$

$$= \frac{1}{2}\frac{\mathrm{d}}{\mathrm{d}x}\int_0^{x^2} f(u)\mathrm{d}u$$

$$= \frac{1}{2}\cdot 2xf(x^2)$$

$$= xf(x^2)$$

选(A).

例 81 设 $y=f(x)$ 在 $x=1$ 处的切线方程为 $y=x-1$，

求 $\lim_{x\to 0}\frac{\int_0^{x^2} e^t f(1+e^{x^2}-e^t)\mathrm{d}t}{x^2\ln\cos x} =$ ________.

解：$f'(1)=1, f(1)=0$

令 $u=1+e^{x^2}-e^t$ 则 $du=-e^t dt$，

$t=x^2 \leftrightarrow u=1, t=0 \leftrightarrow u=e^{x^2}$

于是 $\int_0^{x^2} e^t f(1+e^{x^2}-e^t)dt=-\int_{e^{x^2}}^1 f(u)du=\int_1^{e^{x^2}} f(u)du$

另一方面，$x\to 0$ 时 $\ln\cos x=\ln[1+(\cos x-1)]\sim\dfrac{-x^2}{2}$， $e^{x^2}-1\sim x^2$

$$\therefore I=\lim_{x\to 0}\frac{\int_0^{x^2} e^t f(1+e^{x^2}-e^t)dt}{x^2\ln\cos x}$$

$$=\lim_{x\to 0}\frac{\int_1^{e^{x^2}} f(u)du}{\frac{-x^4}{2}} \quad \left(\ln\cos x\sim\frac{-x^2}{2}\right)$$

$$=\lim_{x\to 0}\frac{f(e^{x^2})e^{x^2}\cdot 2x}{-2x^3}$$

$$=\lim_{x\to 0}\frac{-[f(e^{x^2})-f(1)]}{e^{x^2}-1} \quad (x^2\sim e^{x^2}-1)$$

$$=-f'(1)$$

$$=-1.$$

例 82 设 $f(x)$ 在 $x=1$ 的邻域内有一阶连续导数，$f(1)=0$

$f'(1)=6$ 求 $I=\lim\limits_{x\to 1}\dfrac{\int_1^x\left[t\int_t^1 f(u)du\right]dt}{(x-1)^3}=$ ________.

解：$I=\lim\limits_{x\to 1}\dfrac{\int_1^x\left[t\int_t^1 f(u)du\right]dt}{(x-1)^3}$

$$=\lim_{x\to 1}\frac{x\int_x^1 f(u)du}{3(x-1)^2}$$

$$=\lim_{x\to 1}\frac{\int_x^1 f(u)du-xf(x)}{6(x-1)} \quad \left(f(1)=0,\text{这是}\frac{0}{0}\text{型}\right)$$

$$=\lim_{x\to 1}\frac{-f(x)-f(x)-xf'(x)}{6}$$

$$=\frac{-f'(1)}{6}$$

$$=\frac{-6}{6}$$

$=-1.$

例 83 求极限 $\lim\limits_{n\to+\infty}\dfrac{1}{n}\int_{\frac{1}{n}}^{1}\dfrac{\cos 2t}{4t^2}\mathrm{d}t=$ ________.

解: $\lim\limits_{n\to+\infty}\dfrac{1}{n}\int_{\frac{1}{n}}^{1}\dfrac{\cos 2t}{4t^2}\mathrm{d}t$

$=\lim\limits_{x\to0^+}x\int_{x}^{1}\dfrac{\cos 2t}{4t^2}\mathrm{d}t$

$=\lim\limits_{x\to0^+}\dfrac{\int_{1}^{x}\dfrac{\cos 2t}{4t^2}\mathrm{d}t}{-\dfrac{1}{x}}$ $\left(\dfrac{\infty}{\infty}\text{型}\right)$

$=\lim\limits_{x\to0^+}\dfrac{\dfrac{\cos 2x}{4x^2}}{\dfrac{1}{x^2}}$

$=\dfrac{1}{4}.$

例 84 设 $f(x)$ 有一个原函数 $\dfrac{\sin x}{x}$,求 $\int_{\frac{\pi}{2}}^{\pi}xf'(x)\mathrm{d}x=$ ________.

解: $\int_{\frac{\pi}{2}}^{\pi}xf'(x)\mathrm{d}x=xf(x)\Big|_{\frac{\pi}{2}}^{\pi}-\int_{\frac{\pi}{2}}^{\pi}f(x)\mathrm{d}x$

$=x\left(\dfrac{\sin x}{x}\right)'\Big|_{\frac{\pi}{2}}^{\pi}-\dfrac{\sin x}{x}\Big|_{\frac{\pi}{2}}^{\pi}$

$=x\cdot\dfrac{x\cos x-\sin x}{x^2}\Big|_{\frac{\pi}{2}}^{\pi}+\dfrac{1}{\dfrac{\pi}{2}}$

$=-1+\dfrac{\dfrac{\pi}{2}}{\left(\dfrac{\pi}{2}\right)^2}+\dfrac{2}{\pi}$

$=-1+\dfrac{4}{\pi}.$

例 85 求 $\lim\limits_{n\to\infty}\int_{0}^{1}x^n\sqrt{x+3}\mathrm{d}x=$ ________.

解: $\int_{0}^{1}\sqrt{3}x^n\mathrm{d}x<\int_{0}^{1}x^n\sqrt{x+3}\mathrm{d}x<\int_{0}^{1}x^n\sqrt{4}\mathrm{d}x$

$\dfrac{\sqrt{3}x^{n+1}}{n+1}\Big|_{0}^{1}<\int_{0}^{1}x^n\sqrt{x+3}\mathrm{d}x<2\,\dfrac{x^{n+1}}{n+1}\Big|_{0}^{1}$

$\dfrac{\sqrt{3}}{n+1}<\int_{0}^{1}x^n\sqrt{x+3}\mathrm{d}x<\dfrac{2}{n+1}$

$\lim\limits_{n\to\infty}\dfrac{\sqrt{3}}{n+1}=0$

$\lim\limits_{n\to\infty}\dfrac{2}{n+1}=0$

由夹逼原则

$\therefore \lim\limits_{n\to\infty}\int_0^1 x^n\sqrt{x+3}\,dx=0.$

例 86 设 $y(x)=\int_0^x \sin[(x-t)^2]dt$,求$\dfrac{dy}{dx}=$ ________.

解:$y(x)=\int_0^x \sin[(x-t)^2]dt$　　　令 $x-t=u$　$dt=-du$

$t=0\leftrightarrow u=x$,

$t=x\leftrightarrow u=0$

$=-\int_x^0 \sin u^2 du$

$=\int_0^x \sin u^2 du$

$\dfrac{dy(x)}{dx}=\sin x^2.$

例 87 设 $f(x)=\dfrac{1}{x+1}+x\int_0^1 f(t)dt$,证明$\int_0^1 f(t)dt=2\ln 2$.

证明:令 $A=\int_0^1 f(t)dt$　则 $f(x)=\dfrac{1}{x+1}+Ax$

$$A=\int_0^1\left(\frac{1}{x+1}+Ax\right)dx=\ln(x+1)\Big|_0^1+\frac{A}{2}x^2\Big|_0^1=\ln 2+\frac{A}{2}$$

$\therefore \dfrac{A}{2}=\ln 2, A=2\ln 2.$

例 88 设 $f(x)=\int_a^x 12t^2 dt$ 且$\int_0^1 f(x)dx=1$ 则 $a=($　　$)$.

A. 0　　　B. -1　　　C. 1　　　D. 2

解:$f(x)=\int_a^x 12t^2 dt=4t^3\Big|_a^x=4(x^3-a^3)$

$1=\int_0^1 4(t^3-a^3)dt=t^4\Big|_0^1-4a^3t\Big|_0^1=1-4a^3$

$\therefore a=0$

选(A).

例 89 设 $f(x)=\lim\limits_{n\to+\infty}\dfrac{\ln(e^n+x^n)}{n}(x>0)$ 求$\int_0^{2e} f^2(x)dx=$ ________.

解:$0<x\leqslant e$ 时,$1=\dfrac{\ln e^n}{n}<\dfrac{\ln(e^n+x^n)}{n}\leqslant\dfrac{\ln(2e^n)}{n}$

$$=\frac{\ln 2+n}{n}\xrightarrow[n\to+\infty]{}1$$

$x<\mathrm{e}$ 时 $\quad \ln x=\frac{\ln x^n}{n}<\frac{\ln(\mathrm{e}^n+x^n)}{n}\leqslant\frac{\ln(2x^n)}{n}$

$$=\frac{\ln 2+n\ln x}{n}\xrightarrow[n\to+\infty]{}\ln x$$

$$\therefore f(x)=\begin{cases}1 & 0<x\leqslant \mathrm{e}\\ \ln x & \mathrm{e}<x\end{cases}$$

$$\int_0^{2\mathrm{e}}f^2(x)\mathrm{d}x=\int_0^{\mathrm{e}}\mathrm{d}x+\int_{\mathrm{e}}^{2\mathrm{e}}(\ln x)^2\mathrm{d}x$$

$$=\mathrm{e}+x(\ln x)^2\Big|_{\mathrm{e}}^{2\mathrm{e}}-\int_{\mathrm{e}}^{2\mathrm{e}}2\ln x\mathrm{d}x$$

$$=\mathrm{e}+2\mathrm{e}(\ln 2+1)^2-\mathrm{e}-2x\ln x\Big|_{\mathrm{e}}^{2\mathrm{e}}+2\int_{\mathrm{e}}^{2\mathrm{e}}\mathrm{d}x$$

$$=2\mathrm{e}(\ln 2+1)^2-4\mathrm{e}(\ln 2+1)+2\mathrm{e}+2\mathrm{e}$$

$$=2\mathrm{e}(\ln 2)^2+2\mathrm{e}.$$

例 90 求极限 $\lim\limits_{x\to 0}\frac{\left(\int_0^x \mathrm{e}^{t^2}\mathrm{d}t\right)^2}{\int_0^x t\mathrm{e}^{2t^2}\mathrm{d}t}=$ ________.

解: $\lim\limits_{x\to 0}\frac{\left(\int_0^x \mathrm{e}^{t^2}\mathrm{d}t\right)^2}{\int_0^x t\mathrm{e}^{2t^2}\mathrm{d}t}$

$$=\lim_{x\to 0}\frac{2\left(\int_0^x \mathrm{e}^{t^2}\mathrm{d}t\right)\cdot \mathrm{e}^{x^2}}{x\mathrm{e}^{2x^2}}$$

$$=\lim_{x\to 0}\frac{2}{\mathrm{e}^{x^2}}\lim_{x\to 0}\frac{\int_0^x \mathrm{e}^{t^2}\mathrm{d}t}{x}$$

$$=2\lim_{x\to 0}\mathrm{e}^{x^2}$$

$$=2.$$

例 91 若 $f(x)$ 在 $[a,b]$ 上连续,则 $f(x)$ 在 (a,b) 内必有(　　).

A. 导函数　　　　B. 最大值和最小值

C. 极值　　　　D. 原函数

解: $f(x)=|x|\quad x\in[-1,1]$,在 $x=0$ 处不可导.

故(A)不正确

$f(x)=x\quad x\in[0,1]$　在 $(0,1)$ 内无最大值

也无最小值,也无极值,故(B)(C)都不正确

$f(x)$ 在 $[a,b]$ 上连续,故可积,故由微积分学基本定理,$\int_a^x f(t)\mathrm{d}t$ 存在,并且是

$f(x)$ 在 (a,b) 内的一个原函数，(D) 正确.

选(D).

例 92　设 $y=\int_0^x (t-1)(t-2)\mathrm{d}t$ 求 $y'(0)=$ ________.

解：$y'_x=\left[\int_0^x (t-1)(t-2)\mathrm{d}t\right]_x=(x-1)(x-2)$

$y'(0)=(-1)(-2)=2$

例 93　求 $\lim\limits_{x\to 0}\dfrac{\int_0^x \mathrm{d}u\int_0^{u^2}\arctan(1+t)\mathrm{d}t}{x(1-\cos x)}=$ ________.

解：原式 $=\lim\limits_{x\to 0}\dfrac{\int_0^x \mathrm{d}u\int_0^{u^2}\arctan(1+t)\mathrm{d}t}{\frac{1}{2}x^3}\left(\dfrac{0}{0}\text{型}\right)$

$$=\lim_{x\to 0}\frac{\int_0^{x^2}\arctan(1+t)\mathrm{d}t}{\frac{3x^2}{2}}$$

$$=\lim_{x\to 0}\frac{2x\cdot\arctan(1+x^2)}{3x}$$

$$=\frac{2}{3}\arctan 1$$

$$=\frac{\pi}{6}.$$

例 94　确定常数 a,b,c，使 $\lim\limits_{x\to 0}\dfrac{ax-\sin x}{\int_b^x \frac{\ln(1+t^3)}{t}\mathrm{d}t}=c\neq 0$.

解：欲 $\int_b^x \dfrac{\ln(1+t^3)}{t}\mathrm{d}t$ 存在，$b\geqslant 0$.

而 $\lim\limits_{x\to 0}(ax-\sin x)=0$，欲使 $c\neq 0$ 必有

$$\lim_{x\to 0}\int_b^x \frac{\ln(1+t^3)}{t}\mathrm{d}t=0,\Rightarrow b=0$$

$$c=\lim_{x\to 0}\frac{ax-\sin x}{\int_0^x \frac{\ln(1+t^3)}{t}\mathrm{d}t}\quad\left(\frac{0}{0}\text{型}\right)$$

$$=\lim_{x\to 0}\frac{x(a-\cos x)}{\ln(1+x^3)}\quad\left(\frac{0}{0}\text{型}\right)$$

$$=\lim_{x\to 0}\frac{a-\cos x+x\sin x}{\frac{3x^2}{1+x^3}}$$

$$=\lim_{x\to 0}(1+x^3)\lim_{x\to 0}\frac{1-\cos x+x\sin x}{3x^2}$$

$$=\lim_{x\to 0}\frac{2\sin x+x\cos x}{6x}$$

$$=\frac{1}{3}+\frac{1}{6}$$

$$=\frac{1}{2}.$$

$\left(\begin{array}{c}\lim\limits_{x\to 0}(a-\cos x)=0,\text{即 } a=1\\ \text{否则分子趋于 }0,\text{分母不趋于 }0\\ c\text{ 为 }\infty,\text{视为不存在.}\end{array}\right)$

综上$\begin{cases}a=1\\ b=0\\ c=\dfrac{1}{2}.\end{cases}$

例 95 由$\lim\limits_{x\to 0}\dfrac{ax+\sin x}{\int_x^b\dfrac{\ln(1+t^3)}{t}\mathrm{d}t}=(c\neq 0)$,求 a,b,c.

解:由极限 c 存在,$x\to 0$ 知

$$\lim_{x\to 0}\int_x^b\frac{\ln(1+t^3)}{t}\mathrm{d}t=0\quad \text{且}\frac{\ln(1+t^3)}{t}>0$$

$$\Rightarrow b=0$$

$$c=\lim_{x\to 0}\frac{ax+\sin x}{\int_x^0\dfrac{\ln(1+t^3)}{t}\mathrm{d}t}$$

$$=\lim_{x\to 0}\frac{a+\cos x}{-\dfrac{\ln(1+x^3)}{x}}\qquad \left(\begin{array}{c}\ln(1+x^3)\sim x^3\\ x\to 0\end{array}\right)$$

$$=\lim_{x\to 0}\frac{a+\cos x}{-x^2}$$

由$\lim\limits_{x\to 0}(a+\cos x)=0=a+1\quad \therefore a=-1$

$$c=\lim_{x\to 0}\frac{1-\cos x}{x^2}=\frac{1}{2}$$

综上$\begin{cases}a=-1\\ b=0\\ c=\dfrac{1}{2}\end{cases}$

例 96 计算$\int_0^{\frac{\pi}{2}}\dfrac{\sin x}{\sin x+\cos x}\mathrm{d}x=$________.

解:设 $I=\int_0^{\frac{\pi}{2}}\dfrac{\sin x}{\sin x+\cos x}\mathrm{d}x$ 与积分变量用字母无关,$I=\int_0^{\frac{\pi}{2}}\dfrac{\sin t}{\sin t+\cos t}\mathrm{d}t$

令 $x=\dfrac{\pi}{2}-t$,则 $\mathrm{d}x=-\mathrm{d}t$,$x=0\leftrightarrow t=\dfrac{\pi}{2}$,$x=\dfrac{\pi}{2}\leftrightarrow t=0$

$$\therefore\ I=\int_{\frac{\pi}{2}}^{0}\frac{\sin\left(\frac{\pi}{2}-t\right)(-\mathrm{d}t)}{\sin\left(\frac{\pi}{2}-t\right)+\cos\left(\frac{\pi}{2}-t\right)}$$

$$=\int_{0}^{\frac{\pi}{2}}\frac{\cos t}{\cos t+\sin t}\mathrm{d}t$$

$$I+I=\int_{0}^{\frac{\pi}{2}}\frac{\sin t}{\cos t+\sin t}\mathrm{d}t+\int_{0}^{\frac{\pi}{2}}\frac{\cos t}{\cos t+\sin t}\mathrm{d}t=\int_{0}^{\frac{\pi}{2}}\mathrm{d}t=\frac{\pi}{2}$$

$\therefore\ I=\frac{\pi}{4}$

即$\int_{0}^{\frac{\pi}{2}}\frac{\sin x}{\sin x+\cos x}\mathrm{d}x=\frac{\pi}{4}$.

例 97 求极限$\lim\limits_{n\to+\infty}\frac{1^p+2^p+\cdots+n^p}{n^{p+1}}(p>0)=$________.

解: $\lim\limits_{n\to+\infty}\frac{1^p+2^p+\cdots+n^p}{n^{p+1}}$

$$\xlongequal{\text{利用定积分}}\lim_{n\to+\infty}\frac{1}{n}\sum_{i=1}^{n}\left(\frac{i}{n}\right)^p$$

$$=\int_0^1 x^p\mathrm{d}x$$

$$=\left.\frac{x^{p+1}}{1+p}\right|_0^1$$

$$=\frac{1}{1+p}.$$

例 98 求极限$\lim\limits_{x\to+\infty}\frac{\int_0^x(\arctan t)^2\mathrm{d}t}{\sqrt{x^2+1}}=$________.

解: $\lim\limits_{x\to+\infty}\frac{\int_0^x(\arctan t)^2\mathrm{d}t}{\sqrt{x^2+1}}$

$$\xlongequal{\text{罗必达法则}}\lim_{x\to+\infty}\frac{(\arctan x)^2}{\frac{x}{\sqrt{x^2+1}}}$$

$$=\frac{\pi^2}{4}.$$

例 99 $\int_0^{xy}\mathrm{e}^{-t^2}\mathrm{d}t+\int_0^{y^2}\frac{\sin t}{t}\mathrm{d}t=\ln y$,求$\frac{\mathrm{d}y}{\mathrm{d}x}=$________.

解: 将$\int_0^{xy}\mathrm{e}^{-t^2}\mathrm{d}t+\int_0^{y^2}\frac{\sin t}{t}\mathrm{d}t=\ln y$ 对 x 求导得

$$e^{-x^2y^2}(y+xy'_x)+\frac{\sin(y^2)}{y^2}\cdot 2yy'_x=\frac{y'_x}{y}$$

$$y^2e^{-x^2y^2}+xy\cdot e^{-x^2y^2}\cdot y'+2\sin(y^2)y'=y'$$

$\therefore \dfrac{dy}{dx}=\dfrac{y^2e^{-x^2y^2}}{1-xye^{-x^2y^2}-2\sin(y^2)}$.

习 题 五

1. 用定积分表示下列极限.

(1) $\lim\limits_{n\to\infty}\dfrac{1}{n}\sum\limits_{i=1}^{n}\sqrt{1+\dfrac{i}{n}}$　　(2) $\lim\limits_{n\to\infty}\dfrac{1^p+2^p+\cdots+n^p}{n^{p+1}}$

2. 利用定积分的几何意义求下列定积分的值.

(1) $\int_{-1}^{1}2x\mathrm{d}x$　　(2) $\int_{0}^{1}\sqrt{1-x^2}\mathrm{d}x$

3. 比较下列各对积分的大小.

(1) $\int_0^{\frac{\pi}{2}}x^2\mathrm{d}x$ 与 $\int_0^{\frac{\pi}{2}}\sin^2x\mathrm{d}x$　　(2) $\int_0^1\dfrac{x}{1+x}\mathrm{d}x$ 与 $\int_0^1\ln(1+x)\mathrm{d}x$

4. 求 $\lim\limits_{x\to0}\dfrac{\int_{\cos x}^{1}e^{-t^2}\mathrm{d}t}{x^2}$.

5. 设 $f(x)=x^2-x\int_0^2f(x)\mathrm{d}x+2\int_0^1f(x)\mathrm{d}x$,求 $f(x)$.

6. 利用换元法求下列定积分.

(1) $\int_0^a\sqrt{a^2-x^2}\mathrm{d}x$　　(2) $\int_0^{\frac{\pi}{2}}\sqrt{1-\sin x}\mathrm{d}x$

(3) $\int_0^{\frac{1}{4}}\dfrac{\sqrt{1-x}}{1-\sqrt{x}}\mathrm{d}x$　　(4) $\int_0^{\frac{\pi}{2}}4\cos^3x\sin x\mathrm{d}x$

7. 证明:$\int_0^{\frac{\pi}{2}}\dfrac{\sin x}{\sin x+\cos x}\mathrm{d}x=\int_0^{\frac{\pi}{2}}\dfrac{\cos x}{\sin x+\cos x}\mathrm{d}x$,并求其值.

8. 利用定积分估值.

(1) $\int_0^2e^{x^2-x}\mathrm{d}x$　　(2) $\int_1^4(1+x^2)\mathrm{d}x$

9. 设 $f(x)$ 在$[0,1]$上连续,证明:$\int_0^1f^2(x)\mathrm{d}x\geqslant\left(\int_0^1f(x)\mathrm{d}x\right)^2$.

10. 设 $f(x)$在$[0,+\infty)$连续,且 $\lim\limits_{x\to+\infty}f(x)=1$,证明:

$y=e^{-x}\int_0^xe^tf(t)\mathrm{d}t$ 满足方程$\dfrac{dy}{dx}+y=f(x)$,并求 $\lim\limits_{x\to+\infty}y(x)$.

11. 计算下列定积分.

(1) $\int_{-1}^{2}|1-x^2|\mathrm{d}x$　　(2) 设 $f(x)=\begin{cases}x^2, & -1\leqslant x\leqslant 0\\ x-1, & 0<x\leqslant 1\end{cases}$ 求 $\int_{-\frac{1}{2}}^{\frac{1}{2}}f(x)\mathrm{d}x$

12. 利用分部积分计算下列定积分.

(1) $\int_{0}^{\frac{\sqrt{2}}{2}}\arctan x\mathrm{d}x$　　(2) $\int_{1}^{\mathrm{e}}\cos(\ln x)\mathrm{d}x$

(3) $\int_{0}^{\frac{\pi}{2}}\mathrm{e}^x\cos x\mathrm{d}x$　　(4) $\int_{0}^{\frac{\pi}{4}}\frac{x\sin x}{\cos^3 x}\mathrm{d}x$

13. 证明定积分.

$$\int_{0}^{\frac{\pi}{2}}\sin^n x\mathrm{d}x=\begin{cases}\dfrac{(2m-1)!!}{(2m)!!}\cdot\dfrac{\pi}{2}, & 当\ n=2m\\ \dfrac{(2m-2)!!}{(2m-1)!!}, & 当\ n=2m-1.\end{cases}\quad(m\in N^{+})$$

14. 计算定积分.

(1) $\int_{-\frac{\pi}{2}}^{\frac{\pi}{2}}\frac{(1+x)^2\sin^2 x}{1+x^2}\mathrm{d}x$　　(2) $\int_{-\frac{\pi}{4}}^{\frac{\pi}{4}}(x^5+x^3-x+1)\sin^2 x\mathrm{d}x$

15. 设 $f''(x)$ 连续，且 $f(\pi)=1, f(0)=2$，求 $\int_{0}^{\pi}[f(x)+f''(x)]\sin x\mathrm{d}x$.

16. 若 $f(x)$ 在 $[0,1]$ 上连续，证明 $\int_{0}^{\pi}xf(\sin x)\mathrm{d}x=\frac{\pi}{2}\int_{0}^{\pi}f(\sin x)\mathrm{d}x$，

并由此计算 $\int_{0}^{\pi}\frac{x\sin x}{1+\cos^2 x}\mathrm{d}x$.

第六章　定积分应用

现在我们求前面曲边梯形的面积：

设 $y=f(x)\geqslant 0(x\in[a,b])$. 如果说积分，

$$A=\int_a^b f(x)\mathrm{d}x$$

是以$[a,b]$为底的曲边梯形的面积，则积分上限函数

$$A(x)=\int_a^x f(t)\mathrm{d}t$$

就是以$[a,x]$为底的曲边梯形的面积. 而微分 $\mathrm{d}A(x)=f(x)\mathrm{d}x$ 表示点 x 处以 $\mathrm{d}x$ 为宽的小曲边梯形面积的近似值 $\Delta A\approx f(x)\mathrm{d}x$，$f(x)\mathrm{d}x$ 称为曲边梯形的面积元素.

以$[a,b]$为底的曲边梯形的面积 A 就是以面积元素 $f(x)\mathrm{d}x$ 为被积表达式，以$[a,b]$为积分区间的定积分：

$$A=\int_a^b f(x)\mathrm{d}x.$$

一般情况下，为求某一量 U，先将此量分布在某一区间$[a,b]$上，分布在$[a,x]$上的量用函数 $U(x)$表示，再求这一量的元素 $\mathrm{d}U(x)$，设 $\mathrm{d}U(x)=u(x)\mathrm{d}x$，然后以 $u(x)\mathrm{d}x$ 为被积表达式，以$[a,b]$为积分区间求定积分即得

$$U=\int_a^b f(x)\mathrm{d}x.$$

用该方法求一量的值的方法称为微元法(或元素法).

第一节　定积分的几何应用

1. 平面图形面积

(1) 直角坐标情形

由定积分的几何意义，显然有(图 6-1)

$$A=\int_a^b[f_2(x)-f_1(x)]\mathrm{d}x$$

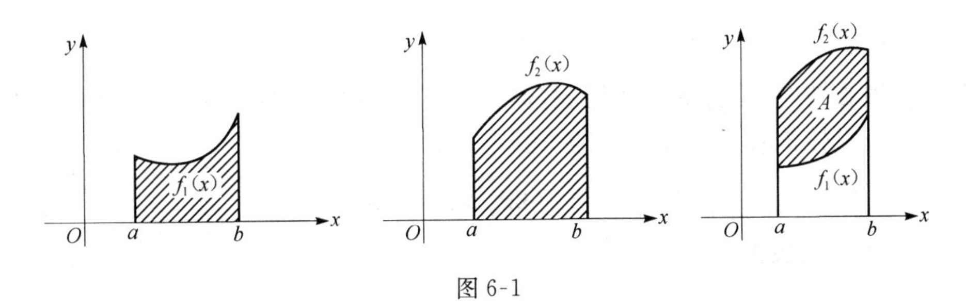

图 6-1

$f(x)$与 x 轴围的图形面积(图 6-2)：

$$A=\int_a^b|f(x)|\mathrm{d}x$$

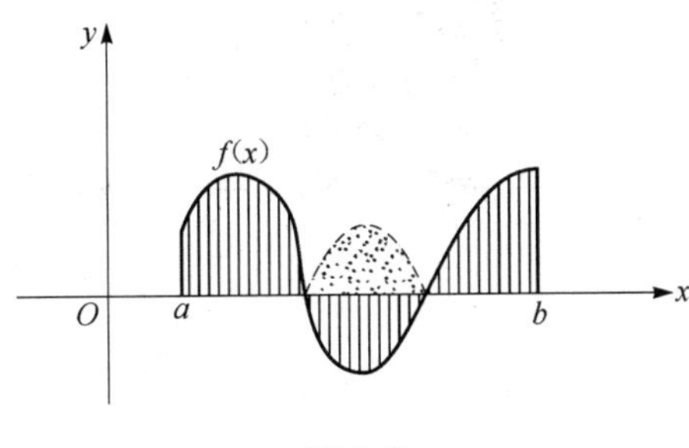

图 6-2

(2) 极坐标情形

设曲线 $\rho(\theta)$是射线 $\theta=\alpha,\theta=\beta$ 围成的曲边扇形的曲边(图 6-3).

曲边扇形面积微元：

$$\mathrm{d}A=\frac{1}{2}[\rho(\theta)]^2\mathrm{d}\theta$$

($\rho\mathrm{d}\theta$ 弧长，ρ 半径，扇形面积$\frac{1}{2}\rho^2(\theta)\mathrm{d}\theta$)

$$A=\int_\alpha^\beta\frac{1}{2}\rho^2(\theta)\mathrm{d}\theta$$

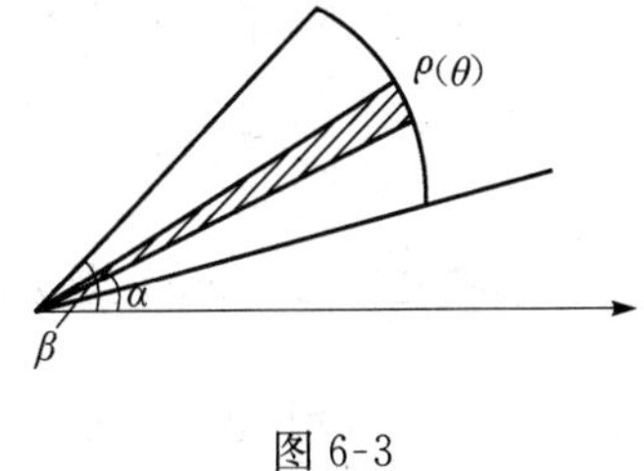

图 6-3

例 1　求半径为 R 的圆面积(设圆心在原点)

解：圆在极坐标系下的方程为 $\rho=R$.

$$S=\int_0^{2\pi}\frac{1}{2}R^2\mathrm{d}\theta=\frac{1}{2}R^2\cdot2\pi=\pi R^2.$$

2. 旋转体体积

$y=f(x)$，在 $x=a,x=b$ 及轴围成的曲边梯形绕 x 轴旋转一周而成的立体体

积可以看成由小块 dV_i 累加而成，dV_i 的厚度 dx_i，半径为 $f(\xi_i)$. 所以 $dV_i=\pi f^2(\xi_i)\cdot dx_i$ 由此得到绕 x 轴旋转所得体积

$$V_x=\pi\int_a^b f^2(x)dx.$$

而绕 y 轴旋转时，可将其看成层状，高度为 $f(\xi_i)$，厚度 dx_i，绕 y 轴一圈长度为 $2\pi\xi_i$，可得其体积为

$$V_y=2\pi\int_a^b xf(x)dx$$

当然，也可以得到

$$V_y=\pi\int_c^d (f^{-1}(y))^2dy.$$

例 2 求 $y=\arcsin x,x=1,y=0$ 围成图形绕 x 轴一圈(图 6-4)所得旋转体体积.

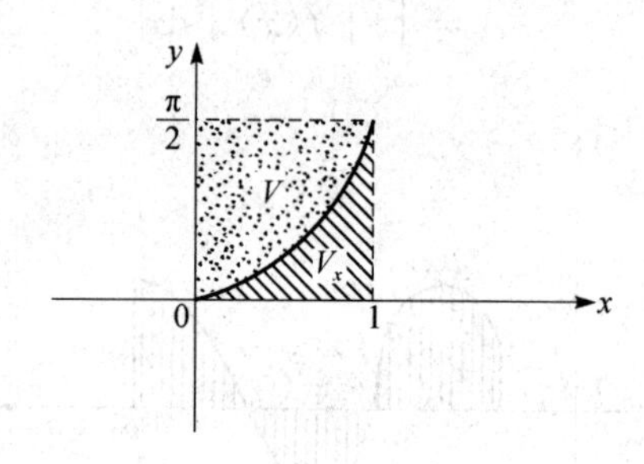

图 6-4

解:解法一

$$V_x=\pi\int_0^1(\arcsin x)^2dx=\pi\left[x\arcsin^2x\Big|_0^1-2\int_0^1\frac{x}{\sqrt{1-x^2}}\arcsin x dx\right]$$

$$=\pi\left[\frac{\pi^2}{4}+2\arcsin x\cdot\sqrt{1-x^2}\Big|_0^1-2\int_0^1\frac{\sqrt{1-x^2}}{\sqrt{1-x^2}}dx\right]$$

$$=\pi\left[\frac{\pi^2}{4}-2\right]$$

解法二 $x=\sin y$ 绕 x 轴旋转一周，用公式先求出 V^*.

$$V^*=2\pi\int_0^{\frac{\pi}{2}}y\sin y dy=2\pi\left[-y\cos y\Big|_0^{\frac{\pi}{2}}+\int_0^{\frac{\pi}{2}}\cos y dy\right]=2\pi\sin y\Big|_0^{\frac{\pi}{2}}=2\pi.$$

$$V_{圆柱体}=\pi\cdot\left(\frac{\pi}{2}\right)^2\cdot 1.$$

$$V_x=V_{圆柱体}-V^*=\frac{\pi^3}{4}-2\pi.$$

例 3 椭圆 $\frac{x^2}{a^2}+\frac{y^2}{b^2}=1$ 绕 x 轴旋转得椭球体，沿 x 轴方向对椭球体打一个穿心

圆孔，使剩下的环形体积等于椭球体的一半，确定钻孔半径 r（图 6-5）.

解：

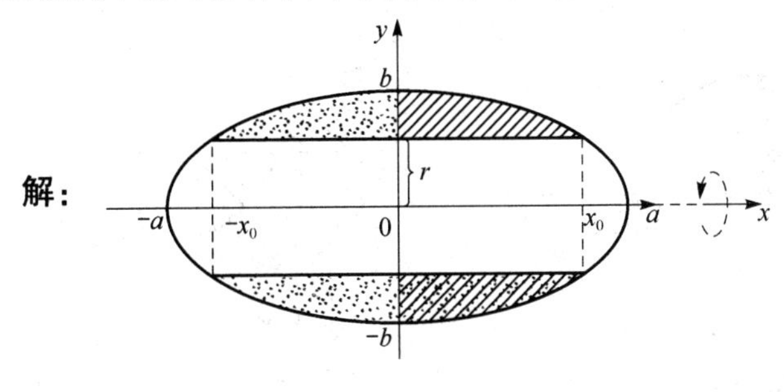

图 6-5

椭球体体积

$$V=\pi\int_{-a}^{a}b^2\left(1-\frac{x^2}{a^2}\right)\mathrm{d}x=\frac{4\pi}{3}b^2a$$

$$x_0=a\sqrt{1-\frac{r^2}{b^2}}$$

$$V_0=2\left[\int_0^{x_0}\pi b^2\left(1-\frac{x^2}{a^2}\right)\mathrm{d}x-\pi x_0r^2\right]$$

$$=2\pi ab^2\sqrt{1-\frac{r^2}{b^2}}\left[1-\frac{1}{3}\left(1-\frac{r^2}{b^2}\right)-\frac{r^2}{b^2}\right]$$

$$=2\pi ab^2\sqrt{1-\frac{r^2}{b^2}}\left(\frac{2}{3}-\frac{2}{3}\frac{r^2}{b^2}\right)$$

由 $V_0=\dfrac{V}{2}\rightarrow 1=2\left(\sqrt{1-\dfrac{r^2}{b^2}}\right)^3$

$$\frac{1}{2^{\frac{2}{3}}}=1-\frac{r^2}{b^2}$$

$$r=\sqrt{1-\frac{1}{2^{\frac{2}{3}}}}\cdot b\approx\frac{5}{8}b$$

注：$\sqrt{1-\dfrac{1}{2^{\frac{2}{3}}}}\approx\dfrac{5}{8}\Leftrightarrow 1-\dfrac{1}{2^{\frac{2}{3}}}\approx\dfrac{25}{64}\approx\dfrac{3}{8}\leftrightarrow\dfrac{1}{2^{\frac{2}{3}}}\approx\dfrac{5}{8}$

$\leftrightarrow\dfrac{1}{4^{\frac{1}{3}}}\approx\dfrac{5}{8}_{+}\leftrightarrow 4^{\frac{1}{3}}_{+}\approx\dfrac{8}{5}_{-}\leftrightarrow 4_{+}=\dfrac{512}{125}\leftrightarrow 125_{-}\approx 128.$

例 4　计算 $y=\sin x(0\leqslant x\leqslant\pi)$，(1)绕 x 轴围成图形（图 6-6）；(2)绕 y 轴所得旋转体体积（图 6-7）.

解：(1) $V_x=\pi\int_0^{\pi}\sin^2x\mathrm{d}x=\dfrac{\pi}{2}\int_0^{\pi}(1-\cos 2x)\mathrm{d}x=\dfrac{\pi^2}{2}.$

(2) $V_y=2\pi\int_0^{\pi}x\sin x\mathrm{d}x=2\pi\left[-x\cos x\Big|_0^{\pi}+\int_0^{\pi}\cos x\mathrm{d}x\right]=2\pi^2.$

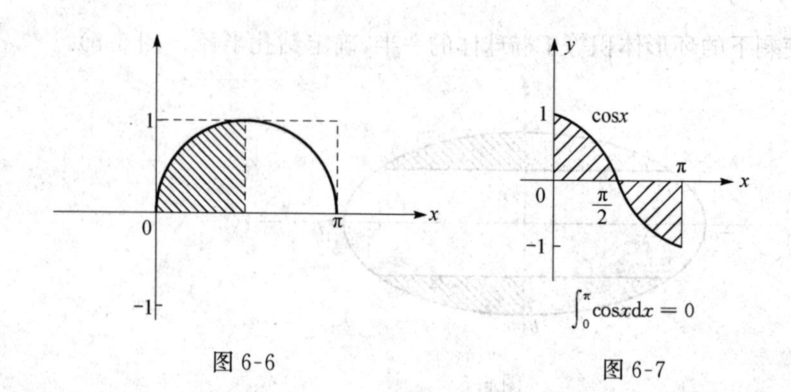

图 6-6　　　　图 6-7

(1)的解法二：$V_x=2\pi\int_0^{\frac{\pi}{2}}\sin^2 x\mathrm{d}x=2\pi\cdot\frac{1}{2}\cdot\frac{\pi}{2}=\frac{\pi^2}{2}$.

例 5　求如图 6-8 所示曲线所围图形绕 x 轴旋转所得的旋转体的体积，曲线的参数方程为$\begin{cases}x=a\cos^3 t\\ y=a\sin^3 t\end{cases}$.

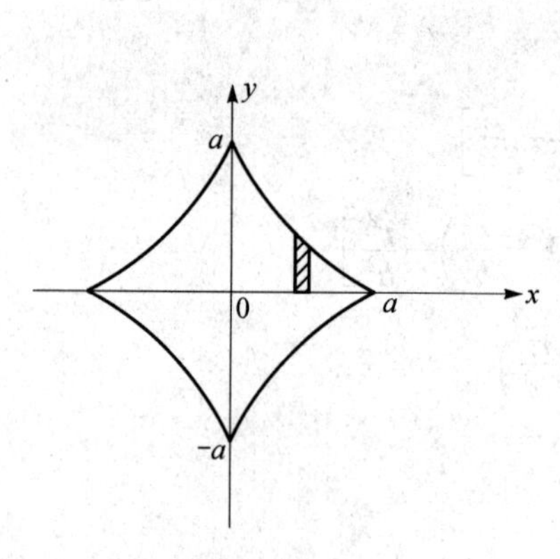

图 6-8

解：$V=\int_{-a}^{a}\pi y^2\mathrm{d}x$

$$=2\int_{\frac{\pi}{2}}^{0}\pi a^2\sin^6 t\cdot 3a\cos^2 t(-\sin t)\mathrm{d}t$$

$$=6\pi a^3\int_0^{\frac{\pi}{2}}(\sin^7 t-\sin^9 t)\mathrm{d}t$$

$$=6\pi a^3\left(1-\frac{8}{9}\right)\cdot\frac{6}{7}\cdot\frac{4}{5}\cdot\frac{2}{3}$$

$$=\frac{32}{105}\pi a^3.$$

例 6　求曲$\begin{cases}x=a\cos t\\ y=b\sin t\end{cases}$$(0\leqslant t\leqslant\pi)$分别绕 x 轴及 y 轴旋转所得的体积.

解：t 从 $0\to\pi$，则 x 从 $a\to -a$. $\mathrm{d}x<0$(图 6-9).

$$V_x=-\pi\int_0^{\pi}b^2\sin^2 t\mathrm{d}(a\cos t)$$

$$=-\pi ab^2\int_0^{\pi}(1-\cos^2 t)\mathrm{d}(\cos t)$$

$$=-\pi ab^2\left[\cos t\Big|_0^{\pi}-\frac{\cos^3 t}{3}\Big|_0^{\pi}\right]$$

$$=\frac{-2\pi ab^2}{3}[-1-1]=\frac{4}{3}\pi ab^2.$$

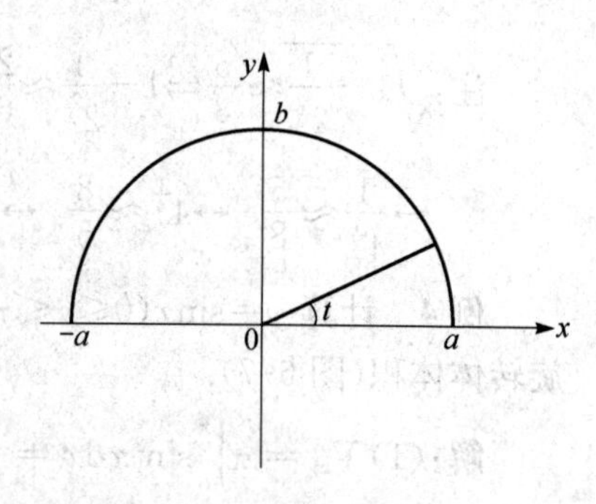

图 6-9

t 从 $0\to\frac{\pi}{2}$，y 从 $0\to b$.

$$V_y=\pi\int_0^b x^2(y)\mathrm{d}y=\pi\int_0^{\frac{\pi}{2}} a^2\cos^2 t\mathrm{d}(b\sin t)$$

$$=\pi a^2 b\int_0^{\frac{\pi}{2}}\cos^3 t\mathrm{d}t$$

$$=\frac{2}{3}\pi a^2 b.$$

3. 平行截面面积已知的立体体积

以 $A(x)$ 表示过 x 点，垂直 x 轴的截面面积，$\mathrm{d}x$ 为厚度，体积微元为 $\mathrm{d}V=A(x)\mathrm{d}x$.

$\therefore V=\int_a^b A(x)\mathrm{d}x$.

例 7　求球的体积.

解：切出球心在原点，半径为 R 的第一卦限的这块再在 x 处切出与 yoz 面平行，垂直于 x 轴的一块 ABX 面(图 6-10，图 6-11).

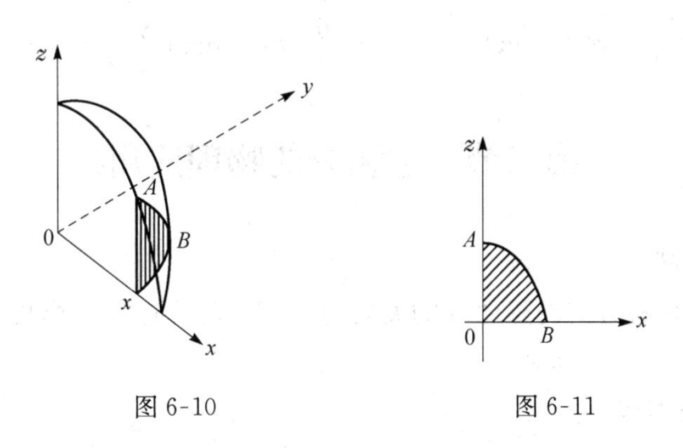

图 6-10　　　　图 6-11

面积为　$$A(x)=\frac{\pi}{4}(AX)^2$$

$$(AX)^2=z^2=R^2-x^2$$

$$\therefore A(x)=\frac{\pi}{4}(R^2-x^2)\quad \mathrm{d}V=A(x)\mathrm{d}x$$

$$V_0=\int_0^R\frac{\pi}{4}(R^2-x^2)\mathrm{d}x=\frac{\pi}{4}R^3\left(1-\frac{1}{3}\right)=\frac{2\pi R^3}{3\cdot 4}$$

$$V=8V_0=\frac{4}{3}\pi R^3\cdots\cdots(\text{球的体积})$$

4. 平面曲线弧长

弧长的微元 $\Delta S=\sqrt{(\Delta x)^2+(\Delta y)^2}$

对于$\begin{cases}x=\varphi(t)\\y=\psi(t)\end{cases}$ $S=\int_\alpha^\beta\sqrt{\varphi'^2(t)+\psi'(t)}\mathrm{d}t$

对于$\begin{cases}y=f(x)\\x=x\end{cases}$ $S=\int_a^b\sqrt{1+f'^2(x)}\mathrm{d}x$

对于极坐标$\begin{cases}y=\rho(\theta)\sin\theta & y'=\rho'(\theta)\sin\theta+\rho(\theta)\cos\theta\\x=\rho(\theta)\cos\theta & x'=\rho'(\theta)\cos\theta-\rho(\theta)\sin\theta\end{cases}$

$$y'^2+x'^2=\rho'^2+\rho^2\quad S=\int_\alpha^\beta\sqrt{\rho'^2+\rho^2}\mathrm{d}\theta$$

例 8 求心形线$\rho=a(1+\cos\theta)$的全长.

解: $S=\int_0^{2\pi}a\sqrt{(1+\cos\theta)^2+(\sin\theta)^2}\mathrm{d}\theta$

$=a\int_0^{2\pi}\sqrt{2+2\cos\theta}\mathrm{d}\theta$

$=2a\int_0^{2\pi}\sqrt{\frac{1+\cos\theta}{2}}\mathrm{d}\theta$

$=2a\int_0^{2\pi}\left|\cos\frac{\theta}{2}\right|\mathrm{d}\theta=4a\int_0^{\pi}\cos\frac{\theta}{2}\mathrm{d}\theta=8a\sin\frac{\theta}{2}\Big|_0^{\pi}=8a.$

第二节 定积分的物理应用

1. 变力做功

记力$\vec{F}$与位移方向的移动$\vec{S}$的夹角为θ,$|\vec{F}|$表示向量$\vec{F}$模长度,则$\vec{F}\cdot\vec{S}=|\vec{F}||\vec{S}|\cos\theta$.

这时,物体做功

$$W=\vec{F}\cdot\vec{S}.$$

例 1 把带$+q$电荷量的定电荷放在x轴原点O处,有一个单位正电荷在距原点O为x的地方,电场对它的作用力为$\vec{F}=K\frac{q}{x^2}$(K是常数).

求当这个单位正电荷从$x=a$处移到$x=b$处做的功.设($a<b$).

解:单位正电荷从x移到$x+\Delta x$处做的功:$\frac{Kq}{x^2}\mathrm{d}x$即为$d\mathrm{W}$(功的微元)

$\therefore$ 所求功$W=\int_a^b\frac{Kq}{x^2}\mathrm{d}x=Kq\left(-\frac{1}{x}\right)\Big|_a^b=Kq\left(\frac{1}{a}-\frac{1}{b}\right)$

若$b\to+\infty$,$W\to\frac{Kq}{a}$.

例 2 用铁锤将一铁钉击入木板,设木板对铁钉的阻力与击入深度成正比.在第一次打击时，击入 1cm，若每次打击所做功相等，第二次击入多少？

解：设第二次又击入 $h$cm. 阻力 $F=Kx$.

做功阻力微元 $\mathrm{d}W=F\mathrm{d}x=Kx\cdot\mathrm{d}x$

第一次做功 $W_1=\int_0^1 Kx\,\mathrm{d}x=\frac{K}{2}x^2\Big|_0^1=\frac{1}{2}K$

第二次做功 $W_2=\int_1^{1+h} Kx\,\mathrm{d}x=\frac{K}{2}[(1+h)^2-1]=\frac{K}{2}(h^2+2h)$

$$W_1=W_2\quad\therefore h^2+2h=1$$

$$h=\frac{-2\pm\sqrt{4+4}}{2}$$

$$=-1\pm\sqrt{2}(\text{舍去负根})$$

$$h=\sqrt{2}-1(\approx 0.42\text{cm}).$$

2. 水压力

在水深 h 处的压强 $p=\rho gh$，ρ 是水的密度，g 是重力加速度. 面积为 A 的平板，水平地放在水深 h 处，受的压力 $P=pA$.

例 3　一个横放的圆柱形水桶，有半桶水，设底的半径为 R，计算一个端面上受的压力.

解：当水为半桶时(图 6-12)，水的深度为$(0-y)=h$.　$y=-R$ 时 $h=R$.

压力元素为 $\mathrm{d}P=g(-y)2x\cdot\mathrm{d}y$

$$x=\sqrt{R^2-y^2}$$

$$P=\int_{-R}^0 2g(-y)\sqrt{R^2-y^2}\,\mathrm{d}y$$

$$\xlongequal{\text{令}-y=u}\int_R^0 2gu\sqrt{R^2-u^2}(-\mathrm{d}u)$$

$$=-g\int_0^R\sqrt{R^2-u^2}\,\mathrm{d}(R^2-u^2)$$

$$=-g(R^2-u^2)^{\frac{3}{2}}\cdot\frac{2}{3}\Big|_0^R$$

$$=\frac{2}{3}gR^3$$

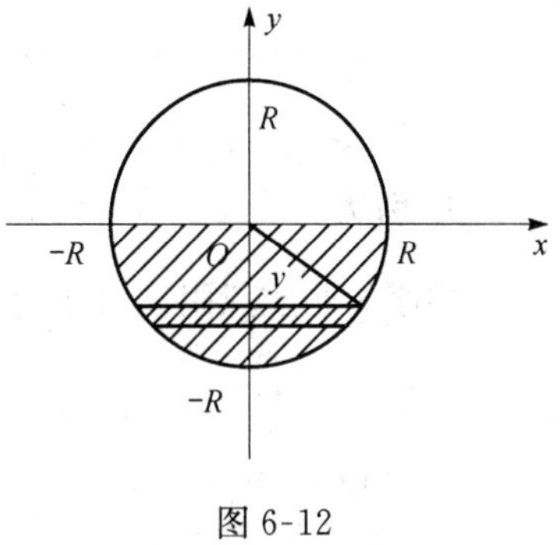

图 6-12

注：当水满时，水深 $h=R-y$；$\frac{1}{4}$水箱时，$h=-\frac{R}{2}-y$；$\frac{3}{4}$水箱时，$h=\frac{R}{2}-y$，半箱水时 $h=0-y$.

例 4　洒水车上的水箱是一个横放的椭圆柱体，端面的长短半轴分别为 a、b，当水箱装满水时(图 6-13)，计算一个端面所受的压力.

解:

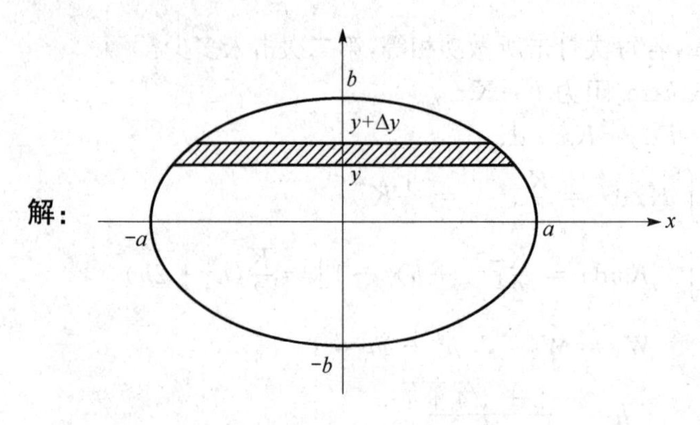

图 6-13

椭圆方程为$\frac{x^2}{a^2}+\frac{y^2}{b^2}=1$

重力加速度 g. 水的密度 1

水表面处 $y=b$ 时,水的深度为 $b-b=0$

最深处 $b=-b$ 时,$b-(-b)=2b$ 为水深.

水深应为 $b-y=h$

压力元素 $\mathrm{d}P=g(b-y)2x\mathrm{d}y$

$$x=a\sqrt{1-\frac{y^2}{b^2}}$$

$\therefore\ P=\int_{-b}^{b}2g(b-y)\cdot\frac{a}{b}\sqrt{b^2-y^2}\mathrm{d}y$ (奇函数在对称区间上积分为 0)

$=4ga\int_{0}^{b}\sqrt{b^2-y^2}\mathrm{d}y$ $\left(\int_{0}^{b}\sqrt{b^2-y^2}=\frac{1}{4}\pi b^2\right)$

$=ga\pi b^2$.

3. 引力

相距 r 两质点引力大小为 $F=K\frac{m_1m_2}{r^2}$. 下面看一个复杂例子.

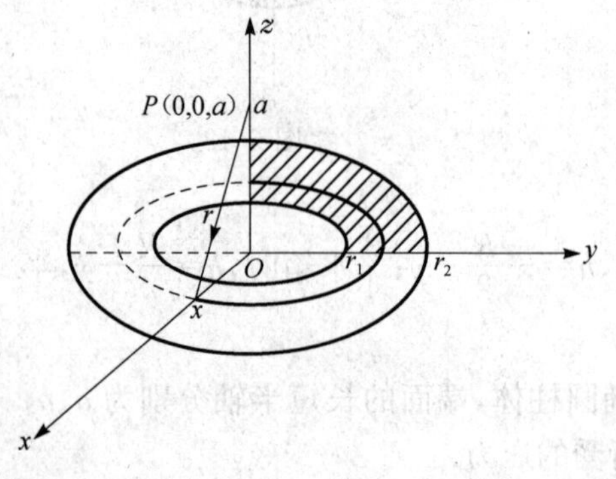

图 6-14

例 5 设有面密度为 ρ 的均匀圆环形薄板,内半径 r_1,外半径 r_2,一质量为 m 的质点 P 位于过圆环中心的垂线上,且与中心的距离为 a,求圆环对质点的引力.

解:建立坐标系如右图[$x,x+\mathrm{d}x$]对应的圆环对质点 P 的引力微元为

$$\mathrm{d}F=K\frac{m(2\pi x\cdot\rho\mathrm{d}x)}{x^2+a^2}$$

由圆环形薄板的对称性,知引力 $\vec{F}=$

(F_x,F_y,F_z)中 $F_x=F_y=0$

$$\cos\gamma=\frac{a}{r}=\frac{a}{\sqrt{x^2+a^2}}$$

$$F_z=-\int_{r_1}^{r_2}2\pi Km\rho\frac{ax}{(x^2+a^2)^{\frac{3}{2}}}\mathrm{d}x$$

$$=2K\pi m\rho a\frac{1}{\sqrt{x^2+a^2}}\Big|_{r_1}^{r_2}$$

$$=2K\pi m\rho a\left(\frac{1}{\sqrt{r_2^2+a^2}}-\frac{1}{\sqrt{r_1^2+a^2}}\right)$$

∴ 引力 $\vec{F}=\left(0,0,2K\pi m\rho a\left(\frac{1}{\sqrt{r_2^2+a^2}}-\frac{1}{\sqrt{r_1^2+a^2}}\right)\right)$

注：γ 为力 $\vec{F}$ 与 z 轴的夹角.

第三节　反 常 积 分

前面我们所求的定积分要求被积函数有界，积分区间有限，并且积分区间是闭区间(闭区域). 下面研究被积函数无界，积分区间无限，或积分区间不是闭区间的积分，我们称这样的积分为**反常积分**.

定义 6.1　设函数 $f(x)$在无限区间$[a,\pm\infty)$连续，则定义 $\int_a^{+\infty}f(x)\mathrm{d}x=\lim\limits_{b\to+\infty}\int_a^b f(x)\mathrm{d}x$，如果极限 $\lim\limits_{b\to+\infty}\int_a^b f(x)\mathrm{d}x$ 存在，我们称反常积分$\int_a^{+\infty}f(x)\mathrm{d}x$ 收敛.

定义 6.2　设函数 $f(x)$在非闭区间$(a,b]$连续，而在点 a 右邻域内无界(a 是被积 $f(x)$的瑕点)即函数在点 a 无界，则定义 $\int_a^b f(x)\mathrm{d}x=\lim\limits_{\varepsilon\to0^+}\int_{a+\varepsilon}^b f(x)\mathrm{d}x=\lim\limits_{k\to a^+}\int_k^b f(x)\mathrm{d}x$，如果极限$\lim\limits_{\varepsilon\to0^+}\int_{a+\varepsilon}^b f(x)\mathrm{d}x$ 存在，我们称反常积分$\int_a^b f(x)\mathrm{d}x$ 收敛.

函数 $f(x)$在点 a 右邻域内无界的意思是：$\lim\limits_{x\to a^+}f(x)=\infty$. 注意：函数在点 a 没有定义，但函数 $f(x)$在点 a 右极限 $\lim\limits_{x\to a^+}f(x)$可以存在，这时 a 不是被积函数 $f(x)$的瑕点.

例如，函数$\frac{\sin x}{x}$在点 0 处没有定义，但 $\lim\limits_{x\to0^+}\frac{\sin x}{x}=1$，所以 $x=0$ 不是积分 $\int_0^1\frac{\sin}{x}\mathrm{d}x$ 的瑕点. $\int_0^1\frac{\sin x}{x}\mathrm{d}x$ 不是反常积分. 将积分$\int_0^1\frac{\sin x}{x}\mathrm{d}x$ 看作推广的黎曼积分. 因为，如果被积函数 $f(x)$ 在闭区间$[a,b]$上仅有有限个第一类间断点，则积分 $\int_a^b f(x)\mathrm{d}x$ 为推广的黎曼积分，它也是收敛的.

定义 6.3 设函数 $f(x)$ 在开区间 (a,b) 内连续，a,b 都是函数 $f(x)$ 的瑕点，则定义

$$\int_a^b f(x)\mathrm{d}x=\int_a^c f(x)\mathrm{d}x+\int_c^b f(x)\mathrm{d}x=\lim_{\varepsilon\to 0^+}\int_{a+\varepsilon}^c f(x)\mathrm{d}x+\lim_{\delta\to 0^-}\int_c^{b-\delta} f(x)\mathrm{d}x,$$

如果极限 $\lim\limits_{\varepsilon\to 0^+}\int_{a+\varepsilon}^c f(x)\mathrm{d}x$ 和 $\lim\limits_{\delta\to 0^-}\int_c^{b-\delta} f(x)\mathrm{d}x$ 均存在，我们称反常积分 $\int_a^b f(x)\mathrm{d}x$ 收敛.

定义 6.4 设函数 $f(x)$ 在无限区间 $(a,+\infty)$ 连续，a 是函数 $f(x)$ 的瑕点，则定义

$$\int_a^{+\infty} f(x)\mathrm{d}x=\int_a^c f(x)\mathrm{d}x+\int_c^{+\infty} f(x)\mathrm{d}x=\lim_{\varepsilon\to 0^+}\int_{a+\varepsilon}^c f(x)\mathrm{d}x+\lim_{b\to+\infty}\int_c^b f(x)\mathrm{d}x,$$

如果极限 $\lim\limits_{\varepsilon\to 0^+}\int_{a+\varepsilon}^c f(x)\mathrm{d}x$ 和 $\lim\limits_{b\to+\infty}\int_c^b f(x)\mathrm{d}x$ 均存在，我们称反常积分 $\int_a^{+\infty} f(x)\mathrm{d}x$ 收敛.

例 1
$$\int_0^{+\infty}\frac{\mathrm{d}x}{\mathrm{e}^{x+1}+\mathrm{e}^{3-x}}=\int_0^{+\infty}\frac{\mathrm{e}^{x-3}\mathrm{d}x}{\mathrm{e}^{2x-2}+1}=\int_0^{+\infty}\frac{\mathrm{e}^{-2}\mathrm{d}(\mathrm{e}^{x-1})}{\mathrm{e}^{2(x-1)}+1}$$
$$=\frac{1}{\mathrm{e}^2}\arctan(\mathrm{e}^{(x-1)})\Big|_0^{+\infty}$$
$$=\mathrm{e}^{-2}\left[\frac{\pi}{2}-\arctan(\mathrm{e}^{-1})\right].$$

例 2
$$\int_0^{+\infty}x\mathrm{e}^{-x^2}\mathrm{d}x=-\frac{\mathrm{e}^{-x^2}}{2}\Big|_0^{+\infty}=\frac{1}{2}.$$

例 3
$$\int_0^{+\infty}\frac{\mathrm{d}x}{(1+x)(1+x^2)}=\frac{1}{2}\int_0^{+\infty}\frac{1+x^2+1-x^2}{(1+x)(1+x^2)}\mathrm{d}x$$
$$=\frac{1}{2}\left[\int_0^{+\infty}\frac{\mathrm{d}x}{1+x}+\int_0^{+\infty}\frac{1-x}{1+x^2}\mathrm{d}x\right]$$
$$=\frac{1}{2}\ln(1+x)\Big|_0^{+\infty}-\frac{1}{4}\int_0^{+\infty}\frac{2x}{1+x^2}\mathrm{d}x+\frac{1}{2}\int_0^{+\infty}\frac{\mathrm{d}x}{1+x^2}$$
$$=\frac{1}{4}\ln\frac{(1+x)^2}{1+x^2}\Big|_0^{+\infty}+\frac{1}{2}\arctan x\Big|_0^{+\infty}$$
$$=\frac{\pi}{4}.$$

例 4
$$\int_0^{+\infty}\frac{\mathrm{d}x}{\sqrt{x(x+1)^3}}\xlongequal{令 x=t^2}\int_0^{+\infty}\frac{2t\mathrm{d}t}{t(t^2+1)^{\frac{3}{2}}}$$
$$\xlongequal{令 t=\tan u}2\int_0^{\frac{\pi}{2}}\frac{\sec^2 u\mathrm{d}u}{\sec^3 u}$$
$$=2\int_0^{\frac{\pi}{2}}\cos u\mathrm{d}u$$
$$=2\sin u\Big|_0^{\frac{\pi}{2}}=2.$$

例 5 $\int_{\frac{1}{2}}^{\frac{3}{2}} \frac{dx}{\sqrt{|x^2-x|}}$.

解：$\int_{\frac{1}{2}}^{\frac{3}{2}} \frac{dx}{\sqrt{|x^2-x|}} = \int_{\frac{1}{2}}^{1} \frac{dx}{\sqrt{x}\sqrt{1-x}} + \int_{1}^{\frac{3}{2}} \frac{dx}{\sqrt{x}\sqrt{x-1}}$

$$\xlongequal{x=t^2} \int_{\sqrt{\frac{1}{2}}}^{1} \frac{2t\mathrm{d}t}{t\sqrt{1-t^2}} + \int_{1}^{\sqrt{\frac{3}{2}}} \frac{2t\mathrm{d}t}{t\sqrt{t^2-1}}$$

$$= 2\arcsin\Big|_{\sqrt{\frac{1}{2}}}^{1} + 2\ln|t+\sqrt{t^2-1}|\Big|_{1}^{\sqrt{\frac{3}{2}}}$$

$$= 2\left(\frac{\pi}{2}-\frac{\pi}{4}\right) + 2\ln\left|\sqrt{\frac{3}{2}}+\sqrt{\frac{3}{2}-1}\right|$$

$$= \frac{\pi}{2} + 2\ln\frac{\sqrt{3}+1}{\sqrt{2}}$$

$$= \frac{\pi}{2} + \ln\left(\frac{3+1+2\sqrt{3}}{2}\right)$$

$$= \frac{\pi}{2} + \ln(2+\sqrt{3}).$$

例 6 $\int_0^{+\infty} \frac{dx}{(1+x^2)(+x^a)} (a \geqslant 0)$.

解：$I = \int_0^{+\infty} \frac{dx}{(1+x^2)(1+x^a)}$

$$\xlongequal[dx=\frac{dt}{-t^2}]{x=\frac{1}{t}} \int_{+\infty}^{0} \frac{-\frac{dt}{t^2}}{\left(1+\frac{1}{t^2}\right)\left(1+\frac{1}{t^a}\right)}$$

$$= \int_0^{+\infty} \frac{t^a \mathrm{d}t}{(1+t^2)(1+t^a)}$$

$$= \int_0^{+\infty} \frac{x^a \mathrm{d}x}{(1+x^2)(x+2x^a)}$$

$$I + I = \int_0^{+\infty} \frac{(1+x^a)\mathrm{d}x}{(1+x^2)(1+x^a)}$$

$$= \int_0^{+\infty} \frac{\mathrm{d}x}{1+x^2} = \arctan x\Big|_0^{+\infty}$$

$$= \frac{\pi}{2}.$$

$\therefore I = \frac{\pi}{4}$,

即 $\int_0^{+\infty} \frac{\mathrm{d}x}{(1+x^{\alpha})(1+x^2)}=\frac{\pi}{4}$.

从本节的定义与实例看出,反常积分(广义积分)是一种定积分的极限.

*第四节 综合训练

例1 求抛物线 $y=3-x^2$ 与直线 $y=2x$ 所围图形的面积(图6-15).

解:

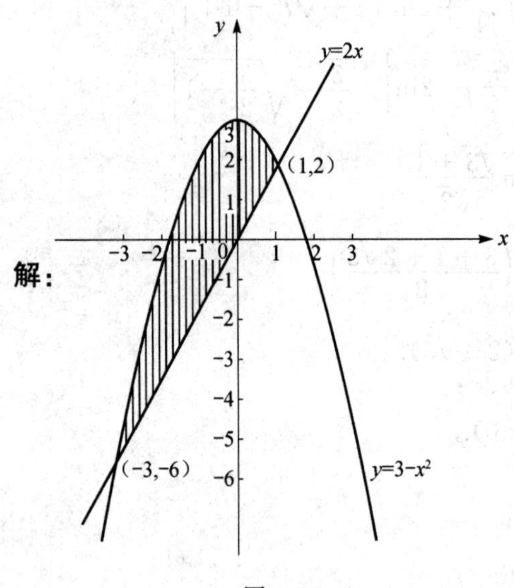

图 6-15

由 $\begin{cases} y=3-x^2 \\ y=2x \end{cases}$ 得 $x^2+2x-3=0$

$$x_1=1, x_2=-3$$

交点(1,2)(−3,−6)

$$\begin{aligned} \text{所围图形面积 } S &= \int_{-3}^{1}(3-x^2-2x)\mathrm{d}x \\ &= \left(3x-\frac{x^3}{3}-x^2\right)\Big|_{-3}^{1} \\ &= 12-\frac{28}{3}+8 \\ &= \frac{32}{3}. \end{aligned}$$

例2 求由 $y^2=2x+1$ 与 $y=x-1$ 所围成图形的面积.

解:如图

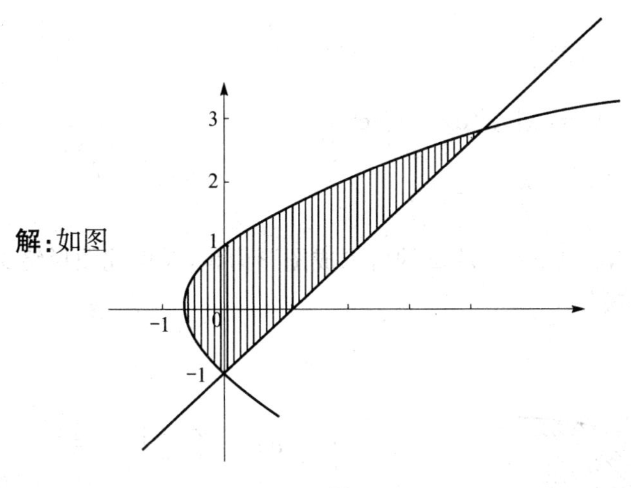

图 6-16

$y^2=2x+1$ 顶点$\left(-\frac{1}{2},0\right)$

与 y 轴交点$(0,-1)(0,1)$

$\begin{cases}y^2=2x+1\\ y=x-1\end{cases}$ 交点$(0,-1)(4,3)$

$$
\begin{aligned}
\text{面积 } S&=\int_{-1}^{3}\left(y+1-\frac{y^2-1}{2}\right)\mathrm{d}y\\
&=\left(\frac{1}{2}y^2+\frac{3}{2}y-\frac{y^3}{6}\right)\Big|_{-1}^{3}\\
&=\frac{9-1}{2}+6-\frac{27+1}{6}\\
&=\frac{16}{3}.
\end{aligned}
$$

例 3　(1) 计算由曲线 $y=\mathrm{e}^x$,直线 $y=0,x=0$ 与 $x=1$ 所围成的图形面积,及由此图形绕 x 轴旋转一周所得的旋转体体积.

解:如图

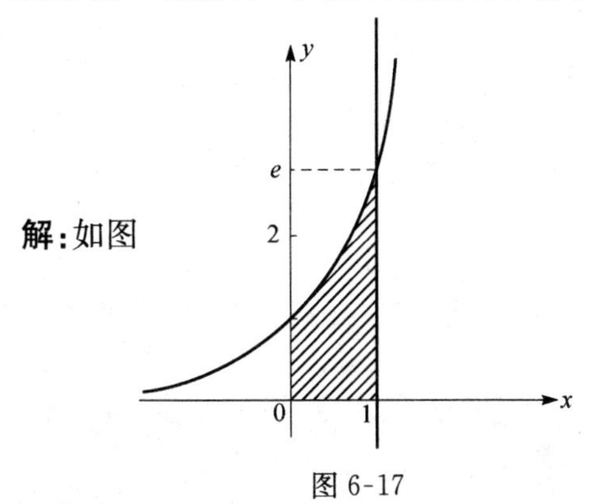

图 6-17

$$S=\int_0^1 e^x dx = e^x\Big|_0^1 = e-1$$

$$V_x=\pi\int_0^1 e^{2x} dx = \frac{\pi}{2}e^{2x}\Big|_0^1 = \frac{\pi}{2}(e^2-1).$$

(2) 求由曲线 $y=x^{\frac{1}{2}}$，直线 $x=4$ 及 x 轴所围成图形面积，及由此图形绕 x 轴旋转一周所成的旋转体体积.

解：如图

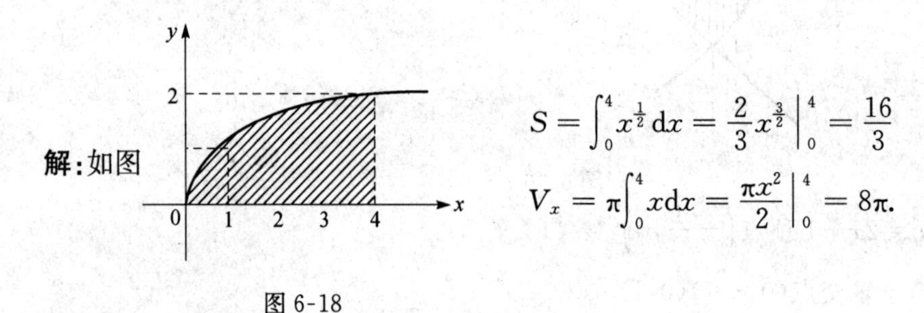

$$S=\int_0^4 x^{\frac{1}{2}} dx = \frac{2}{3}x^{\frac{3}{2}}\Big|_0^4 = \frac{16}{3}$$

$$V_x=\pi\int_0^4 x dx = \frac{\pi x^2}{2}\Big|_0^4 = 8\pi.$$

图 6-18

例 4 设 D 由曲线 $x=y^2$ 与 $x=y+2$ 围成，求(1)D 的面积(2)由 D 绕 y 轴旋转一周所成的旋转体体积.

解：

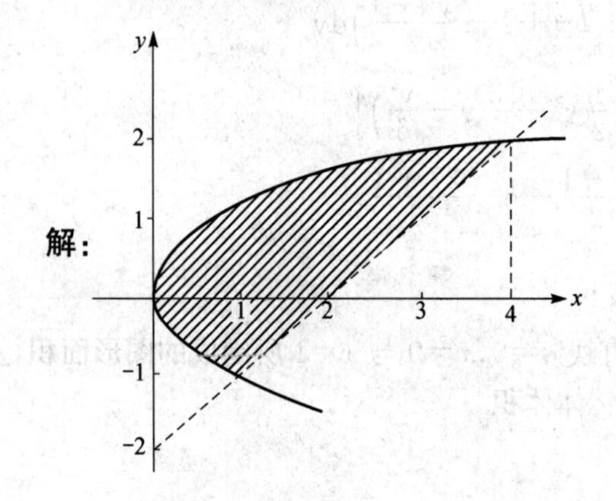

图 6-19

(1) $S_D=\int_{-1}^2 (y+2-y^2)dy$

$$=\left(\frac{y^2}{2}+2y-\frac{y^3}{3}\right)\Big|_{-1}^2$$

$$=\frac{3}{2}+6-3$$

$$=4\frac{1}{2}.$$

$$
\begin{aligned}
(2)\ V_y &= \pi\int_{-1}^{2}[(y+2)^2-y^4]\mathrm{d}y \\
&= \pi\int_{-1}^{2}(y^2+4y+4-y^4)\mathrm{d}y \\
&= \pi\left(\frac{y^3}{3}+2y^2+4y-\frac{y^5}{5}\right)\Big|_{-1}^{2} \\
&= \pi\left[3+6+12-\frac{33}{5}\right] \\
&= \frac{72}{5}\pi.
\end{aligned}
$$

例 5　设 D 是由曲线 $y^2=4x$ 和直线 $y=2x$ 所围成的区域，如图 6-20.

(1) 求 D 的面积；(2)求 D 绕 x 轴旋转一周所成的体积.

解：

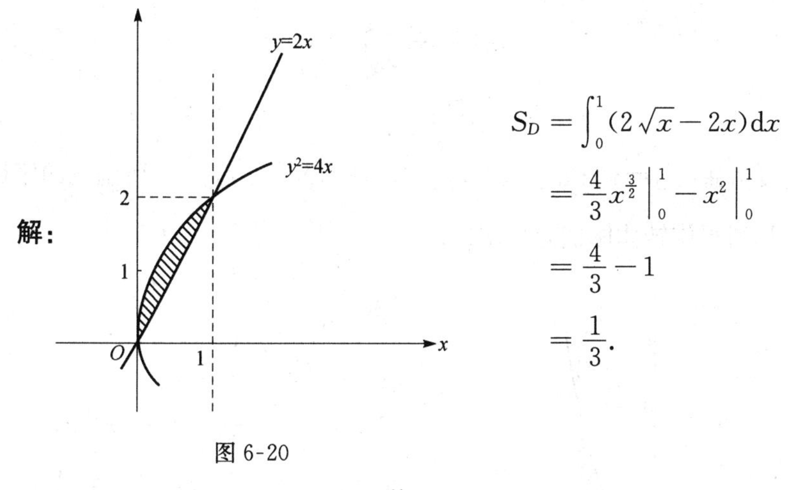

图 6-20

$$
\begin{aligned}
S_D &= \int_0^1(2\sqrt{x}-2x)\mathrm{d}x \\
&= \frac{4}{3}x^{\frac{3}{2}}\Big|_0^1-x^2\Big|_0^1 \\
&= \frac{4}{3}-1 \\
&= \frac{1}{3}.
\end{aligned}
$$

$$
\begin{aligned}
V_x &= \pi\int_0^1(4x-4x^2)\mathrm{d}x \\
&= \pi\left(2x^2-\frac{4}{3}x^3\right)\Big|_0^1 \\
&= \pi\left(2-\frac{4}{3}\right) \\
&= \frac{2\pi}{3}.
\end{aligned}
$$

例 6　求由 $y=\dfrac{1}{x}$，$y=x$，及 $x=2$ 所围成图形的面积，以及由此图绕 x 轴旋转一周所成的旋转体体积.

解:

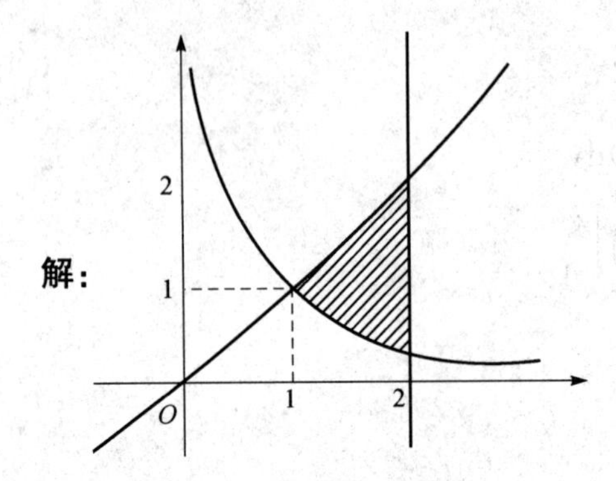

$$S=\int_1^2\left(x-\frac{1}{x}\right)\mathrm{d}x$$
$$=\left(\frac{x^2}{2}-\ln x\right)\Big|_1^2$$
$$=\frac{3}{2}-\ln 2.$$

图 6-21

$$V_x=\pi\int_1^2\left(x^2-\frac{1}{x^2}\right)\mathrm{d}x$$
$$=\pi\left(\frac{x^3}{3}+\frac{1}{x}\right)\Big|_1^2$$
$$=\frac{11\pi}{6}.$$

例 7 设由曲线 $y=x^2+ax(a\geqslant0,x\geqslant0,y\geqslant0)$ 及 $x=1,y=0$ 所围成的区域绕 x 轴旋转一周所得旋转体体积为$\frac{\pi}{5}$,求 a.

解:

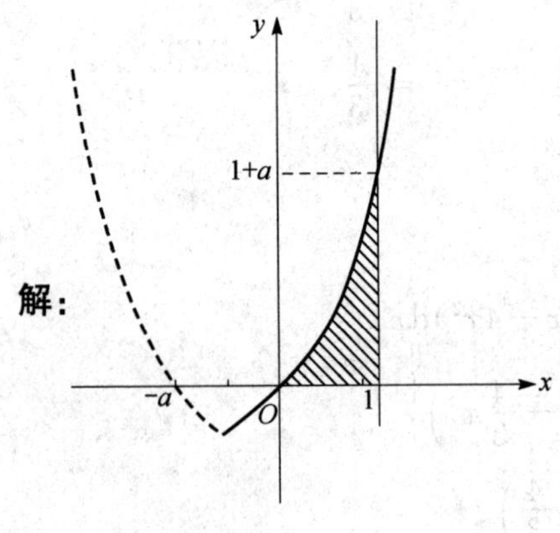

$$V_x=\frac{\pi}{5}=\pi\int_0^1(x^2+ax)^2\mathrm{d}x$$
$$=\pi\int_0^1(x^4+2ax^3+a^2x^2)\mathrm{d}x$$
$$=\pi\left(\frac{1}{5}+\frac{2a}{4}+\frac{a^2}{3}\right)$$

图 6-22

$a\left(\frac{2}{4}+\frac{a}{3}\right)=0$ 由 $a\geqslant0,\frac{2}{4}+\frac{a}{3}\geqslant\frac{2}{4}>0$

只有 $a=0$.

例 8 求 $y=\arcsin x(0\leqslant x\leqslant1)$绕 y 轴旋转所得体积.

解:方法一 $x=\sin y$

$$V_y=\pi\int_0^{\frac{\pi}{2}}\sin^2 y\mathrm{d}y$$

$$= \pi \cdot \frac{1}{2} \cdot \frac{\pi}{2}$$

$$= \frac{\pi^2}{4}.$$

方法二　如下图，$y = \arcsin x (0 \leqslant x \leqslant 1)$

$$V_y = 2\pi \int_0^1 x \arcsin x \mathrm{d}x$$

$$= \pi \left[x^2 \arcsin x \Big|_0^1 - \int_0^1 \frac{x^2}{\sqrt{1-x^2}} \mathrm{d}x \right]$$

$$= \pi \left[\frac{\pi}{2} \int_0^1 \frac{1\mathrm{d}x}{\sqrt{1-x^2}} + \int_0^1 \frac{1-x^2}{\sqrt{1-x^2}} \mathrm{d}x \right]$$

$$= \pi \left[\frac{\pi}{2} \arcsin x \Big|_0^1 + \int_0^1 \sqrt{1-x^2} \mathrm{d}x \right] = \frac{\pi^2}{4}$$

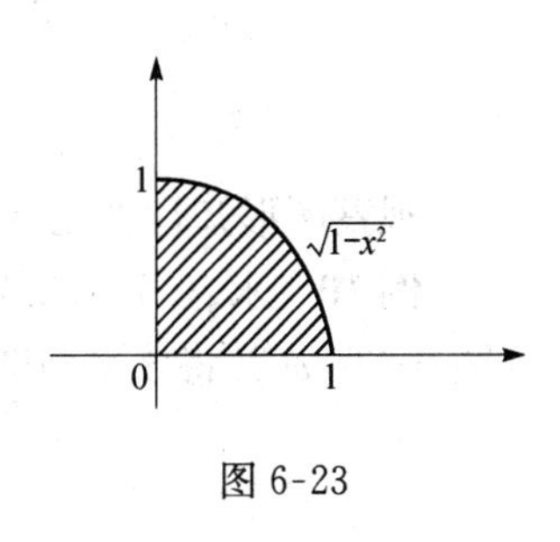

图 6-23

$\int_0^1 \sqrt{1-x^2} \mathrm{d}x = \frac{\pi}{4}$ 单位圆面积的$\frac{1}{4}$.

例 9　求：(1)由 $y = x^2$ 和 $y^2 = 8x$（图 6-24）所围成图形分别绕 x 轴及 y 轴所得旋转体体积；(2)围成图形面积 S.

解：(1) $\begin{cases} y = x^2 \\ y^2 = 8x \end{cases} \Rightarrow x^4 = 8x \Rightarrow \begin{matrix} x = 0 \Rightarrow y = 0 \\ \text{或 } x = 2 \Rightarrow y = 4 \end{matrix}$

交点(0,0)(2,4)

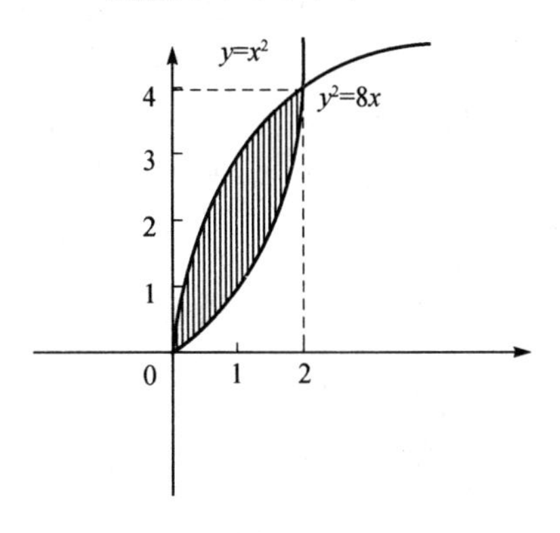

图 6-24

$$V_x = \pi \int_0^2 (8x - x^4) \mathrm{d}x$$

$$= \pi \left(4x^2 - \frac{x^5}{5} \right) \Big|_0^2$$

$$= \pi \left(16 - \frac{32}{5} \right)$$

$$= \frac{48\pi}{5}.$$

$$V_y = \pi \int_0^4 \left(y - \frac{y^4}{64} \right) \mathrm{d}y$$

$$= \pi \left(\frac{y^2}{2} \Big|_0^4 - \frac{y^5}{320} \Big|_0^4 \right)$$

$$= \pi \left(8 - \frac{1024}{320} \right)$$

$$= \pi \left(8 - \frac{16}{5} \right)$$

$$= \frac{24\pi}{5}.$$

(2) $S=\int_0^2(2\sqrt{2}\sqrt{x}-x^2)\mathrm{d}x$

$$=2\sqrt{2}\cdot\frac{2}{3}x^{\frac{3}{2}}\Big|_0^2-\frac{x^3}{3}\Big|_0^2$$

$$=\frac{2}{3}\cdot 8-\frac{8}{3}$$

$$=\frac{8}{3}.$$

观察图形知计算正确.

例 10 求:(1)由曲线 $y=1-x^2$ 与直线 $y-x=1$ 所围成的平面图形的面积(图 6-25);(2)将该平面图形绕 x 轴旋转,求旋转体的体积.

解:如图

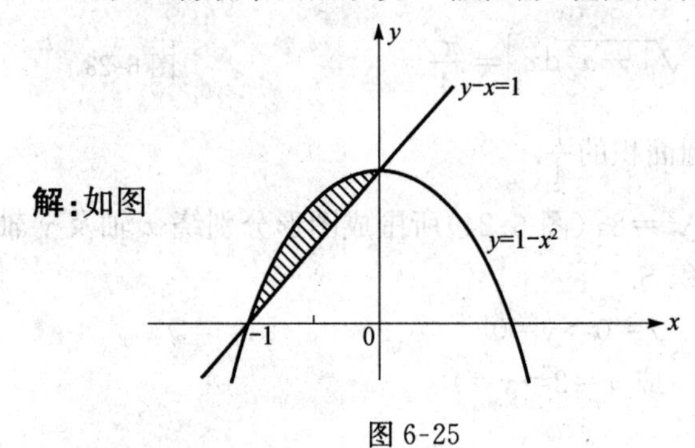

图 6-25

(1) 所成图形的面积为 S

$$S=\int_{-1}^0[1-x^2-(1+x)]\mathrm{d}x$$

$$=\left(-\frac{x^3}{3}-\frac{x^2}{2}\right)\Big|_{-1}^0$$

$$=-\frac{1}{3}+\frac{1}{2}$$

$$=\frac{1}{6}.$$

(2) 所成旋转体的体积为 V_x

$$V_x=\pi\int_{-1}^0[(1-x^2)^2-(x+1)^2]\mathrm{d}x$$

$$=\pi\int_{-1}^0[1-2x^2+x^4-x^2-2x-1]\mathrm{d}x$$

$$=\pi\int_{-1}^0(-2x-3x^2+x^4)\mathrm{d}x$$

$$=\pi\left(-x^2-x^3+\frac{x^5}{5}\right)_{-1}^0=\pi(+1-1+\frac{1}{5})=\frac{\pi}{5}.$$

例 11　求曲线 $y=\sqrt{x}$ 与直线 $y=1,y=2$ 以及 y 轴所围成的平面图形的面积 S，以及分别绕 x 轴和 y 轴所得的旋转体的体积 V_x 和 V_y.

解: 如图

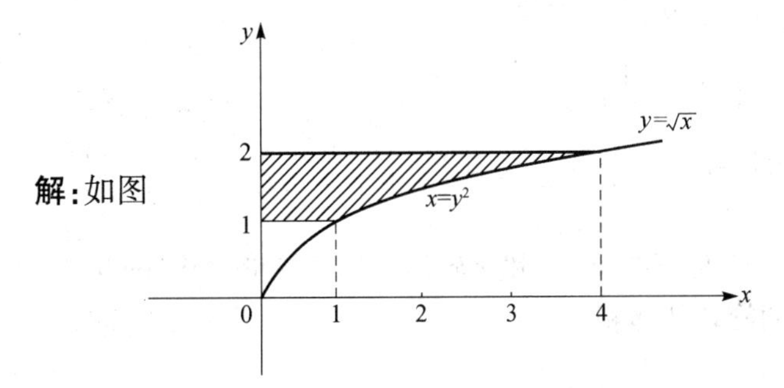

图 6-26

(1) $S=\int_1^2 y^2\mathrm{d}y=\frac{y^3}{3}\Big|_1^2=\frac{7}{3}$.

(2) $V_y=\pi\int_1^2 y^4\mathrm{d}y=\frac{\pi}{5}y^5\Big|_1^2=\frac{31}{5}\pi$.

(3) $$V_x=\pi\left[\int_0^1(4-1)\mathrm{d}x+\int_1^4(4-x)\mathrm{d}x\right]$$
$$=\pi\left[3+12-\frac{x^2}{2}\Big|_1^4\right]$$
$$=\frac{15}{2}\pi.$$

例 12　求曲线 $y=\sqrt{x}$ 与直线 $x=1,x=4$ 及 x 轴所围成的平面图形分别绕 x 轴和 y 轴旋转而得的旋转体体积.

解: 如图

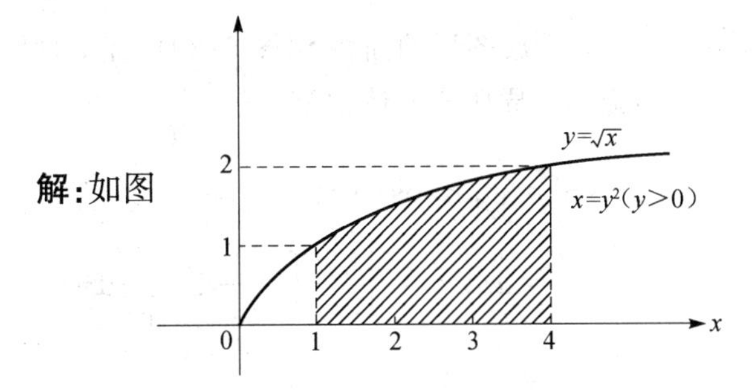

图 6-27

$$V_x=\pi\int_1^4(\sqrt{x})^2\mathrm{d}x=\pi\int_1^4 x\mathrm{d}x$$
$$=\pi\cdot\frac{x^2}{2}\Big|_1^4=\frac{15}{2}\pi.$$

$$V_y=\pi\int_0^1(4^2-1^2)\mathrm{d}y+\pi\int_1^2[4^2-(y^2)^2]\mathrm{d}y$$
$$=15\pi+\pi\left(16y-\frac{1}{5}y^5\right)\Big|_1^2$$
$$=\pi\left(31-\frac{31}{5}\right)$$
$$=\frac{124\pi}{5}.$$

例 13 求由曲线 $y=x^{\frac{3}{2}}$ 与直线 $x=4$ 和 x 轴所围成的图形面积(图 6-28)及由此图形绕 y 轴旋转而成的旋转体体积.

解:如图

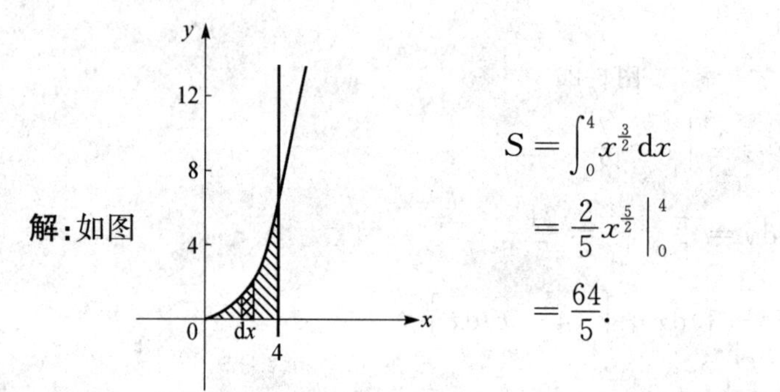

$$S=\int_0^4 x^{\frac{3}{2}}\mathrm{d}x$$
$$=\frac{2}{5}x^{\frac{5}{2}}\Big|_0^4$$
$$=\frac{64}{5}.$$

图 6-28

$$V_y=\int_0^4 2\pi x\cdot x^{\frac{3}{2}}\mathrm{d}x=2\pi\cdot\frac{2}{7}x^{\frac{7}{2}}\Big|_0^4=\frac{512}{7}\pi.$$

(高度 $y(x)$,厚度为 $\mathrm{d}x$,绕一周长度 $2\pi x$,绕 y 轴旋转一周所生成的体积微元 $\mathrm{d}V_y$ 为 $2\pi x\cdot y(x)\mathrm{d}x$. 将 V_y 看成一层一层的,得 $V_y=\int_a^b 2\pi x\cdot y(x)\mathrm{d}x$).

例 14 求由 $y=\arccos x$,$x=0$,$y=0$ 围成图形的面积 S(图 6-29),绕 x 轴旋转一周所成的体积 V_x 及此图形绕 y 轴旋转一周所成的体积 V_y.

解:如图

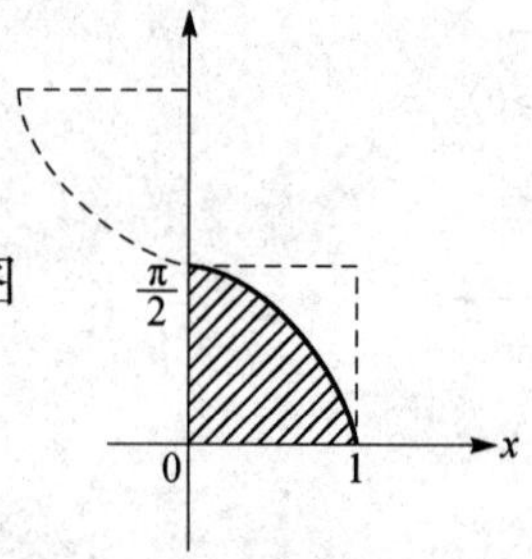

$$S=\int_0^1\arccos x\mathrm{d}x$$
$$=x\arccos x\Big|_0^1+\int_0^1\frac{x}{\sqrt{1-x^2}}\mathrm{d}x$$
$$=-\sqrt{1-x^2}\Big|_0^1$$
$$=1.$$

图 6-29

$$y=\arccos x\leftrightarrow x=\cos y$$

$$V_y=\pi\int_0^{\frac{\pi}{2}}\cos^2 y\mathrm{d}y$$

$$= \pi\int_0^{\frac{\pi}{2}} \frac{1+\cos 2y}{2}\mathrm{d}y$$

$$= \frac{\pi}{2}\left[\frac{\pi}{2}+\frac{1}{2}\sin 2y\Big|_0^{\frac{\pi}{2}}\right]$$

$$= \frac{\pi^2}{4}.$$

$$V_x = \pi\int_0^1 (\arccos x)^2\mathrm{d}x$$

$$= \pi\left[x(\arccos x)^2\Big|_0^1 + \int_0^1 \frac{2x\arccos x}{\sqrt{1-x^2}}\mathrm{d}x\right]$$

$$= \pi\left[-2\sqrt{1-x^2}\arccos x\Big|_0^1 - 2\int_0^1\mathrm{d}x\right]$$

$$= \pi\left[2\cdot\frac{\pi}{2}-2\right] = \pi^2 - 2\pi.$$

例 15 求由 $y=\arcsin x, x=1, y=0$ 围成图形的面积 S(图 6-30)及此图绕 x 轴旋转所成的体积 V_x,绕 y 轴旋转所成的体积 V_y.

解:如图

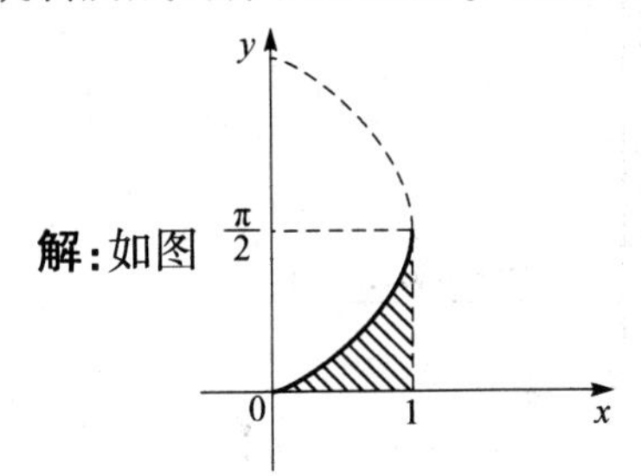

图 6-30

$$S = \int_0^1 \arcsin x\mathrm{d}x$$

$$= x\arcsin x\Big|_0^1 - \int_0^1 \frac{x}{\sqrt{1-x^2}}\mathrm{d}x$$

$$= \frac{\pi}{2} + \sqrt{1-x^2}\Big|_0^1$$

$$= \frac{\pi}{2} - 1.$$

$$V_x = \pi\int_0^1 (\arcsin x)^2\mathrm{d}x$$

$$= \pi\left[x\arcsin^2 x\Big|_0^1 - \int_0^1 \frac{2x\arcsin x}{\sqrt{1-x^2}}\mathrm{d}x\right]$$

$$= \pi\left[\frac{\pi^2}{4} + 2\sqrt{1-x^2}\arcsin x\Big|_0^1 - 2\int_0^1\mathrm{d}x\right]$$

$$=\frac{\pi^3}{4}-2\pi.$$

$$y=\arcsin x \leftrightarrow x=\sin y$$

$$V_y=\pi\left[\int_0^{\frac{\pi}{2}}(1-\sin^2 y)\mathrm{d}y\right]$$

$$=\pi\left[\frac{\pi}{2}-\int_0^{\frac{\pi}{2}}\frac{1-\cos 2y}{2}\mathrm{d}y\right]$$

$$=\pi\left[\frac{\pi}{2}-\frac{\pi}{4}+\frac{1}{4}\sin 2y\Big|_0^{\frac{\pi}{2}}\right]$$

$$=\frac{\pi^2}{4}.$$

例 16 求曲线 $y=\mathrm{e}^x$，$y=\mathrm{e}^{-x}$ 和直线 $x=1$ 所围成平面图形的面积 S(图 6-31)及其绕 x 轴旋转而成的旋转体体积 V_x.

解:如图

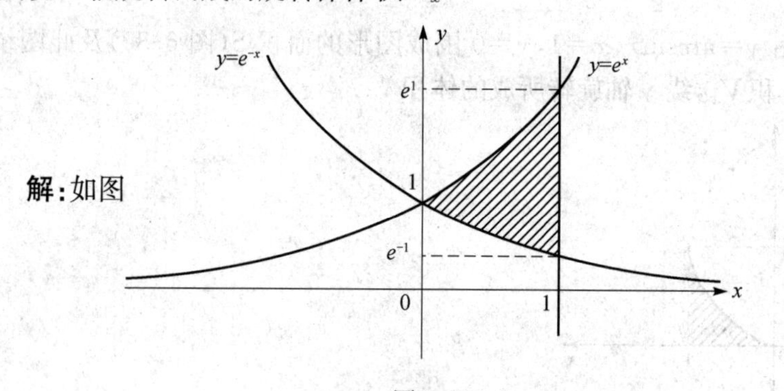

图 6-31

$$S=\int_0^1(\mathrm{e}^x-\mathrm{e}^{-x})\mathrm{d}x$$

$$=\mathrm{e}^x\Big|_0^1+\mathrm{e}^{-x}\Big|_0^1$$

$$=\mathrm{e}+\frac{1}{\mathrm{e}}-2.$$

$$V_x=\pi\int_0^1(\mathrm{e}^{2x}-\mathrm{e}^{-2x})\mathrm{d}x$$

$$=\frac{\pi}{2}(\mathrm{e}^{2x}+\mathrm{e}^{-2x})\Big|_0^1$$

$$=\frac{\pi}{2}(\mathrm{e}^2+\mathrm{e}^{-2}-2).$$

注:绕 y 轴旋转所得体积 V_y 为

$$V_y=\pi\left[\int_{\mathrm{e}^{-1}}^{\mathrm{e}}\mathrm{d}y-\int_{\mathrm{e}^{-1}}^{1}(\ln y)^2\mathrm{d}y-\int_1^{\mathrm{e}}(\ln y)^2\mathrm{d}y\right]$$

$$=\pi\left[e-e^{-1}-\int_{e^{-1}}^{e}(\ln y)^2 dy\right]$$

$$=\pi\left[e-e^{-1}-y(\ln y)^2\Big|_{e^{-1}}^{e}+2\int_{e^{-1}}^{e}\ln y dy\right]$$

$$=\pi\left[2y\ln y\Big|_{e^{-1}}^{e}-2\int_{e^{-1}}^{e}dy\right]=4\pi e^{-1}.$$

例 17　求抛物线 $y^2=4x$ 与直线 $x=1$ 所围图形(图 6-32):(1)面积;(2)绕 x 轴旋转得的体积 V_x;(3)绕 y 轴转得的体积 V_y.

解:如图

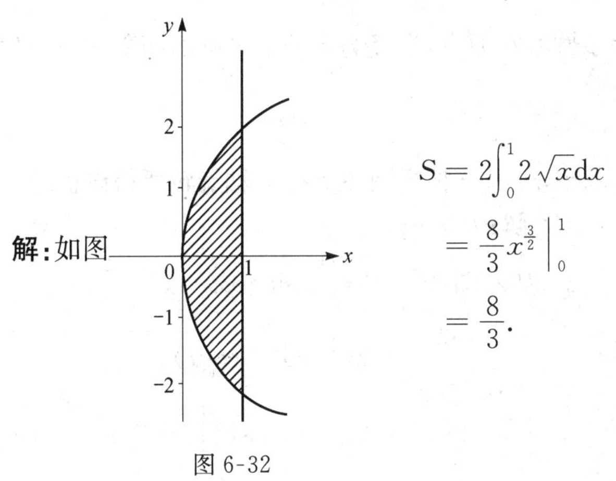

图 6-32

$$S=2\int_0^1 2\sqrt{x}dx=\frac{8}{3}x^{\frac{3}{2}}\Big|_0^1=\frac{8}{3}.$$

$$V_x=\pi\int_0^1 4xdx=2\pi x^2\Big|_0^1=2\pi.$$

$$V_y=2\pi\left(\int_0^2\left(1-\frac{y^4}{16}\right)dy\right)=2\pi\left(2-\frac{y^5}{80}\Big|_0^2\right)=2\pi\left(2-\frac{2}{5}\right)=\frac{16}{5}\pi.$$

例 18　求圆面 $x^2+(y-b)^2\leqslant a^2(0<a<b)$ 绕 x 轴旋转一周所形成的物体体积(图 6-33).

解:如图

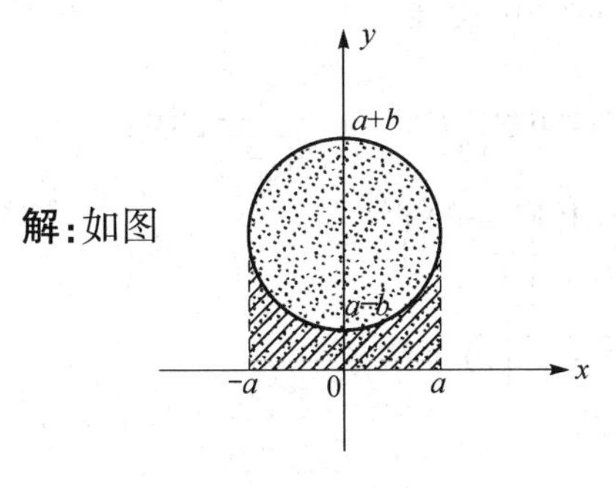

图 6-33

V_1:上半圆,$x=-a$,$x=a$,x 轴所围图形绕 x 轴旋转一周所成体积.

V_2:下半圆,$x=-a$,$x=a$,x 轴所围图形绕 x 轴旋转一周所成体积.

$$
\begin{aligned}
V_x &= V_1 - V_2 \\
&= \pi\int_{-a}^{a}(b+\sqrt{a^2-x^2})^2\mathrm{d}x - \pi\int_{-a}^{a}(b-\sqrt{a^2-x^2})^2\mathrm{d}x \\
&= 4\pi b\int_{-a}^{a}\sqrt{a^2-x^2}\,\mathrm{d}x \\
&= 4\pi b\cdot\frac{1}{2}\pi a^2 \\
&= 2\pi^2 ba^2.
\end{aligned}
$$

其中$\int_{-a}^{a}\sqrt{a^2-x^2}\,\mathrm{d}x$表示圆心在原点，半径为$a$的上半圆的面积，由几何意义知为$\frac{1}{2}\pi a^2$.

例 19 计算$y=\sin x(0\leqslant x\leqslant\pi)$和$x$轴所围图形绕$y$轴旋转所得体积.

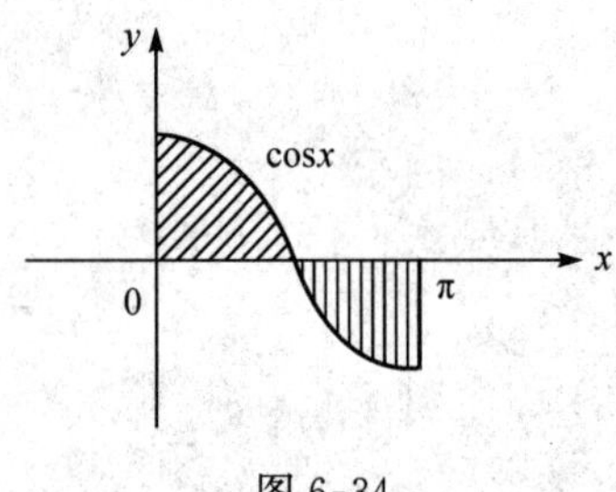

图 6-34

解:方法一

如左图，

$$
\begin{aligned}
V_y &= 2\pi\int_0^{\pi}x\sin x\mathrm{d}x \\
&= 2\pi\int_0^{\pi}x\mathrm{d}(-\cos x) \\
&= 2\pi x(-\cos x)\Big|_0^{\pi} + 2\pi\int_0^{\pi}\cos x\mathrm{d}x \\
&= 2\pi^2.
\end{aligned}
$$

方法二

如图 6-35 所示.

$$
\begin{aligned}
V_y &= \pi\int_0^1[\pi-\arcsin y]^2\mathrm{d}y - \pi\int_0^1\arcsin^2 y\mathrm{d}y \\
&= \pi\int_0^1(\pi^2-2\pi\arcsin y)\mathrm{d}y \\
&= \pi^2\left[\pi-2\int_0^1\arcsin y\mathrm{d}y\right] \\
&= \pi^2\left[\pi-2y\arcsin y\Big|_0^1+2\int_0^1\frac{y}{\sqrt{1-y^2}}\mathrm{d}y\right] \\
&= \pi^2\left(\pi-\pi\int_0^1\frac{\mathrm{d}(1-y^2)}{\sqrt{1-y^2}}\right) \\
&= \pi^2\left(-2\sqrt{1-y^2}\Big|_0^1\right) \\
&= 2\pi^2.
\end{aligned}
$$

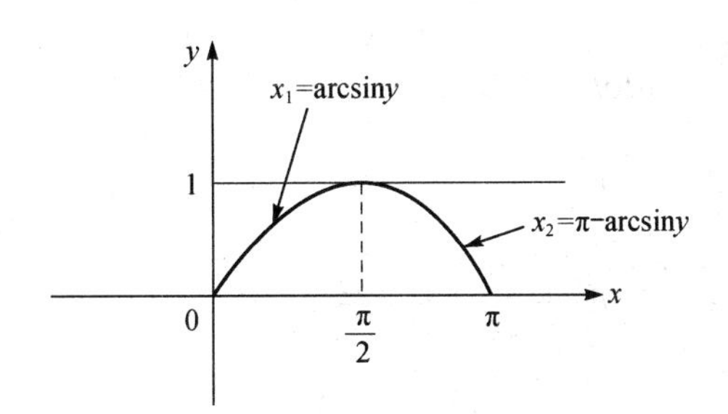

图 6-35

例 20 设 $f(x)$在$[0,1]$上连续，在$(0,1)$内大于零，且满足 $xf'(x)=f(x)+\frac{3a}{2}x^2$（$a$ 为常数），又曲线 $y=f(x)$与直线 $y=0$，及 $x=1$ 围成的图形面积值为 2，求这个函数 $y=f(x)$.

解：$f'(x)-\frac{f(x)}{x}=\frac{3a}{2}x$

$$f(x)=\mathrm{e}^{\int\frac{\mathrm{d}x}{x}}\left[\int\frac{3a}{2}x\mathrm{e}^{-\int\frac{\mathrm{d}x}{x}}\mathrm{d}x+c\right]$$

$$=x\left[\frac{3a}{2}x+c\right]=\frac{3}{2}ax^2+cx.$$

$$2=\int_0^1\left(\frac{3a}{2}x^2+cx\right)\mathrm{d}x$$

$$=\frac{c}{2}+\frac{a}{2}$$

$$c=4-a$$

$$\therefore\ f(x)=(4-a)x+\frac{3a}{2}x^2\quad(0\leqslant x\leqslant 1)$$

$$=x\left(4-a+\frac{3a}{2}x\right)\geqslant 0\quad(0\leqslant a\leqslant 4).$$

验：$f(0)=0,f(1)=4-a+\frac{3a}{2}=4+\frac{a}{2}>0$

$$f'(x)=4-a+3ax$$

$$xf'(x)=(4-a)x+3ax^2=f(x)+\frac{3a}{2}x^2$$

$$\int_0^1\left[\frac{3}{2}ax^2+(4-a)x\right]\mathrm{d}x=\frac{a}{2}+\frac{4-a}{2}=2.$$

例 21 $\int_0^{\frac{\pi}{2}}\sqrt{1-\sin 2x}\,\mathrm{d}x$.

解：原式 $\xlongequal{t=\frac{\pi}{4}-x}\int_{-\frac{\pi}{4}}^{\frac{\pi}{4}}\sqrt{1-\cos 2t}\,\mathrm{d}t$

$$= 2\sqrt{2}\int_0^{\frac{\pi}{4}} \sin t \mathrm{d}t = -2\sqrt{2}\cos t\Big|_0^{\frac{\pi}{4}} = 2(\sqrt{2}-1).$$

例 22 $\int_0^1 \mathrm{e}^x\left(\frac{1-x}{1+x^2}\right)^2 \mathrm{d}x.$

解: 原式 $= \int_0^1 \mathrm{e}^x \frac{1}{1+x^2}\mathrm{d}x - \int_0^1 \mathrm{e}^x \frac{2x}{(1+x^2)^2}\mathrm{d}x$

$$= \int_0^1 \mathrm{e}^x \frac{\mathrm{d}x}{1+x^2} + \int_0^1 \mathrm{e}^x \mathrm{d}\left(\frac{1}{1+x^2}\right)$$

$$= \int_0^1 \mathrm{e}^x \frac{1}{1+x^2}\mathrm{d}x + \mathrm{e}^x \cdot \frac{1}{1+x^2}\Big|_0^1 - \int_0^1 \frac{\mathrm{d}(\mathrm{e}^x)}{1+x^2}$$

$$= \mathrm{e}^x \cdot \frac{1}{1+x^2}\Big|_0^1 = \frac{\mathrm{e}}{2} - 1.$$

例 23 $\int_{-\frac{\pi}{2}}^{\frac{\pi}{2}} \frac{\sin^2 x}{1+\mathrm{e}^{-x}}\mathrm{d}x.$

解: 记 $f(x) = \frac{\sin^2 x}{1+\mathrm{e}^{-x}} \quad f(-x) = \frac{\sin^2 x}{1+\mathrm{e}^{x}}$

$\varphi(x) = \frac{1}{2}[f(x)+f(-x)]$ (偶)

$\psi(x) = \frac{1}{2}[f(x)-f(-x)]$ (奇)

$$\int_{-a}^{a} f(x)\mathrm{d}x = \int_{-a}^{a}\varphi(x)\mathrm{d}x + \int_{-a}^{a}\psi(x)\mathrm{d}x = \int_{-a}^{a}\varphi(x)\mathrm{d}x.$$

$$\int_{-\frac{\pi}{2}}^{\frac{\pi}{2}} \frac{\sin^2 x}{1+\mathrm{e}^{-x}}\mathrm{d}x = \frac{1}{2}\int_{-\frac{\pi}{2}}^{\frac{\pi}{2}}\left(\frac{\sin^2 x}{1+\mathrm{e}^{-x}} + \frac{\sin^2 x}{1+\mathrm{e}^{x}}\right)\mathrm{d}x$$

$$= \int_0^{\frac{\pi}{2}} \sin^2 x \frac{1+\mathrm{e}^x+1+\mathrm{e}^{-x}}{(1+\mathrm{e}^{-x})(1+\mathrm{e}^{x})}\mathrm{d}x$$

$$= \int_0^{\frac{\pi}{2}} \sin^2 x \frac{1+\mathrm{e}^x+1+\mathrm{e}^{-x}}{1+\mathrm{e}^{-x}+\mathrm{e}^{x}+1}\mathrm{d}x = \int_0^{\frac{\pi}{2}} \sin^2 x \mathrm{d}x$$

$$= \int_0^{\frac{\pi}{2}} \frac{1-\cos 2x}{2}\mathrm{d}x$$

$$= \frac{1}{2}\left(x - \frac{1}{2}\sin 2x\right)\Big|_0^{\frac{\pi}{2}}$$

$$= \frac{\pi}{4}.$$

例 24 $\int_0^{\frac{\pi}{2}} \frac{\mathrm{d}x}{1+(\tan x)^{\frac{\pi}{2}}}.$

解: 记 $A = \int_0^{\frac{\pi}{2}} \frac{\mathrm{d}x}{1+(\tan x)^{\frac{\pi}{2}}}.$

$$A \xlongequal{令 t=\frac{\pi}{2}-x} \int_0^{\frac{\pi}{2}} \frac{\mathrm{d}t}{1+(\cot t)^{\frac{\pi}{2}}}$$

$$= \int_0^{\frac{\pi}{2}} \frac{(\tan t)^{\frac{\pi}{2}}}{(\tan t)^{\frac{\pi}{2}}+1}\mathrm{d}t$$

$$A+A = \int_0^{\frac{\pi}{2}} \frac{(\tan t)^{\frac{\pi}{2}}+1}{(\tan t)^{\frac{\pi}{2}}+1}\mathrm{d}t = \frac{\pi}{2}.$$

$$\therefore A = \frac{\pi}{4}.$$

例 25　计算$\int_0^1 \frac{\ln(1+x)}{1+x^2}\mathrm{d}x$.

解:$\int_0^1 \frac{\ln(1+x)}{1+x^2}\mathrm{d}x \xlongequal{x=\tan t} \int_0^{\frac{\pi}{4}} \frac{\ln(1+\tan t)\sec^2 t\mathrm{d}t}{\sec^2 t}$

$$= \int_0^{\frac{\pi}{4}} \ln\frac{\cos t+\sin t}{\cos t}\mathrm{d}t = \int_0^{\frac{\pi}{4}} \ln(\cos t+\sin t)\mathrm{d}t - \int_0^{\frac{\pi}{4}} \ln\cos t\mathrm{d}t.$$

又 $\because \int_0^{\frac{\pi}{4}} \ln(\cos t+\sin t)\mathrm{d}t = \int_0^{\frac{\pi}{4}} \ln\sqrt{2}\left(\frac{\sqrt{2}}{2}\cos t+\frac{\sqrt{2}}{2}\sin t\right)\mathrm{d}t$

$$= \int_0^{\frac{\pi}{4}} \left[\ln\sqrt{2}+\ln\cos\left(\frac{\pi}{4}-t\right)\right]\mathrm{d}t$$

$$= \frac{\pi}{8}\ln 2 + \int_0^{\frac{\pi}{4}} \ln\cos\left(\frac{\pi}{4}-t\right)\mathrm{d}t$$

$$\xlongequal{\frac{\pi}{4}-t=u} \frac{\pi}{8}\ln 2 + \int_0^{\frac{\pi}{4}} \ln\cos u\mathrm{d}u.$$

$$\int_0^{\frac{\pi}{4}} \ln(\cos t+\sin t)\mathrm{d}t - \int_0^{\frac{\pi}{4}} \ln\cos t\mathrm{d}t = \frac{\pi}{8}\ln 2.$$

$\therefore$ 原式 $= \int_0^1 \frac{\ln(1+x)}{1+x^2}\mathrm{d}x = \frac{\pi}{8}\ln 2.$

例 26　计算定积分$\int_{\frac{\pi}{3}}^{\frac{7\pi}{3}} \arcsin(|\sin x|)\sin 2x\mathrm{d}x$.

解:$\int_{\frac{\pi}{3}}^{\frac{7}{3}\pi} \arcsin(|\sin x|)\sin 2x\mathrm{d}x = \int_{\frac{\pi}{3}}^{\frac{\pi}{3}+2\pi} \arcsin(|\sin x|)\sin 2x\mathrm{d}x$

$$= 2\int_0^{\pi} \arcsin(|\sin x|)\sin 2x\mathrm{d}x$$

$$\xlongequal{令 t=x-\frac{\pi}{2}} 2\int_{-\frac{\pi}{2}}^{\frac{\pi}{2}} \arcsin(\cos t)\sin 2t\mathrm{d}t$$

$= 0$(奇函数).

注:$f(x)$ 以 T 为周期,则$\int_a^{a+nT} f(x)\mathrm{d}x = n\int_0^T f(x)\mathrm{d}x$.

例 27 设 $s>0$,求 $I_n=\int_0^{+\infty}\mathrm{e}^{-sx}x^n\mathrm{d}x$.

解:$s>0$, $\lim\limits_{x\to+\infty}\mathrm{e}^{-sx}x^n=0$.

$$I_n=-\frac{1}{s}\int_0^{+\infty}x^n\mathrm{d}(\mathrm{e}^{-sx})=-\frac{1}{s}\left[x^n\mathrm{e}^{-sx}\Big|_0^{+\infty}-\int_0^{+\infty}\mathrm{e}^{-sx}\cdot nx^{n-1}\mathrm{d}x\right]$$

$$=\frac{n}{s}I_{n-1}.$$

$$\therefore\ I_n=\frac{n}{s}I_{n-1}=\frac{n}{s}\cdot\frac{n-1}{s}I_{n-2}=\cdots=\frac{n!}{s^n}I_0=\frac{n!}{s^{n+1}}.$$

例 28 计算 $\int_0^{4\pi}(\sin^{10}x\cos^8x+\sin x\sin 2x\sin 4x)\mathrm{d}x$.

解:$\int_0^{4\pi}(\sin^{10}x\cos^8x+\sin x\sin 2x\sin 4x)\mathrm{d}x$

$$\xlongequal{2\pi\text{是周期}}\int_{-2\pi}^{2\pi}(\sin^{10}x\cos^8x+\sin x\sin 2x\sin 4x)\mathrm{d}x$$

$$\xlongequal[\text{与偶函数}]{\text{奇函数}}2\int_0^{2\pi}\sin^{10}x\cos^8x\mathrm{d}x$$

$$\xlongequal[2\pi\text{是周期}]{}2\int_{-\pi}^{\pi}\sin^{10}x\cos^8x\mathrm{d}x$$

$$\xlongequal[\text{偶函数}]{}4\int_0^{\pi}\sin^{10}x\cos^8x\mathrm{d}x$$

$$=4\left[\int_0^{\frac{\pi}{2}}\sin^{10}x\cos^8x\mathrm{d}x+\int_{\frac{\pi}{2}}^{\pi}\sin^{10}x\cos^8x\mathrm{d}x\right]$$

$$\xlongequal{x-\frac{\pi}{2}=t}4\left[\int_0^{\frac{\pi}{2}}\sin^{10}x\cos^8x\mathrm{d}x+\int_0^{\frac{\pi}{2}}\cos^{10}t\sin^8t\mathrm{d}t\right]$$

$$=4\int_0^{\frac{\pi}{2}}\cos^8x\sin^8x(\sin^2x+\cos^2x)\mathrm{d}x$$

$$=\frac{1}{2^6}\int_0^{\frac{\pi}{2}}\sin^8 2x\mathrm{d}x$$

$$\xlongequal{\frac{\pi}{2}\text{是周期}}\frac{1}{2^6}\int_{-\frac{\pi}{4}}^{\frac{\pi}{4}}\sin^8 2x\mathrm{d}x$$

$$\xlongequal{\text{偶函数}}\frac{1}{2^5}\int_0^{\frac{\pi}{4}}\sin^8 2x\mathrm{d}x$$

$$\xlongequal{2x=u}\frac{1}{2^6}\int_0^{\frac{\pi}{2}}\sin^8u\mathrm{d}u$$

$$=\frac{1}{2^6}\cdot\frac{7}{8}\cdot\frac{5}{6}\cdot\frac{3}{4}\cdot\frac{1}{2}\cdot\frac{\pi}{2}$$

$$=\frac{35}{2^{14}}\pi.$$

例 29　设 $f(x)=\int_1^{x^2}\frac{\sin t}{t}\mathrm{d}t$，求$\int_0^1 xf(x)\mathrm{d}x$.

解：$\int_0^1 xf(x)\mathrm{d}x=\frac{x^2}{2}f(x)\Big|_0^1-\frac{1}{2}\int_0^1 x^2\cdot\frac{\sin x^2}{x^2}\cdot 2x\mathrm{d}x$

$$\xlongequal{f(1)=0}-\frac{1}{2}\int_0^1\sin x^2\mathrm{d}(x^2)$$

$$=-\frac{1}{2}\cos x^2\Big|_0^1$$

$$=-\frac{1}{2}(\cos 1-1).$$

注：$\because$ $0<x<1.x^2<1$，$\therefore$ $f(x)=\int_1^{x^2}\frac{\sin t}{t}\mathrm{d}t<0$.

例 30　计算定积分$\int_{-2}^{2}\min\left(\frac{1}{|x|},x^2\right)\mathrm{d}x$.

解：如图 6-36 所示.

$$\min\left(\frac{1}{|x|},x^2\right)=\begin{cases}x^2 & 0\leqslant|x|\leqslant 1\\ \frac{1}{|x|} & 1\leqslant|x|\leqslant 2\end{cases}$$

$$\int_{-2}^{2}\min\left(\frac{1}{|x|},x^2\right)\mathrm{d}x=2\int_0^2\min\left(\frac{1}{|x|},x^2\right)\mathrm{d}x$$

$$=2\left[\int_0^1 x^2\mathrm{d}x+\int_1^2\frac{1}{x}\mathrm{d}x\right]$$

$$=\frac{2}{3}+2\ln 2.$$

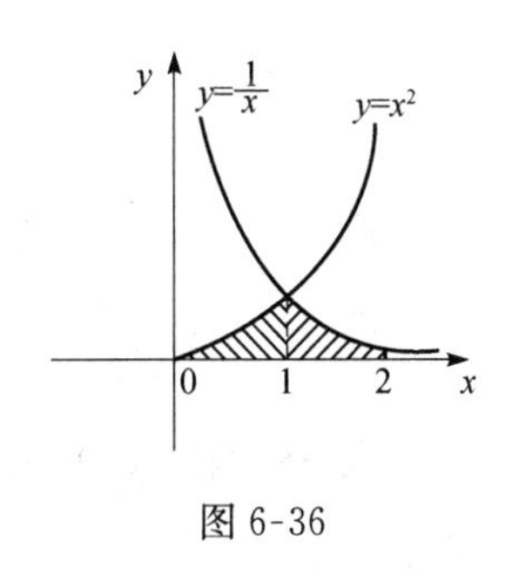

图 6-36

例 31　设连续函数 $f(x)$，$g(x)$满足

$$f(x)=3x^2+g(x)-\int_0^1 f(x)\mathrm{d}x,g(x)=4x-f(x)+2\int_0^1 g(x)\mathrm{d}x,$$

求 $f(x)$与 $g(x)$表达式.

解：定积分是一个数值，记 $A=\int_0^1 f(x)\mathrm{d}x$，$B=\int_0^1 g(x)\mathrm{d}x$.

由已知得$\begin{cases}f(x)-g(x)=3x^2-A\\ f(x)+g(x)=4x+2B\end{cases}$

$f(x)=\frac{1}{2}(3x^2+4x+2B-A)$，$g(x)=\frac{1}{2}(4x-3x^2+A+2B)$.

$$\begin{cases}A=\frac{1}{2}\int_0^1(3x^2+4x+2B-A)\mathrm{d}x=\frac{1}{2}(1+2+2B-A)\\ B=\frac{1}{2}\int_0^1(4x-3x^2+2B+A)\mathrm{d}x=\frac{1}{2}(2-1+2B+A)\end{cases}\quad\begin{cases}3A-2B=3\\ A+1=0\end{cases}$$

$\begin{cases}A=-1\\B=-3\end{cases}$ $\therefore f(x)=\dfrac{3x^2}{2}+2x-\dfrac{5}{2},g(x)=2x-\dfrac{3x^2}{2}-\dfrac{7}{2}.$

例 32 设函数 $f(x)$ 在 $[a,b]$ 上连续且单调增加,试证明

$$(a+b)\int_a^b f(x)\mathrm{d}x<2\int_a^b xf(x)\mathrm{d}x.$$

证明:考虑一般情形,令 $F(x)=2\int_a^x tf(t)\mathrm{d}t-(a+x)\int_a^x f(t)\mathrm{d}t.$

它在 $[a,b]$ 上连续,(a,b) 内可导.

$$\begin{aligned}F'(x)&=2xf(x)-\int_a^x f(t)\mathrm{d}t-(a+x)f(x)\\&=(x-a)f(x)-\int_a^x f(t)\mathrm{d}t\\&=\int_a^x f(t)\mathrm{d}t-\int_a^x f(t)\mathrm{d}t\\&=\int_a^x[f(x)-f(t)]\mathrm{d}t\\&>0(f(x)\text{ 单调增}).\end{aligned}$$

$F(x)>F(a)=0$,特别 $F(b)>F(a)=0$.

即 $(a+b)\int_a^b f(x)\mathrm{d}x<2\int_a^b xf(x)\mathrm{d}x.$

例 33 设 $f(x)$ 在 $[-\pi,\pi]$ 上连续,$f(x)=\dfrac{x}{1+\cos^2x}+\int_{-\pi}^{\pi}f(x)\sin x\mathrm{d}x$,求 $f(x)$.

解:设 $A=\int_{-\pi}^{\pi}f(x)\sin x\mathrm{d}x$

$$\begin{aligned}&=\int_{-\pi}^{\pi}\left[A\sin x+\frac{x\sin x}{1+\cos^2x}\right]\mathrm{d}x\\&=2\int_0^{\pi}\frac{x\sin x}{1+\cos^2x}\mathrm{d}x\\&=2\cdot\frac{\pi}{2}\int_0^{\pi}\frac{\sin x\mathrm{d}x}{1+\cos^2x}\\&=-\pi\int_0^{\pi}\frac{\mathrm{d}(\cos x)}{1+\cos^2x}\\&=-\pi\arctan(\cos x)\Big|_0^{\pi}\\&=\pi\left(\frac{\pi}{4}+\frac{\pi}{4}\right)\\&=\frac{\pi^2}{2}\end{aligned}$$

$\therefore\ f(x)=\dfrac{x}{1+\cos^2x}+\dfrac{\pi^2}{2}$.

注： $\displaystyle\int_0^{\pi}\frac{x\sin x}{1+\cos^2x}dx\overset{令x=\pi-t}{=\!=\!=\!=}-\int_{\pi}^{0}\frac{(\pi-t)\sin t}{1+\cos^2t}dt$

$\displaystyle=\pi\int_0^{\pi}\frac{\sin t}{1+\cos^2t}dt-\int_0^{\pi}\frac{t\sin t}{1+\cos^2t}dt$

$\displaystyle=\pi\int_0^{\pi}\frac{\sin t}{1+\cos^2t}dt-\int_0^{\pi}\frac{x\sin x}{1+\cos^2x}dx$

移项，整理得：$\displaystyle\int_0^{\pi}\frac{x\sin x}{1+\cos^2x}dx=\frac{\pi}{2}\int_0^{\pi}\frac{\sin x}{1+\cos x}dx$.

例 34　设 $f(x)$ 连续，且 $\displaystyle\int_0^x f(t)dt=\int_x^1 t^2f(t)dt+\frac{x^{16}}{8}+\frac{x^{18}}{9}+c$，求 $f(1)$ 及 c.

$$\int_0^x f(t)dt=\int_x^1 t^2f(t)dt+\frac{x^{16}}{8}+\frac{x^{18}}{9}+c(已知)$$

解：两边对 x 求导得：

$$f(x)=-x^2f(x)+2x^{15}+2x^{17}$$

整理：$(1+x^2)f(x)=2x^{15}(1+x^2)$

$$f(x)=2x^{15}$$
$$f(1)=2$$

再将 $f(x)=2x^{15}$ 代入已知式

$$\int_0^x 2t^{15}dt=\int_x^1 2t^{17}dt+\frac{x^{16}}{8}+\frac{x^{18}}{9}+c$$

$$\frac{x^{16}}{8}=\frac{t^{18}}{9}\Big|_x^1+\frac{x^{16}}{8}+\frac{x^{18}}{9}+c$$

$$c=-\frac{1}{9}$$

例 35　设 $f(x)$ 在 $[0,+\infty)$ 上连续，$f(1)=3$，且对任何 x 都有 $\displaystyle\int_1^{xy}f(t)dt=y\int_1^x f(t)dt+x\int_1^y f(t)dt$，求 $f(x)$.

解：已知 $\displaystyle\int_1^{xy}f(t)dt=y\int_1^x f(t)dt+x\int_1^y f(t)dt$，

两边对 y 求导：

$$xf(xy)=\int_1^x f(t)dt+xf(y)$$

令 $y=1$ 得

$$xf(x)=3x+\int_1^x f(t)\mathrm{d}t$$

两边对 x 求导

$$f(x)+xf'(x)=3+f(x)$$

$$f'(x)=\frac{3}{x},f(x)=3\ln x+\ln c$$

令 $x=1\quad f(1)=\ln c=3$

$\therefore\ f(x)=3\ln x+3.$

例 36 求$\int_0^x\frac{t+2}{t^2+2t+2}\mathrm{d}t$ 在$[0,1]$上的最小值和最大值.

解:令$\varphi(x)=\int_0^x\frac{t+2}{t^2+2t+2}\mathrm{d}t$ 在$[0,1]$上连续,

$\varphi'(x)=\frac{x+2}{(x+1)^2+1}$ 在$(0,1)$内,$\varphi'(x)>0$,

$\varphi(x)$ 在$[0,1]$上单调增,最小值为 $\varphi(0)=\int_0^0\frac{t+2}{t^2+2t+2}\mathrm{d}t=0$

最大值为

$$\begin{aligned}\varphi(1)&=\int_0^1\frac{t+2}{t^2+2t+2}\mathrm{d}t\\&=\frac{1}{2}\int_0^1\frac{2t+2}{t^2+2t+2}\mathrm{d}t+\int_0^1\frac{1}{t^2+2t+1+1}\mathrm{d}t\\&=\frac{1}{2}\int_0^1\frac{\mathrm{d}(t^2+2t+2)}{t^2+2t+2}+\int_0^1\frac{\mathrm{d}(t+1)}{(t+1)^2+1}\\&=\frac{1}{2}\ln(t^2+2t+2)\Big|_0^1+\arctan(t+1)\Big|_0^1\\&=\frac{1}{2}\ln5-\frac{1}{2}\ln2+\arctan2-\frac{\pi}{4}.\end{aligned}$$

例 37 设 $f(x)$ 连续,$\int_0^x tf(2x-t)\mathrm{d}t=\frac{1}{2}\arctan x^2$,$f(1)=1$,求$\int_1^2 f(x)\mathrm{d}x$.

解: $\int_0^x tf(2x-t)\mathrm{d}t$

$$\xlongequal[-\mathrm{d}t=\mathrm{d}u]{\text{令 }2x-t=u}\int_{2x}^x(2x-u)f(u)(-\mathrm{d}u)$$

$$=2x\int_x^{2x}f(u)\mathrm{d}u-\int_x^{2x}uf(u)\mathrm{d}u$$

$$\xlongequal{\text{已知}}\frac{1}{2}\arctan x^2$$

对 x 求导:

$$2\int_x^{2x}f(u)\mathrm{d}u+2x[2f(2x)-f(x)]-[2x\cdot f(2x)\cdot2-xf(x)]=\frac{x}{1+x^4}$$

$$\int_x^{2x} f(u)\mathrm{d}u = \frac{x}{2}f(x) + \frac{x}{2(1+x^4)}$$

令 $x=1$ 得

$$\int_1^2 f(u)\mathrm{d}u = \frac{1}{2}f(1) + \frac{1}{4} = \frac{1}{2} + \frac{1}{4} = \frac{3}{4}$$

即$\int_1^2 f(x)\mathrm{d}x = \frac{3}{4}$.

例 38　设函数 $f(x)$ 可导，对任何实数 x,h 满足 $f(x)\neq 0, f(x+h) = \int_x^{x+h}\frac{t(t^2+1)}{f(t)}\mathrm{d}t + f(x)$，且 $f(1)=\sqrt{2}$，求 $f(x)$ 表达式.

解: $\frac{f(x+h)-f(x)}{h} = \frac{1}{h}\int_x^{x+h}\frac{t(t^2+1)}{f(t)}\mathrm{d}t$

令 $h\to 0$（对 x 求导）　得 $f'(x) \xlongequal[\left(\frac{0}{0}\text{型}\right)]{} \lim\limits_{h\to 0}\frac{(x+h)[(x+h)^2+1]}{f(x+h)} = \frac{x(x^2+1)}{f(x)}$

$$f(x)f'(x) = x(x^2+1)\quad 即\frac{\mathrm{d}}{\mathrm{d}x}\left[\frac{1}{2}f^2(x)\right] = x(x^2+1)$$

$$f^2(x) = 2\int x(x^2+1)\mathrm{d}x = \frac{1}{2}(x^2+1)^2 + c$$

由 $f(1)=\sqrt{2}$　$2=\frac{1}{2}\cdot 2^2+c$　$\therefore c=0$

$f(x)=\pm\sqrt{\frac{1}{2}(x^2+1)^2}$　又由 $f(1)=\sqrt{2}$，应舍去负根

$\therefore f(x)=\frac{1}{\sqrt{2}}(x^2+1)$.

例 39　设 $\varphi(x)$ 为连续的正函数，令 $f(x) = \int_{-a}^{a}|x-t|\varphi(t)\mathrm{d}t$，判别 $f(x)$ 在 $[-a,a]$ 上图形的凹凸性.

解: $f(x) = \int_{-a}^{a}|x-t|\varphi(t)\mathrm{d}t$

$$= \int_{-a}^{x}(x-t)\varphi(t)\mathrm{d}t + \int_x^a (t-x)\varphi(t)\mathrm{d}t$$

$$f'(x) = \int_{-a}^{x}\varphi(t)\mathrm{d}t + x\varphi(x) - x\varphi(x)$$

$$- x\varphi(x) - \int_x^a\varphi(t)\mathrm{d}t + x\varphi(x)$$

$$= \int_{-a}^{x}\varphi(t)\mathrm{d}t - \int_x^a\varphi(t)\mathrm{d}t$$

$$f''(x) = \varphi(x) + \varphi(x) > 0$$

$f(x)$ 是凹的.

例 40 计算广义积分$\int_0^1 \frac{\arcsin x}{\sqrt{1-x^2}}dx$.

解: $\int_0^1 \frac{\arcsin x}{\sqrt{1-x^2}}dx = \lim\limits_{\varepsilon\to+0}\int_0^{1-\varepsilon} \frac{\arcsin x}{\sqrt{1-x^2}}dx$

$= \lim\limits_{\varepsilon\to+0} \frac{1}{2}[\arcsin(1-\varepsilon)]^2$

$= \frac{\pi^2}{8}$.

例 41 已知 $f(x)=\begin{cases} e^x & x<0 \\ 1 & 0\leqslant x\leqslant 1 \\ \frac{1}{x} & x>1 \end{cases}$ 则广义积分________收敛.

A. $\int_0^{+\infty} f(x)dx$　　B. $\int_{-\infty}^0 f(x)dx$　　C. $\int_1^{+\infty} f(x)dx$　　D. $\int_{-\infty}^{+\infty} f(x)dx$

解: $\int_1^{+\infty} f(x)dx = \int_1^{+\infty} \frac{1}{x}dx = \lim\limits_{b\to+\infty}\int_1^b \frac{dx}{x} = \lim\limits_{b\to+\infty}\ln b$　发散

$\int_0^{+\infty} f(x)dx = \int_0^1 dx + \int_1^{+\infty} \frac{1}{x}dx = 1 + \lim\limits_{b\to+\infty}\ln b$　发散

$\int_{-\infty}^{+\infty} f(x)dx = \int_{-\infty}^0 f(x)dx + \int_0^1 f(x)dx + \int_1^{+\infty} f(x)dx$　发散

只有$\int_{-\infty}^0 f(x)dx = \int_{-\infty}^0 e^x dx = e^x\Big|_{-\infty}^0 = \lim\limits_{a\to-\infty}(1-e^a) = 1$

收敛. 选(B).

例 42 广义积分$\int_2^{+\infty} \frac{dx}{x\ln^2 x} = (\quad)$.

A. ∞　　B. $\frac{1}{\ln 2}$　　C. $\ln 2$　　D. $\frac{1}{\ln 4}$

解: $\int_2^{+\infty} \frac{1}{x\ln^2 x}$

$= \int_2^{+\infty} \frac{d(\ln x)}{\ln^2 x}$

$= -\frac{1}{\ln x}\Big|_2^{+\infty}$

$= -\left(0-\frac{1}{\ln 2}\right)$

$= \frac{1}{\ln 2}$

选(B).

例 43 计算广义积分$\int_1^{+\infty}\frac{dx}{e^x+e^{2-x}}$.

解： $\int_1^{+\infty}\frac{dx}{e^x+e^{2-x}}$

$$=\int_1^{+\infty}\frac{e^x dx}{e^{2x}+e^2}$$

$$\xlongequal{令 t=e^x}\int_e^{+\infty}\frac{dt}{t^2+e^2}$$

$$=\frac{1}{e}\int_e^{+\infty}\frac{d\left(\frac{t}{e}\right)}{\left(\frac{t}{e}\right)^2+1}$$

$$=\frac{1}{e}\arctan\frac{t}{e}\Big|_e^{+\infty}$$

$$=\frac{1}{e}\left(\frac{\pi}{2}-\frac{\pi}{4}\right)$$

$$=\frac{\pi}{4e}.$$

例 44 计算 $I=\int_1^2\left[\frac{1}{x\ln^2x}-\frac{1}{(x-1)^2}\right]dx$ （瑕积分）.

解： $I=\int_1^2\left[\frac{1}{x\ln^2x}-\frac{1}{(x-1)^2}\right]dx$

$$=\left(\frac{1}{x-1}-\frac{1}{\ln x}\right)\Big|_1^2$$

$$=1-\frac{1}{\ln2}-\lim_{x\to1^+}\left(\frac{1}{x-1}-\frac{1}{\ln x}\right)$$

$$=1-\frac{1}{\ln2}-\lim_{x\to1^+}\frac{\ln x-(x-1)}{(x-1)\ln x}\quad\left(\frac{0}{0}型\right)$$

$$=1-\frac{1}{\ln2}-\lim_{x\to1^+}\frac{\frac{1}{x}-1}{\ln x+\frac{x-1}{x}}$$

$$=1-\frac{1}{\ln2}-\lim_{x\to1^+}\frac{1-x}{x\ln x+x-1}\quad\left(\frac{0}{0}型\right)$$

$$=1-\frac{1}{\ln2}-\lim_{x\to1^+}\frac{-1}{\ln x+1+1}$$

$$=\frac{3}{2}-\frac{1}{\ln2}.$$

例 45 计算 $I=\int_0^{+\infty}\frac{\arctan x}{(1+x^2)^{\frac{3}{2}}}dx$.

解:$I=\int_0^{+\infty}\frac{\arctan x}{(1+x^2)^{\frac{3}{2}}}\mathrm{d}x$ 令 $t=\arctan x, x=\tan t$

$\mathrm{d}x=\sec^2 t\mathrm{d}t$

$x=0\leftrightarrow t=0$

$x=+\infty\leftrightarrow t=\frac{\pi}{2}$

$$=\int_0^{\frac{\pi}{2}}\frac{t}{\sec^3 t}\sec^2 t\mathrm{d}t$$

$$=\int_0^{\frac{\pi}{2}}t\cos t\mathrm{d}t$$

$$=t\sin t\Big|_0^{\frac{\pi}{2}}-\int_0^{\frac{\pi}{2}}\sin t\mathrm{d}t$$

$$=\frac{\pi}{2}+\cos t\Big|_0^{\frac{\pi}{2}}$$

$$=\frac{\pi}{2}-1.$$

例 46 计算 $I=\int_1^5\frac{\mathrm{d}x}{\sqrt{(x-1)(5-x)}}$.

解:$I=\int_1^5\frac{\mathrm{d}x}{\sqrt{(x-1)(5-x)}}$ $(x-1)(5-x)=-x^2+6x-5=4-(x-3)^2$

$$=\int_1^5\frac{\mathrm{d}x}{\sqrt{4-(x-3)^2}}$$

$$=\arcsin\frac{x-3}{2}\Big|_1^5$$

$$=\frac{\pi}{2}-\left(-\frac{\pi}{2}\right)$$

$$=\pi.$$

例 47 计算 $I=\int_1^{+\infty}\frac{\mathrm{d}x}{\mathrm{e}^{x+1}+\mathrm{e}^{3-x}}$.

解:$I=\int_1^{+\infty}\frac{\mathrm{d}x}{\mathrm{e}^{x+1}+\mathrm{e}^{3-x}}$

$$=\frac{1}{\mathrm{e}^2}\int_1^{+\infty}\frac{\mathrm{d}x}{\mathrm{e}^{x-1}+\mathrm{e}^{1-x}}$$

$$=\frac{1}{\mathrm{e}^2}\int_0^{+\infty}\frac{\mathrm{d}u}{\mathrm{e}^u+\mathrm{e}^{-u}}$$

$$=\frac{1}{\mathrm{e}^2}\int_0^{+\infty}\frac{\mathrm{d}(\mathrm{e}^u)}{1+(\mathrm{e}^u)^2}\quad\left(\begin{array}{c}u=x-1,\mathrm{d}u=\mathrm{d}x\\ x=1\leftrightarrow u=0,x=+\infty\leftrightarrow u=+\infty\end{array}\right)$$

$$=\frac{1}{\mathrm{e}^2}\arctan(\mathrm{e}^u)\Big|_0^{+\infty}$$

$$=\frac{1}{\mathrm{e}^2}\left(\frac{\pi}{2}-\frac{\pi}{4}\right)$$

$= \frac{\pi}{4e^2}$.

习　题　六

1. 计算下列广义积分.

(1) $\int_0^{+\infty} \frac{1}{1+x^2}dx$　　(2) $\int_0^a \frac{1}{\sqrt{a^2-x^2}}dx$

(3) $\int_2^{+\infty} \frac{1}{x^2+x-2}dx$　　(4) $\int_0^1 \frac{1}{\sqrt{x}}dx$

2. 讨论$\int_1^{+\infty} \frac{1}{x^p}dx$ 的敛散性.

3. 讨论$\int_0^1 \frac{1}{x^p}dx$ 的敛散性.

4. 设反常积分$\int_1^{+\infty} f^2(x)dx$ 收敛，证明：$\int_1^{+\infty} \frac{f(x)}{x}dx$ 绝对收敛.

5. 求由两抛物线 $y = x^2$ 与 $x = y^2$ 所围图形的面积.

6. 求椭圆$\frac{x^2}{a^2}+\frac{y^2}{b^2}=1$ 的面积.

7. 计算阿基米德螺旋线 $r = a\theta(a > 0)$ 上相应于 θ 从 0 到 2π 的一段弧与极轴所围图形的面积.

8. 已知一直圆柱体底面半径为R，一斜面π，过其底面圆周上一点，且与底面π_2夹角为θ，求圆柱被 $\pi_1\pi_2$ 所截得部分的体积.

9. 计算正弦曲线 $y = \sin x, x \in [0,\pi]$ 与 x 轴围成的图形绕x 轴，y 轴所得旋转体的体积.

10. 求摆线$\begin{cases} x = a(t-\sin t), 0 \leqslant t \leqslant 2\pi \\ y = a(1-\cos t), \end{cases}$的一拱与 x 轴所围图形的面积.

11. 计算心形线 $r = a(1+\cos\theta)$ 的全长.

12. 计算曲线 $y = \sqrt{x^3}$ 在$[0,1]$上的一段弧长.

13. 求半径为 r 的球面面积.

14. 试用定积分求圆 $x^2+(y-b)^2 = R^2(R < b)$ 绕 x 轴旋转而成的环体体积V 及表面积S.

15. 求曲线 $r_1 = a\cos\theta$ 与 $r_2 = a(\cos\theta+\sin\theta)$ 所围图形公共部分的面积.

16. 计算曲线$\begin{cases} x = \arctan t \\ y = \frac{1}{2}\ln(1+t^2) \end{cases}$，当 t 从 0 到 1 的弧长.

习题参考答案

第一章

1. (1.2)∪(2.4)　　2. x^3+2x^2+x　　3. D

4. 正整数 $m=n$　　5. C　　6. (1) 2　(2) 0　(3) $\frac{1}{4}$　(4) 0

(5) -1　(6) $\frac{n}{m}$　(7) $\frac{1}{2}$　(8) 0

7. $\lim\limits_{x\to0}f(x)$不存在，$\lim\limits_{x\to1}f(x)=1$

8. $\frac{\sin x}{x}$　　9. (1) $\frac{1}{2}$　(2) $\sin 2a$　(3) e^2　(4) e^{-k}

10. $a=-\frac{\pi}{2}\pm2k\pi(k\in z)$　　11. $x=-1$ 间断

12. (1) $x=1$ 是第一类可去间断点，$x=2$ 是第二类间断点
    (2) $x=0$ 是第一类可去间断点

13. $a=2,b=e$

14. 略　　15. 提示：介质定理

第二章

1. 2　　2. 1　　3. $2ag(a)$　　4. 切线：$x+2y-3=0$　法线：$2x-y-1=0$

5. $x=0$ 连续但不可导　　6. $f'(x)=\begin{cases}1, & x>0\\ -1, & x<0\end{cases}$

7. 2013!　　8. $y'=\frac{1}{2\sqrt{x}}(x^3-4\cos x-\arctan 1)+\sqrt{x}(3x^2+4\sin x)$

$$y'|_{x=1}=\frac{1}{2}(1-4\cos 1-\arctan 1)+(3+4\sin 1)$$

9. (1) $3e^x+2x\sin x+x^2\cos x$ (2) $\dfrac{1-x^2}{(x^2+1)^2}$

(3) $\dfrac{1}{2\sqrt{x+\sqrt{x+\sqrt{x}}}}\left[1+\dfrac{1}{2\sqrt{x+\sqrt{x}}}\left(1+\dfrac{1}{2\sqrt{x}}\right)\right]$

(4) $\dfrac{1}{\sqrt{x^2-a^2}}$ (5) $e^{x+3}\cdot 2^{x-3}+e^{x+3}\cdot 2^{x+3}\cdot\ln 2$ (6) $\arcsin\dfrac{x}{3}$

10. $\dfrac{dy}{dx}=\dfrac{y\cdot e^{xy}+2xy\cos x^2y}{2y-xe^{xy}-x^2\cos x^2y}$

11. (1) $x^{\sin x}\left(\cos x\ln x+\dfrac{\sin x}{x}\right)$ (2) $\dfrac{2}{3}\sqrt[3]{\dfrac{(x-1)(x-2)}{x(x+1)}}\dfrac{2x^2-2x-1}{x(x-2)(x^2-1)}$

12. $\dfrac{1}{2t},-\dfrac{1+t^2}{4t^3}$

13. (1) $(\sqrt{2})^n e^x\cos\left(x+\dfrac{n}{4}\pi\right)$ (2) $y^{(2k)}=0$ $y^{(2k+1)}=(-1)^k(2k)!$ (3) $n!a_n$

14. (1) 0.485 (2) 3.004938

15. $a=\dfrac{1}{4},b=\dfrac{3}{4}$

$$f'(x)=\begin{cases}\dfrac{1}{4}e^x-\dfrac{3}{4}e^{-x}, & x\leqslant 0\\ \dfrac{1}{x(1+x)}-\dfrac{1}{x^2}\ln(1+x), & x>0\end{cases}$$

16. $a=\dfrac{1}{2}g''_-(0),b=g'_-(0),c=g(0)$

第三章

1. 略　2. 提示:拉格朗日中值定理　3. 略

4. $\xi=\dfrac{a+b}{2}$　5. (1) $-\dfrac{1}{6}$ (2) a (3) 0 (4) 1 (5) $\dfrac{1}{2}$ (6) $\dfrac{1}{6}$

6. (1) $(-\infty,-1)\cup(3,+\infty)$增区间,$[-1,3]$减区间

(2) $(-\infty,1)$减区间,$(1,+\infty)$增区间

7. 略

8. (1) $x=0$ 为极大值点,极大值 $f(0)=0$,$x=\dfrac{2}{5}$ 为极小值点,极小值为

$f\left(\dfrac{2}{5}\right)=-\dfrac{3}{25}\sqrt[3]{20}$

(2) 极大值 $f\left(\dfrac{\pi}{4}\right)=\sqrt{2}$,极小值 $f\left(\dfrac{5\pi}{4}\right)=-\sqrt{2}$

9. $(-\infty,0)\cup\left(\frac{2}{3},+\infty\right)$凹区间，$\left(0,\frac{2}{3}\right)$凸区间

$(0,1)$及$\left(\frac{2}{3},\frac{11}{27}\right)$为拐点

10. 略

11. (1) 最大值 $f(3)=\sqrt[3]{9}$，最小值 $f(0)=0$

(2) 最大值 $f(4)=142$，最小值 $f(1)=7$

12. (1) $x=1$ 是垂直渐近线，$y=-x-1$ 是斜渐近线

(2) $x=0$ 是垂直渐近线，$y=0$ 是水平渐近线

13. $M(n)=\left(\frac{n}{n+1}\right)^{n+1}\quad e^{-1}$

14. $(-\infty,0)\cup(1,+\infty)$减；$(0,1)$增 $\left(-\frac{1}{2},+\infty\right)$凹 $\left(-\infty,-\frac{1}{2}\right)$凸

$x=0$ 极小值点，$f(0)=0$，拐点$\left(-\frac{1}{2},\frac{2}{9}\right)$，$y=2$ 水平渐近线，$x=1$ 垂直渐近线

第四章

1. B　2. C　3. $xf(x)-\frac{\sin x}{x}+c=\frac{x\cos x-2\sin x}{x}+c$

4. $y=x^2-1$　5. $f(x)=\frac{1}{\sqrt{2x}(1+x)}$

6. (1) $\frac{1}{3}x^3-\frac{2}{3}x^{\frac{3}{2}}+\frac{2}{5}x^{\frac{5}{2}}+x+c$

(2) $\tan x-\cot x+c$　(3) $\frac{1}{2}x^2-x+\ln|1+x|+c$

(4) $-\frac{1}{96(x-1)^{96}}-\frac{3}{97(x-1)^{97}}-\frac{3}{98(x-1)^{98}}-\frac{1}{99(x-1)^{99}}+c$

7. (1) $\frac{1}{3}(4-x^2)^{\frac{3}{2}}-4(4-x^2)^{\frac{1}{2}}+c$　(2) $\ln|x-1+\sqrt{(x-1)^2+4}|+c$

(3) $\sqrt{x^2-a^2}-a\ln|x+\sqrt{x^2-a^2}|+c$　(4) $\frac{1}{15}(8-4x^2+3x^4)\sqrt{1+x^2}+c$

8. (1) $-\frac{1}{2}(x^2+1)e^{-x^2}+c$　(2) $\frac{2}{13}e^{2x}\cos 3x+\frac{3}{13}e^{2x}\sin 3x+c$

(3) $\frac{1}{2}(\sec x\tan x+\ln|\sec x+\tan x|)+c$　(4) $-\frac{1}{x}(\ln^2|x|+2\ln|x|+2)+c$

9. (1) $\frac{1}{2}\ln|x|-\frac{1}{4}\ln|x^2+2|+\frac{1}{2\sqrt{2}}\arctan\frac{x}{\sqrt{2}}-\frac{1}{2}\frac{x}{x^2+2}+c$

(2) $-\frac{4}{9}\ln|5+4\sin x|+\frac{1}{2}\ln|1+\sin x|-\frac{1}{18}\ln|1-\sin x|+c$

(3) $-\frac{2}{5}(1+x)^{\frac{5}{2}}+\frac{2}{3}(1+x)^{\frac{3}{2}}+\frac{2}{3}x^{\frac{3}{2}}+\frac{2}{5}x^{\frac{5}{2}}+c$

(4) $-\arcsin x+\ln\left(\frac{1-\sqrt{1-x^2}}{x}\right)+c$

10. 略　　11. $f(x)=x\ln x+c$　　12. $f(x)=e^{2x}+c$　　13. $f(x)=x^3-3x+1$

14. (1) $x\tan\frac{x}{2}+c$　(2) $x\ln^2(x+\sqrt{1+x^2})-2\sqrt{1+x^2}\ln(x+\sqrt{1+x^2})+2x+c$

(3) $\arctan(e^x-e^{-x})+c$　(4) $\frac{x}{a^2\sqrt{a^2+x^2}}+c$

15. 当 $a^2\neq b^2$ 时，$A=\frac{b}{b^2-a^2}$，$B=\frac{a}{a^2-b^2}$

当 $a^2=b^2$ 时，A、B 不存在

16. $\frac{e^x}{x^2-1}+c$

第五章

1. (1) $\int_0^1\sqrt{1+x}\,dx$　(2) $\int_0^1 x^p\,dx$

2. (1) 0　(2) $\frac{\pi}{4}$

3. (1) 大于　(2) 小于　　4. $\frac{1}{2e}$　　5. $f(x)=x^2-\frac{4}{3}x+\frac{2}{3}$

6. (1) $\frac{\pi}{4}a^2$　(2) $2(\sqrt{2}-1)$　(3) $2-\frac{5}{4}\sqrt{3}+\frac{\pi}{6}$　(4) 1

7. 略$\frac{\pi}{4}$　　8. (1) $[2e^{-\frac{1}{4}},2e^2]$　(2) $[3,51]$

9. 略　　10. 1　　11. (1) $\frac{8}{3}$　(2) $-\frac{1}{3}$

12. (1) $\frac{\sqrt{2}}{8}\pi-\frac{1}{2}\ln\frac{3}{2}$　(2) $\frac{1}{2}[e(\sin 1+\cos 1)-1]$　(3) $\frac{1}{2}(e^{\frac{\pi}{2}}-1)$　(4) $\frac{\pi}{4}-\frac{1}{2}$

13. 略

14. (1) $\frac{\pi}{2}$　(2) $\frac{\pi}{4}-\frac{1}{2}$　　15. 3　　16. $\frac{\pi^2}{4}$

第六章

1. (1) $\frac{\pi}{2}$　(2) $\frac{\pi}{2}$　(3) $\frac{2}{3}\ln 2$　(4) 2　　2. 当 $p>1$ 收敛，$p\leqslant 1$ 发散

3. $p\geqslant 1$ 发散，$p<1$ 收敛　　4. 略　5. $\frac{1}{3}$

6. πab　　7. $\frac{4}{3}\pi^3 a^2$　　8. $\pi R^3\tan\theta$　　9. $\frac{\pi^2}{2}, 2\pi^2$

10. $3\pi a^2$　　11. $8a$　　12. $\frac{1}{27}(13\sqrt{13}-8)$　　13. $4\pi r^2$

14. $V=2\pi^2R^2b$　$S=4\pi^2bR$

15. $\frac{a^2(\pi-1)}{4}$　　16. $\ln(1+\sqrt{2})$